왜
우리는
살찌는가

왜
우리는
살찌는가

Why We Get Fat

게리 타우브스
강병철 옮김

alma

니컬러스 노먼 타우브스에게

일러두기

- 고유명사의 원어를 찾아보기에 밝혔다.

머리말

이 책을 쓰는 데 10년이 넘게 걸렸다. 시작은 영양학 및 만성 질환 연구들이 놀랄 정도로 형편없다는 사실에 관해 〈사이언스〉와 〈뉴욕타임스 매거진〉에 연재했던 탐사 보도 기사들이다. 5년간 추가적인 조사를 하여 내용을 확장하고 미국과 캐나다 전역의 의과대학, 종합대학, 연구소 등에서 강연을 통해 더욱 정교하게 다듬은 후, 요점을 간추린 것이 전작 《굿 칼로리, 배드 칼로리Good Calories, Bad Calories》(2007년)다.

《굿 칼로리, 배드 칼로리》를 통해 분명히 하고자 한 것은 2차 세계대전 후 처음 이 분야를 개척했던 유럽의 과학 및 의학 공동체가 와해되면서 영양학과 비만에 관한 연구가 아직까지 길을 잃고 헤매고 있다는 사실이다. 거기서 그치지 않고 이 분야는 올바른 방향으로 나아가려는 모든 노력을 거부해왔다. 이에 따라 연구자들은 수십 년간 아까운 시간과 노력과 비용을 낭비했을 뿐 아니라 자기도 모르는 새에 대중에게 엄청난 피해를 입혔다. 반대 증거가 계속 늘어나는데도 그들의 믿음은 전혀 영향받지 않았다. 심지어 공중보건 당국까지 설득해가며 건강한 체중을 유지하고 오래도록 건강한 삶을 살아가기 위해 무엇을 먹어야 하고, 더 중요하게는 무엇을 먹어서는 안 되는지에 관해 완전히 잘못된 원칙들을 양산해왔다.

이 책《왜 우리는 살찌는가》를 써야겠다고 마음먹은 것은《굿 칼로리, 배드 칼로리》를 읽고 독자들이 흔히 보여준 두 가지 반응을 접하면서다.

첫 번째 반응은《굿 칼로리, 배드 칼로리》를 읽었거나, 내 강연을 들었거나, 책에 실린 주장에 대해 나와 직접 토론하면서 그 논리를 이해하려고 노력했던 연구자들이 보여준 것이다. 이들은 왜 우리가 살찌는지에 대한 나의 설명과 심장질환, 당뇨병, 다른 만성 질환의 식이성 원인에 대한 주장이 상당한 근거를 갖고 있다고 말해주었다. 그 말의 숨은 의미는 지난 반백 년간 우리가 들었던 말이 틀렸을지도 모른다는 것이었다. 이렇게 상반되는 생각들을 명확히 검증해야 한다는 데는 모든 사람의 의견이 일치했다.

나는 이것이 매우 시급한 문제라고 믿는다. 우리가 잘못된 권고를 믿기 때문에 이토록 많은 사람이 살이 찌고 당뇨병에 걸린다면 어떤 권고가 옳은지 명확히 검증하는 일을 한시라도 늦출 수 없다. 비만과 당뇨병의 질병 부담은 이미 수억 인구를 짓누르고 있다. 각국의 보건 의료 시스템 역시 비명을 지르는 중이다.

많은 연구자가 이 문제를 즉시 해결해야 한다고 믿지만, 이들은 다른 연구를 위해 연구비를 확보하는 것을 비롯하여 수많은 의무를 다해야 하며, 다른 문제에도 관심을 갖는 것 또한 당연한 일이다.《굿 칼로리, 배드 칼로리》에서 주장했던 내용이 향후 20년 내에만 활발한 검증을 거칠 수 있다면 대단한 행운이라 할 것이다. 그 타당성이 입증된다고 해도 보건 당국에서 왜 우리가 살이 찌고, 살이 찌면 어떻게 병이 생기고, 이런 운명을 피하거나 되돌리기 위해 무엇을 어떻게 해야 하는지에 대해 공식적인 설명을 변경하기까지는 또다시 10년 이상이 걸릴 것이다. 내 강연을 들은 후 뉴욕 대학교의 한 영양학 교수가 말했던 것처럼 이런 변화가 일어나려면 평생이 걸릴지도 모른다.

이렇게 중대한 문제에 올바른 해답을 얻는 데 그토록 오랜 시간이 걸린다는 것은 받아들이기 어렵다. 부분적으로 이 책은 이런 변화를 재촉하기 위해 쓴 것이다. 여기서 나는 전통적인 사고방식에 반대되는 주장을 요점만 간단히 짚어보려고 한다. 내 주장이 정말 합리적이라면 서둘러 검증하고, 늦지 않게 무언가를 바꿔야 할 것이다.

두 번째 반응은《굿 칼로리, 배드 칼로리》를 읽었거나 강연을 들은 수많은 의사, 영양사, 연구자, 보건 행정가와 이 분야를 잘 모르는 독자가 보여준 것이다. 그들은 모두 내가 제시한 논리와 이를 뒷받침하는 증거가 강력하다고 생각했으며 그 의미를 받아들였다. 또한 자신의 삶과 건강이 생각하지 못했던 방식으로 완전히 변했다고 했다. 거의 아무런 노력을 기울이지 않아도 체중이 줄고 계속 유지된다고 했다. 심장병 위험인자도 극적으로 개선되었다. 더 이상 고혈압과 당뇨병 약을 먹지 않게 되었다는 사람도 있었다. 기분도 좋아졌고 활력이 넘친다고 했다. 간단히 말해 너무나 오랜만에 건강하다고 느낀다는 것이었다. 아마존 웹페이지에서《굿 칼로리, 배드 칼로리》를 찾아보면 수백 개의 리뷰가 달려 있는데 대부분 이런 내용이다.

리뷰와 이메일과 편지에는 종종 한 가지 요청이 따라붙었다.《굿 칼로리, 배드 칼로리》는 500쪽이 넘을 정도로 길고, 과학과 역사적인 맥락이 복잡하게 얽혀 있으며, 인용문과 참고문헌도 방대하다. 모든 것이 전문가들과 의미 있는 대화를 시작하고, 아무 근거 없는 주장이 아니라는 확신을 주기 위해 반드시 필요했다고 믿는다. 하지만 독자 입장에서 수록된 근거와 주장을 따라가는 데는 적지 않은 시간과 집중력이 필요하다. 독자들이 배우자나 연세 드신 부모 또는 친구와 친척이 어렵지 않게 읽을 수 있는 책을 한 권 더 써달라고 요청한 것은 그 때문일 것이다. 의사들 또한 환자나 동료 의사가 많은 시간과 노력을 들이지 않고 쉽게 읽을 수 있는 책을 써달라고 요청했다.《왜 우리는 살찌는가》를 쓰게 된 두 번째 이유다. 바라건대 이 책을 읽고 많은 사람이 (어쩌면 처음으로) 왜 우리가 살이 찌는지, 그리고 어떻게 해야 하는지 알게 되었으면 한다.

한 가지 일러두고 싶은 것은 책을 읽으면서 비판적으로 사고해달라는 것이다. 내 말이 이치에 닿는지 계속 자문해보기 바란다. 마이클 폴란의 말을 빌리자면 이 책은 사색하는 사람을 위한 선언문으로 씌었다. 이 책의 목적은 이 나라뿐만 아니라 전 세계적으로 아무런 비판 없이 통용되는 공중보건 및 의학적 오해들을 반박하고 사람들에게 스스로 건강과 행복을 지키는 데 필요한 정보를 제공하는 것이다.

주의할 점도 있다. 내 주장이 타당하다고 믿고 거기에 맞춰 식단을 바꾼다면 주치의의 권고는 물론, 무엇이 건강한 식단인가에 대해 합의된 의견을 대표하는 보건 당국이나 정부 기관의 권고와 어긋날 수 있다. 이 점에 관해서는 각자의 판단에 따르라고 할 수밖에 없다. 이런 상황을 바꾸는 방법은 이 책을 다 읽고 나서 주치의에게 주는 것일지 모른다. 그 역시 누구를, 무엇을 믿어야 할지 스스로 결정하도록 하는 것이다. 정치인에게 주는 것도 하나의 방법일 것이다. 미국뿐만 아니라 전 세계적으로 비만과 당뇨병의 유행은 실로 엄청난 보건 문제이며 개인이 감당할 수 없다. 우리가 선출한 대표들이 어떻게 지금과 같은 상황이 벌어졌는지 제대로 이해하게 된다면 그들 또한 이 상황을 유지하기보다는 해결하려는 방향으로 행동하게 될 것이다.

차례

서론

원죄

1934년 독일의 젊은 소아과 전문의 힐데 브루크는 미국으로 건너와 뉴욕시에 정착했다. 그녀는 이때 뚱뚱한 어린이를 어찌나 많이 보았던지 "깜짝 놀랐다"고 썼다. "진료실뿐 아니라 거리, 지하철, 학교에도 정말 뚱뚱한 아이들이 넘쳐났다." 그녀만 그렇게 느낀 것도 아니었다. 다른 유럽 이민자들은 소아과 의사인 그녀에게 묻곤 했다. 미국 애들은 왜 저래? 왜 저렇게 터질 듯 뚱뚱한 거야? 사람들은 이토록 많은 어린이가 저 모양인 모습은 처음 본다고 입을 모았다.

오늘날에는 어디서나 똑같은 질문을 듣는다. 우리 스스로도 자문한다. 비만의 유행 한복판에 있음을 끊임없이 알려주는 메시지다. 먹고 살 만한 나라는 어디나 마찬가지다. 어린이뿐만 아니라 성인도 그렇다. 왜 사람들은 터질 듯 뚱뚱할까? 왜 나는 이렇게 터질 듯 뚱뚱할까?

하지만 그때는 1930년대 중반이었다. 오늘날 패스트푸드라고 하면 흔히 떠올리는 켄터키 후라이드 치킨이나 맥도널드가 탄생하기 20

년 전이다. 특대형 메뉴나 고과당 옥수수 시럽이 탄생하기 무려 50년 전이다. 더 중요한 사실은 대공황의 절정기로 무료 급식소, 배급을 타려는 긴 행렬, 사상 유례없는 실업률의 시대였다는 점이다. 미국에서는 근로자 네 명 중 한 명이 실업 상태였다. 미국인 열 명 중 여섯 명이 빈곤층이었다. 브루크와 유럽 이민자들이 뚱뚱한 어린이들을 보고 놀랐던 뉴욕시에서는 어린이 네 명 중 한 명이 영양실조였다. 도대체 어떻게 된 일일까?

뉴욕으로 건너온 지 1년 뒤, 브루크는 컬럼비아 대학교 의과대학에 어린이 비만 치료 클리닉을 열었다. 1939년 그녀는 자신이 치료한 그리고 거의 예외없이 실패한, 수많은 비만 어린이에 대해 첫 번째 논문을 발표했다. 향후 여러 편 발표될 철저한 연구 보고서의 포문을 연 것이다. 환자와 가족을 면담해보면 어린이들은 실제로 너무 많이 먹었다. 어린이나 부모가 아무리 딱 잡아떼도 면밀히 조사해보면 항상 그랬다. 하지만 적게 먹으라고 말해봐야 아무런 소용이 없었다. 어린이든 부모든 아무리 설명하고, 공감해주고, 상담하고, 눈물로 호소해도 전혀 나아지지 않았다.

브루크의 말에 따르면 어쨌든 어린이들은 먹을 것을 절제하여 스스로 체중을 조절하겠다는 생각을 한시도 하지 않는 때가 없었다. 모든 어린이가 적어도 지금보다는 적게 먹어야 한다고 생각했다. 하지만 체중은 줄지 않았다. 일부는 "눈물겨운 노력을 기울이며, 목숨을 걸고라도 체중을 줄이려고 했다". 하지만 줄어든 체중을 유지하려면 "거의 굶은 상태로 살아가야" 했다. 아무리 살이 쪄서 따돌림을 당하고 비참한 상태가 된다 한들 계속 그렇게 살아갈 수는 없었다.

브루크의 환자 중 하나는 뼈대가 가는 십 대 소녀였는데, "지방으로 된 산山 속에 말 그대로 묻혀버린 듯했다". 소녀는 평생 한쪽으로는 자신의 몸무게와, 다른 쪽으로는 딸의 살을 빼려는 부모의 간섭과 맞서 싸우는 것 외에는 아무것도 할 수 없었다. 어떻게 해야 하는지는 알았다. 적어도 스스로는 안다고 믿었다. 부모도 마찬가지였다. 적게 먹어야 했다. 적게 먹으려는 노력이야말로 그녀의 존재 자체였다. 그녀는 브루크에게 이렇게 말했다. "삶이 몸매에 달려 있다는 건 항상 알고 있었어요. 몸무게가 늘면 불행하고 우울했죠. 살고 싶지 않았어요. (…) 자해도 했지요. 도저히 견딜 수 없었으니까요. 제 자신을 보고 싶지 않았어요. 거울을 증오했어요. 내가 얼마나 뚱뚱한지 보여주니까 (…) 먹고 살이 찐다는 게 한 번도 행복했던 적이 없어요. 하지만 어떻게 해볼 도리가 없어서 계속 뚱뚱해졌지요."

우리 중 과체중이거나 비만인 사람도 이 소녀처럼 평생 더 적게 먹기 위해, 최소한 지나치게 많이 먹지 않기 위해 노력할 것이다. 때로는 성공하고 때로는 실패하겠지만 싸움은 끝없이 계속된다. 어떤 사람은 브루크의 환자들처럼 어린 시절에 이미 싸움을 시작한다. 대학 신입생 시절, 즉 집을 떠나 생활한 첫해에 허리와 둔부에 지방이 축적되면서 싸움이 시작되는 사람도 있다. 또 다른 사람은 삼십 대나 사십 대 들어 한때 아무런 노력을 기울이지 않아도 유지되었던 몸매가 더 이상 유지되지 않는다는 사실을 깨달으면서 싸움이 시작된다.

의료인들의 마음에 들 정도로 날씬하지 않은 사람이 체중 때문에, 또는 다른 이유로 의사를 찾아간다면 다소 강한 어조로 무언가 조치를 취해야 한다는 말을 듣게 될 것이다. 비만과 과체중은 심장질환, 뇌졸중, 당뇨병, 암, 치매, 천식 등 모든 만성 질환의 위험을 높인다는 말도

들을 것이다. 그리고 규칙적으로 운동해라, 다이어트를 해야 한다, 적게 먹어야 한다 등의 지침을 받는다. 늘 해왔던 생각이요, 희망사항이다. 브루크는 비만에 대해 이렇게 말했다. "의사는 다른 어떤 병보다도 특별한 마법을 보여주어야 한다. 환자가 그렇게 할 수 없다는 사실이 입증된 상태에서 그 일을 하도록, 즉 적게 먹도록 만들어야 하는 것이다."

브루크의 시대라고 해서 의사들이 분별이나 배려가 없었던 것은 아니다. 오늘날의 의사들도 마찬가지다. 그저 살이 찌는 원인과 치료 방법이 명백하고 이론의 여지가 없다는 잘못된 신념 체계, 잘못된 패러다임을 갖고 있을 뿐이다. 의사들은 너무 많이 먹고 너무 적게 움직이기 때문에 살이 찌며, 따라서 치료는 그 반대로 행동하는 것이라고 말한다. 정말 그것뿐이라면 마이클 폴란의 베스트셀러 《음식을 변호한다In Defense of Food》에 나오는 유명한 말처럼 "너무 많이 먹어서는 안 되며", 그것으로 모든 일이 해결될 것이다. 적어도 더 이상 살이 찌지는 않을 것이다. 1957년 브루크도 정확히 이 점을 지적했다. "[비만의] 문제는 단순히 몸이 필요로 하는 것보다 더 많이 먹기 때문이라는 것이 미국인들의 전반적인 태도이다." 이제 이것은 전 세계적으로 전반적인 태도가 되었다.

이런 개념을 '들어온 칼로리와 나간 칼로리' 또는 '과식' 패러다임이라고 이름 붙일 수 있을 것이다. 전문적인 용어로 '에너지 균형' 패러다임이라고 해도 좋다. 세계보건기구는 이렇게 설명한다. "비만과 과체중의 근본적인 원인은 섭취한 칼로리와 소모한 칼로리 사이의 에너지 불균형이다."✦ 즉, 소모한 것보다 더 많은 에너지를 섭취하면(과학적 용어로 양陽의 에너지 균형) 살이 찌고, 섭취한 것보다 더 많은 에너지를 소모하면(음陰의 에너지 균형) 살이 빠진다. 음식은 에너지이며, 에너지는 칼로리라는 단위로 측정한다. 따라서 소모한 것보다 더 많은 에너지를 섭취하면 살이 찌고, 더 적은 칼로리를 섭취하면 날씬해진다.

체중에 관한 이런 사고방식은 너무나 강력하고 널리 퍼져 있어 믿지 않기가 거의 불가능하다. 그러나 반대 증거 역시 넘쳐난다. 생활 속에서 의식적으로 적게 먹고 운동을 많이 하려고 그렇게 노력해도 성공을 거두는 사람이 거의 없지 않은가. 하지만 우리는 살이 찌는 이유가 얼마나 많은 칼로리를 섭취하고 소모하는지에 달려 있다는 생각을 의심하기보다는, 자신의 판단력과 의지가 문제라고 생각한다.

예를 들어보자. 존경받는 운동생리학자가 있다. 2007년 8월 미국심장협회와 미국스포츠의학회에서 발표한 〈신체 활동과 건강 가이드라인〉에 공동 저자로 참여했던 사람이다. 그는 1970년대에 처음 장거리 달리기를 시작했을 당시 "키가 작고, 뚱뚱하고, 머리가 벗겨져 있었다"고 했다. 이제 육십 대 후반이 된 그는 "키가 작고, 더 뚱뚱하고, 머리가 벗겨져 있다". 그사이에 약 13만 킬로미터를 뛰었는데도 몸무게는 15킬로그램이 늘었다. 13만 킬로미터면 적도를 따라 지구를 세 바퀴 정도 도는 거리다. 그는 아무리 열심히 해도 운동만으로는 체중을 유지하

✦ 이런 공식적인 선언은 사실상 만국 공통이다. 몇 가지를 더 소개해본다.
미국 질병관리본부Centers for Disease Control. "체중 관리는 모두 균형에 달려 있다. 섭취한 칼로리와 몸에서 사용한(즉, '태워서 없애 버린') 칼로리 사이의 균형을 유지해야 한다."
영국 의학연구위원회Medical Research Council. "비만이 늘어나는 현상을 단 한 가지 요인 탓으로 돌릴 수는 없지만, 그 원인은 음식을 통해 들어온 에너지와 주로 신체 활동을 통해 나간 에너지 사이의 불균형이다."
프랑스국립보건의학연구원French National Institute of Health and Medical Research(INSERM). "과체중과 비만은 언제나 에너지 섭취와 에너지 소비 사이의 불균형에서 기인한다."
독일연방보건부German Federal Ministry of Health. "과체중은 소비한 에너지에 비해 너무 많은 에너지를 섭취한 결과다."

는 데 한계가 있지만, 달리기를 하지 않았다면 살이 더 쪘을 거라고 생각한다.

달리기를 더 열심히 했다면, 예컨대 지구를 세 바퀴가 아니라 네 바퀴 돌 정도로 뛰었다면 더 날씬해졌을까? “어떻게 더 활동적일 수 있을지는 모르겠어요. 지금보다 더 운동할 시간은 없어요. 지난 몇십 년간 하루 두세 시간 더 운동을 했다면 지금처럼 살이 찌지는 않았겠지요.” 하지만 요점은 그렇게 했어도 똑같이 살이 쪘을지 모른다는 것이다. 그는 이런 가능성에 대해서는 전혀 생각하지 못했다. 과학사회학자들이 흔히 말하듯 한 가지 패러다임에 사로잡혀 있는 것이다.

체중에 있어 ‘들어온 칼로리와 나간 칼로리’ 패러다임은 오랜 세월 반대되는 증거가 아무리 많이 쌓여도 놀랄 만큼 굳건히 버텨왔다. 믿을 만한 증인들이 계속 증인석에 올라 선서를 한 후, 사건이 발생한 시각에 용의자는 다른 곳에 있었다고 증언을 하고 움직일 수 없는 알리바이가 있는데도, 배심원들이 재판이 시작될 당시 그렇게 믿었다는 이유만으로 계속 피고가 유죄라고 주장하는 것과 마찬가지다.

비만의 유행을 생각해보자. 현재 우리는 갈수록 살이 찌는 집단이다. 50년 전, 미국인 중 공식적으로 비만이라고 판정받은 사람은 여덟아홉 명에 한 명꼴이었다. 현재는 세 명 중 한 명이다. 게다가 세 명 중 두 명이 과체중 상태다. 공중보건 당국에서 건강하다고 생각하는 기준보다 몸무게가 더 나간다는 뜻이다. 어린이도, 청소년도, 심지어 갓 태어난 신생아조차 점점 더 살이 찐다. 비만이 하나의 유행병이 되어버린 지난 수십 년간, 들어온 칼로리와 나간 칼로리라는 개념, 즉 에너지 균형이라는 사고방식은 모든 사람의 생각을 지배했다. 보건 당국 또한 더 적게 먹고 더 많이 운동하라는 권고를 지키지 않는 한 아무런 방법이 없다고 생각했다.

1998년 〈뉴요커〉에서 말콤 글래드웰은 이런 역설적인 상황을 지적했다. "지금까지 우리는 소모하는 것보다 더 많은 칼로리를 섭취해서는 안 된다고, 꾸준히 운동을 하지 않으면 체중을 줄일 수 없다고 들어왔다. 실제로 이런 권고를 따를 수 있는 사람이 거의 없다면 우리가 잘못되었거나 권고가 잘못된 것이다. 물론 의학적인 정설은 우리가 잘못되었다는 쪽이다. 수많은 다이어트 책은 권고가 잘못되었다고 한다. 과거에 의학적 정설이 얼마나 자주 틀렸는지 생각해본다면 권고가 잘못되었다는 입장도 전혀 비합리적이라고 할 수는 없다. 그것이 사실인지 제대로 밝히는 일은 충분히 노력을 기울여볼 만할 것이다." 상당히 많은 권위자를 인터뷰한 뒤 글래드웰은 우리의 잘못이라고 결론 내렸다. 적게 먹고 많이 움직여야 하지만 "절제력이 부족하거나 (…) 그렇게 할 시간이 없다"는 것이다. 하지만 동시에 그는 유전자의 문제로 인해, 도덕적 실패의 대가로 훨씬 심하게 살이 찌는 사람이 있을 수 있다고 지적했다.

나는 전적으로 의학적 정설이 잘못되었다고 주장하고자 한다. 지나치게 살이 찌는 것은 칼로리를 과도하게 섭취하기 때문이라는 믿음과, 이 믿음을 근거로 한 조언이 모두 잘못되었다는 뜻이다. 나는 비만을 들어온 칼로리와 나간 칼로리의 불균형으로 보는 패러다임이 터무니없는 생각이라고 주장하고자 한다. 너무 많이 먹고 너무 적게 움직여서 살이 찌는 것이 아니며, 의식적으로 적게 먹고 많이 움직인다고 해도 문제를 해결하거나 예방할 수 없다고 주장하려는 것이다. 이것은 말하자면 원죄原罪와도 같아서 근본 원인을 이해하고 바로잡지 않는 한 사회적으로 비만과 당뇨병과 온갖 관련 질환을 해결할 수 없음은 물론이고,

우리 자신의 체중 문제도 절대로 해결할 수 없을 것이다. 그렇다고 마법처럼 살이 빠지는 방법이 있다거나, 적어도 아무것도 희생하지 않고 살을 뺄 수 있다고 주장하는 것은 아니다. 하지만 무엇을 희생해야 할까?

이 책의 1부에서 나는 들어온 칼로리와 나간 칼로리 가설에 반대되는 증거를 제시할 것이다. 수많은 관찰과 일상적인 사실이 이 개념으로 설명되지 않으며, 그런데도 왜 우리가 이 가설을 믿게 되었고 그 결과 어떤 실수를 범했는지 알아볼 것이다.

이 책의 2부에서 나는 2차 세계대전 직전에 유럽의 의학 연구자들이 널리 인정했던 비만과 체중 증가에 관한 사고방식을 소개할 것이다. 그들은 과식이 비만의 원인이라는 생각을 터무니없다고 일축했다. 키든 몸무게든, 근육이든 지방이든, 사람을 성장하게 만드는 모든 것은 과식을 유발하기 때문이다. 예를 들어 어린이가 게걸스럽게 먹고 소모하는 것보다 더 많은 칼로리를 섭취한다고 해서 키가 더 커지는 것이 아니다. 이와 반대로 성장하기 때문에 그토록 많이 먹는 것이다. 그들은 소모하는 것보다 더 많은 칼로리를 받아들일 필요가 있다. 성장이 일어나는 이유는 몸을 성장시키는 호르몬(성장 호르몬)이 분비되기 때문이다. 마찬가지로 과체중과 비만을 일으키는 지방 조직의 성장 또한 여러 가지 호르몬에 의해 유발되고 조절된다.

유럽 학자들은 비만이 에너지 균형의 장애 또는 지나치게 많이 먹어서 유발된 상태가 아니라, 근본적으로 지방이 과도하게 축적되어 생기는 장애라는 생각에서 출발했다. 철학자들이 '기본 원칙'이라고 부르는 것이다. 사실 너무 뻔하기 때문에 무의미하게 들릴 지경이다. 하지만 일단 이렇게 규정하고 나면 당연히 또 다른 질문이 뒤따른다. 지방의 축적은 왜 일어나는 것인가? 성장 호르몬이 어린이를 성장시키듯 어떤 호르몬이나 효소가 자연스럽게 우리 몸에 지방을 축적시킨다면, 그것들이야말로 왜 어떤 사람은 살이 찌고 어떤 사람은 그렇지 않은지를 알고자 할 때 가장 집중적으로 탐구해야 할 대상일 것이다.

애석하게도 2차 세계대전을 거치면서 유럽 의학계는 거의 완전히 와해되었다. 지방 축적을 일으키는 요인이 무엇인가라는 질문이 제기되었던 1950년대 후반에서 1960년대 초반, 이들의 생각은 자취조차 찾기 어려웠다. 알고 보면 우리 몸에 지방이 얼마나 축적되는지에 관련된 인자는 사실상 두 가지이며, 두 가지 인자 모두 인슐린이라는 호르몬과 관련이 있다.

첫째, 인슐린 수치가 올라가면 우리 몸은 지방 세포 속에 지방을 축적시킨다. 인슐린 수치가 떨어지면 지방 세포에서 지방이 빠져나온 후 대사되어 우리 몸에 에너지를 공급한다. 이런 사실은 이미 1960년대 초반에 알려졌으며 전혀 논란의 여지가 없다. 둘째, 인슐린 수치는 사실상 우리가 섭취하는 탄수화물에 의해 결정된다. 전적으로 그렇다고 할 수는 없지만, 대부분의 논의에서 다른 요인은 무시해도 좋을 정도로 적다. 더 많은 탄수화물을 먹을수록, 이 탄수화물이 소화되기 쉽고 단맛이 강할수록 더 많은 인슐린이 분비된다. 혈중 인슐린 수치가 높아지고, 지방 세포 속에 더 많은 지방이 축적된다는 뜻이다. 하버드 대학교 의과대학 내과학 교수였던 조지 케이힐의 말을 빌리자면, "탄수화물은 인슐린을 불러들이고, 인슐린은 지방을 불러들인다". 케이힐은 1950년대에 지방 축적의 조절에 관한 초기 연구를 수행했다. 이후 1965년에 미국생리학회에서 이 연구들을 요약하여 출간한 800쪽 분량의 개론서를 공동 편집했다.

다시 말해 인체에서 일어나는 모든 현상과 마찬가지로, 지방 조직 역시 호르몬과 효소와 성장 인자에 의해 조절된다는 사실을 과학계에서도 분명히 하고 있는 것이다. 너무 많이 먹기 때문에 살이 찌는 것이 아니라는 뜻이다. 과학은 비만이 칼로리가 아니라 호르몬 불균형의 결과라고 일러준다. 우리가 살이 찌는 이유는 식단 속의 탄수화물 때문이다. 구체적으로 말한다면 탄수화물이 많이 들어 있으며 쉽게 소화되는 음식이 인슐린 분비를 자극하기 때문이다. 밀가루, 가공된 곡식, 감자처럼 전분이 풍부한 야채류 그리고 설탕과 액상과당 등 정제된 탄수화물이 문제다. 이런 탄수화물을 섭취하면 문자 그대로 살이 더 찌고, 지방이 축적되어 허기를 일으키고, 더 오래 앉아 있게 된다. 이것이 왜 살이 찌는지에 대한 기본적인 개념이다. 살이 빠져 날씬해지고 날씬해진 몸매를 유지하려면 반드시 이 사실을 이해하고 받아들여야 한다. 어쩌면 의사들이 이해하고 받아들이는 것이 더 중요할지도 모른다.

단순히 "체중을 줄이고 날씬한 몸매를 유지하려면 어떻게 해야 할까?"라고 묻는다면 답하기는 별로 어렵지 않다. 탄수화물이 풍부한 음식을 피하라. 음식의 단맛이 강할수록, 먹기 쉽고 소화되기 쉬울수록 살이 찌기 쉽다(맥주, 과일 주스, 청량음료처럼 액체로 된 탄수화물이 가장 나쁘다).

이것은 전혀 새로운 메시지가 아니다. 1960년대까지는 누구나 아는 상식이었다. 사람들은 빵, 파스타, 감자, 사탕, 맥주 등 탄수화물이 풍부한 식품을 먹으면 살이 찐다고 생각했다. 비만을 염려하는 사람은 이런 식품을 먹지 않았다. 이후로도 이런 상식은 수없이 쏟아진 다이어트 책에 끊임없이 등장했다. 하지만 기본적인 사실을 너무 많이 우려먹는 동안, 관련된 과학이 왜곡되거나 잘못 해석되는 부작용이 생겨났다. 이런 사정은 '탄수화물 제한' 식단을 주장하는 측이나, 미국심장협회처럼 이런 식단은 일시적 유행일 뿐 위험할 수도 있다고 주장하는 측이나 마찬가지였다. 이 책에서는 기본적인 사실을 다시 한번 차근차근 설명할 것이다. 내 주장이 설득력 있다고 판단하여 식단을 바꾼다면 더 바랄 것이 없겠다. 오랫동안 이런 식단으로 과체중과 당뇨병 환자를 치료한 의사들에게 배운 교훈을 근거로, 식단을 바꾸는 방법에 대해서도 조언할 것이다.

왜 우리가 살이 찌는지, 칼로리 때문인지 탄수화물 때문인지 논란이 끊이지 않았던 지난 수십 년간 이 문제는 종종 과학보다 종교적 색채를 띠었다. 무엇이 건강한 식단인가에 관한 논쟁에 너무 많은 신념 체계가 끼어든 나머지 본래 과학적이었던 문제가 그만 길을 잃고 헤매게 되었다. 이 질문의 본질을 가리는 윤리적, 도덕적, 사회적 주제들은 매우 타당하고 깊이 생각해볼 만하지만 과학 자체와는 아무런 상관도 없다. 달리 생각하는 사람도 있겠지만 이런 주제들이 과학적인 탐구에 끼어들어서는 안 된다.

탄수화물 제한 식단은 식단에 포함된 탄수화물의 대부분을 동물성 식품으로 대체하는 것이다. 적어도 탄수화물보다 동물성 식품이 더 많아야 한다. 아침 식사로 먹는 계란을 필두로 점심과 저녁 식단에 육류와 생선과 가금류를 풍성하게 올린다. 이런 식단을 이상적이라고 할 수는 없을지 모른다. 충분히 논쟁적이기도 하다. 동물성 식품을 지금 수준으로 섭취해도 환경에 나쁘지 않은가? 그렇다면 이런 식단은 환경 문제를 더욱 악화시키지 않을까? 가축을 너무 많이 사육하면 지구 온난화와 세계적인 물 부족 사태와 환경오염을 부추기지 않을까? 건강한 식단에 관해서라면 우리 몸에 좋은 것만 생각할 것이 아니라 무엇이 지구 전체에 좋은지도 생각해야 하지 않을까? 먹고 살기 위해 동물을 죽이고, 우리에게 필요한 것을 생산하기 위해 동물에게 노동을 시킬 권리가 있는가? 도덕적 윤리적으로 정당화될 수 있는 유일한 생활방식은 채식, 우유와 달걀까지 거부하는 극단적인 채식이 아닐까?

이런 질문은 중요하며, 개인은 물론 사회 차원에서도 반드시 짚고 넘어가야 한다. 하지만 왜 우리가 살이 찌는지 과학적, 의학적으로 탐구하는 데 이런 질문이 끼어들어서는 안 된다. 내가 시작하려는 일은 바로 그런 과학적, 의학적 탐구이다. 70년 전에 힐데 브루크가 한 것과 똑같다. 왜 우리는 살이 찌는가? 왜 우리 자녀들은 살이 찌는가? 우리는 어떻게 해야 하는가?

I
비만의 원리

1 왜 그들은 살이 쪘을까?

스스로 배심원이라고 생각해보자. 피고는 극악무도한 범죄 혐의를 받고 있다. 검사는 의심의 여지없이 피고가 범인임을 보여주는 증거가 있다고 주장한다. 증거가 분명하니 유죄 판결을 내려달라고 호소한다. 피고는 사회에 위협이 되므로 반드시 감옥으로 보내야 한다는 것이다.

변호사도 지지 않는다. 그 증거란 게 그리 명확하지 않다고 맹렬히 물고 늘어진다. 완벽하지는 않지만 피고는 알리바이도 있으며, 현장에서 발견된 수많은 지문 중 피고의 것은 없었다고 강조한다. 경찰이 디엔에이와 머리카락 등 법의학적 증거를 취급하는 과정에서 실수를 저질렀을지도 모른다고 슬쩍 암시하기도 한다. 요컨대 사건은 검사가 주장하는 것처럼 명확하지 않다는 것이다. 배심원단이 합리적인 의심을 품는 것이 당연하며, 따라서 무죄를 선고해야 한다고 기염을 토한다. 무고한 사람을 감옥에 집어넣는다면 개인적으로 헤아릴 수 없을 만큼 큰 피해를 입는 것은 물론이고 진범을 잡을 기회를 놓쳐 비슷한 사건을 일으킬 기회를 준다는 것이다.

배심원의 임무는 주장과 반박을 견주어보고, 오직 증거를 기반으로 판단을 내리는 것이다. 재판이 시작되었을 때 어느 쪽에 더 마음이 끌렸는지는 중요하지 않다. 피고가 악당처럼 생겼다거나 그렇게 끔찍한 짓을 저지를 사람처럼 보이지 않는다는 생각도 중요하지 않다. 오직 제시된 증거와 그것이 믿을 만한지 그렇지 않은지가 중요하다.

형사 사법 제도에 관해 잘 알려진 사실은, 무고한 사람이 저지르지도 않은 범죄로 유죄 판결을 받는 경우가 종종 있다는 것이다. 사법 제도 자체가 바로 그런 일을 피하기 위해 존재하는데도 그렇다. 우리 사회에서 정의가 제대로 실현되지 않는다는 온갖 주장 속에서 가장 자주 반복되는 주제는 잘못된 판결의 희생자들이 너무나 뻔한, 가장 강력한 용의자들이었다는 것이다. 모든 사람이 유죄 판결을 환영한다. 이들이 범인이 아닐지도 모른다는 증거는 쉽게 무시된다. 복잡한 질문은 한 켠으로 밀려난다. 혹여 이들이 풀려날 수도 있을 증거들도 마찬가지다.

과학과 과학자들은 그런 실수를 저지르지 않을 것이라고 생각하면 마음이 포근해진다. 하지만 사실은 전혀 다르다. 그런 실수는 항상 일어난다. 그것이 인간의 본성이다. 물론 과학에는 이처럼 잘못된 확신을 받아들이지 않도록 막아주는 방법론이 존재한다. 하지만 이런 방법론이 항상 지켜지는 것은 아니며, 지켜진다고 해도 자연과 우주에 관한 진실을 추론한다는 것 자체가 매우 어려운 일이다. 이때는 상식이 매우 효과적인 안내자 역할을 할 수 있다. 그러나 유명한 저서 《철학사전》에서 볼테르가 지적했듯이 상식이란 심지어 과학자들 사이에서도 항상 상식적인 것은 아니며, 과학이 우리에게 알려주는 것 또한 상식에 부합하지 않는 경우가 많다. 예를 들어 표면적으로는 태양이 지구 둘레를 공전하는 데 아무 의심을 가질 필요가 없는 것처럼 보이지만, 과학적 진실은 정반대다.

과학과 법률이 종교와 다른 점은 모든 것을 의심한다는 데 있다. 일단 의심하지 않고는 어떤 것도 받아들이지 않는다. 과학과 법률은 수집한 증거가 우리가 믿는 것, 자라면서 내내 그렇다고 들었던 것과 일치하는지 물어보라고 가르친다. 우리에게 들려준 것 외에 다른 증거는 없는지, 혹시 피고에게 불리한 증거만 들려준 것은 아닌지 물어보라고 가르친다. 그리고 우리의 믿음이 증거와 부합하지 않으면 믿음을 바꿔야 한다고 가르친다.

우리가 너무 많이 먹기 때문에, 즉 소모하는 것보다 더 많은 칼로리를 섭취하기 때문에 살이 찐다는 주장을 반박하는 증거는 놀랄 만큼 많다. 과학에서는 대개 수집한 증거를 비판적으로 평가하는 것이 앞으로 나아가는 데 필요한 가장 기본적인 조건이다. 하지만 영양과 공중보건 분야에서는 어찌된 셈인지 많은 사람이 이런 태도를 비생산적이라고 생각한다. 권위자가 모든 사람에게 좋다고 믿는 행동을 장려하는 데 방해가 된다는 것이다. 권위자의 믿음이 옳은지 그른지는 따지지 않는다.

하지만 이 문제에는 우리의 건강과 체중이 걸려 있다. 그러니 증거를 꼼꼼히 살펴보고, 증거가 우리를 어디로 이끄는지 생각해보기로 하자. 스스로 배심원이 된다고 상상하는 것이다. 우리의 임무는 과식, 즉 소모한 것보다 더 많은 칼로리를 섭취하는 것이 비만과 과체중이라는 '범죄'를 저지르는지 판단하는 것이다.

비만의 유행을 간편한 출발점으로 삼을 수 있을 것 같다. 1990년대 중반, 미국 질병관리본부 연구원들은 비만이 유행하고 있다고 공식적으로 선언했다. 이후 수많은 권위자가 비만의 원인을 과식과 오래 앉아 있는 습관에 돌려왔으며, 이 두 가지 인자는 다시 현대 사회의 부유함 탓이 되었다.

2003년 뉴욕 대학교 영양학 교수 매리언 네슬은 유명 학술지 〈사이언스〉에 비만이 유행하는 것은 "지나친 번영" 탓이며, 식품 산업과 엔터테인먼트 산업은 이를 조장하거나 방조하고 있다고 설명했다. "가처분 소득이 늘어난 사람들은 이 산업들의 공격적인 마케팅 때문에 칼로리만 높을 뿐 영양가가 낮은 식품과 자동차, 텔레비전, 컴퓨터 등 앉아서 생활하는 습관을 부추기는 것들을 사들인다. 우리의 체중이 늘어나는 것은 이들의 사업에 좋은 일이다."

예일 대학교 심리학 교수 켈리 브라우넬은 이런 개념을 설명하기 위해 "독성 환경"이라는 신조어를 만들기도 했다. 그는 러브커낼Love Canal과 체르노빌Chernobyl 주민들이 화학 물질로 오염된 지하수와 방사능 등 암을 유발하는 독성 환경에서 살았듯, 우리 역시 "과식과 신체 활동 감소를 유발하는" 독성 환경에서 산다고 주장했다. 그 자연스러운 결과가 비만이다. "치즈버거와 감자튀김, 드라이브스루 매장과 특대 사이즈 메뉴, 가당 음료와 사탕, 감자칩과 치즈스틱처럼 한때 보기 드물었던 음식이 이제는 나무와 풀, 구름처럼 우리 생활의 자연스러운 배경이 되었다. 걷거나 자전거를 타고 학교에 가는 어린이는 거의 없다. 체육 수업도 거의 없어졌다. 어린이들은 집 안에서 컴퓨터와 비디오 게임을 즐기거나 텔레비전을 보느라 몸을 움직이지 않는다. 부모 역시 어린이가 마음껏 뛰어놀게 내버려두지 않는다."

다시 말해서 돈이 너무 많고 음식이 넘쳐나 얼마든지 먹을 수 있는 데다, 앉아서 생활하기를 부추기는 요인이 너무 많고 활발하게 신체 활동을 할 필요가 거의 없기 때문에 비만이 유행한다는 뜻이다. 세계보건기구 역시 똑같은 논리로 비만의 전 세계적인 유행을 설명하며 소득 증가와 도시화, "신체적으로 덜 힘든 작업으로의 변화 (…) 신체 활동이 줄어드는 경향 (…) 보다 수동적인 여가 활동의 추구" 등을 원인으로 꼽았다. 이제 비만 연구자들은 이런 조건을 정확히 기술하기 위해 언뜻 과학적인 것처럼 들리는 용어를 사용한다. 우리가 살아가는 환경이 날씬한 사람을 뚱뚱하게 만들기 쉽다는 뜻으로 "비만 유발성" 환경이란 말을 만들어낸 것이다.

하지만 이런 맥락에서 고려해야 할 한 가지 사실이 있다. 살이 찌는 것은 번영이 아니라 가난과 연관된다는 점이다. 여성에서는 확실히 규명되었으며, 남성에서도 자주 관찰되는 현상이다. 가난한 사람일수록 살이 찔 가능성이 높다. 이 사실은 1960년대 초반 맨해튼 미드타운에 거주하는 뉴욕 시민을 대상으로 한 조사에서 처음 보고되었다. 비만한 여성은 부유하기보다 가난할 가능성이 여섯 배 더 높았으며, 남성은 두 배 더 높았다. 이런 현상은 성인이든 어린이든 이후 시행된 거의 모든 연구에서 확인되었다. 비만이 실제로 유행하고 있다는 사실을 밝혀낸 질병관리본부 조사도 마찬가지였다.✦

비만의 유행은 부유함 때문이며 따라서 부유할수록 살이 찐다고 말하는 동시에, 비만은 가난과 관련이 있으며 따라서 가난할수록 살이

✦ 1968년 미 상원의원 조지 맥거번George McGovern은 빈곤에 시달리는 미국인이 변변치 않은 수입으로 가족들에게 영양가 있는 식사를 제공하기가 얼마나 어려운지 증언하는 일련의 국회 청문회에서 의장을 맡았다. 하지만 맥거번은 출석한 대부분의 증인이 "엄청나게 과체중이었다"고 회상했다. 같은 상임위원회에 소속된 한 중진 의원은 그에게 이렇게 말했다. "이봐요, 조지. 이것 참 어처구니없구만. 이 사람들은 영양실조에 시달리는 게 아니잖소? 하나같이 과체중이니 말이오."

찔 가능성이 높다고 말할 수 있을까? 불가능한 일은 아니다. 어쩌면 가난한 사람은 날씬한 몸매를 유지해야 한다는 무언의 압력을 부자보다 덜 받을지도 모른다. 믿거나 말거나 이것은 뚜렷하게 관찰되는 역설적인 상황에 대한 설명 중 하나로 널리 인정되었다. 비만과 가난의 관련성에 대해 역시 널리 인정된 또 다른 설명은 살이 찐 여성은 더 낮은 계층의 남성과 결혼하기 때문에 계층 사다리의 바닥 쪽에 모이는 경향이 있고, 날씬한 여성은 그 반대라는 것이다. 세 번째 설명도 있다. 가난한 사람은 부자에 비해 여가 시간과 운동할 기회가 없다는 것이다. 헬스클럽에 등록할 돈도 없고 공원과 안전한 보도가 갖춰진 곳에 살 수도 없으므로 자녀 역시 걷거나 운동을 할 기회가 없다. 이런 설명은 모두 옳을지도 모르지만 좀 지나치게 상상력을 동원한 감이 없지 않다. 게다가 문제를 깊이 파고들수록 설명과 증거의 모순이 더욱 확연히 드러난다.

전문가들은 생각지도 못한 일이겠지만 문학 작품을 들여다보면 오늘날 미국과 유럽 사람만큼 비만하면서도 번영과는 전혀 상관이 없고, 브라우넬이 주장한 독성 환경의 요소 역시 찾아볼 수 없는 곳에서 살았던 수많은 사람을 만날 수 있다. 치즈버거, 가당 음료, 치즈스틱, 드라이브스루 매장, 컴퓨터, 텔레비전 등은 말할 것도 없고, 성서 외에는 책조차 없는 환경 말이다. 자녀를 마음껏 뛰어놀지 못하게 과잉 보호하는 부모는 말할 필요도 없다.

이들의 소득은 낮았다. 고된 노동을 덜어줄 장치도, 신체적으로 덜 힘든 작업도, 보다 수동적인 여가 활동의 추구 따위도 물론 없었다. 이들 중 일부는 오늘날 기준으로는 상상조차 할 수 없을 정도로, 그야말로 찢어지게 가난했다. 과식 가설이 옳다면 피골이 상접해야 마땅했겠지만 이들은 그렇지 않았다.

힐데 브루크가 대공황의 절정기에 수많은 비만 어린이를 보고 의아해했던 일을 기억하는가? 사실 이런 관찰은 생각처럼 드물지 않다. 애리조나주의 원주민 부족 피마족을 생각해보자. 이들은 아마도 오늘날 미국에서 비만과 당뇨병 유병률이 가장 높은 인구 집단일 것이다. 이들이 겪은 고난은 종종 전통 문화가 현대 미국의 독성 환경과 조우했을 때 어떤 일이 벌어지는지를 보여주는 예로 언급되곤 한다. 원래 피마족은 열심히 일하는 농부이자 사냥꾼이었다. 이제 그들은 다른 미국인과 마찬가지로 앉아서 일하며 임금을 받는 노동자다. 똑같은 패스트푸드점에 차를 몰고 가 똑같은 군것질거리를 먹으며, 똑같은 텔레비전 쇼를 보고, 똑같이 비만과 당뇨병에 시달린다. 차이가 있다면 더 심하다는 것이다. 미 국립보건원에 따르면 "[2차 세계대전] 전후 전형적인 미국식 식단이 [피마족이 사는 힐라강Gila River] 보호구역에 널리 보급되면서, 사람들은 더 심하게 과체중 상태가 되었다."

인용문의 고딕체 글씨는 피마족이 2차 세계대전은 물론 심지어 1차 세계대전 전에도 비만 문제를 겪고 있었음을 강조하기 위해 내가 표시한 것이다. 그때는 적어도 오늘날 우리들의 기준으로 볼 때 특별히 유해하다고 할 만한 환경이 전혀 없었다. 1901년에서 1905년 사이, 각기 독립적으로 피마족을 연구한 두 명의 인류학자 모두 피마족, 특히 피마족 여성이 얼마나 뚱뚱한지를 특별히 언급했다.

첫 번째 연구자는 하버드 대학교의 젊은 인류학자 프랭크 러셀이었다. 그는 1908년 피마족에 관한 획기적인 보고서를 발표했다. 여기서 러셀은 피마족 노인 중 많은 수가 "인디언은 '키 크고 건장하다'는 통념과 충격적일 정도로 다르게 비만했다"고 썼다. 그는 자신이 "뚱뚱한 루이자Fat Louisa"라고 지칭한 피마족 여성의 사진을 싣기도 했다.

두 번째 연구자는 알레시 허들리치카였다. 원래 의사였던 그는 나중에 스미스소니언협회에서 자연인류학 큐레이터로 일했다. 허들리치카는 이 지역 원주민 부족의 건강과 복지를 연구하기 위해 계획된 원정 연구의 일환으로 1902년과 1905년에 피마족을 방문했다. 그는 피마족과 인근 부족인 서던유트족Southern Ute에 대해 이렇게 적었다. "모든 부족과 모든 연령에 걸쳐 여성은 물론 남성 중에도 특별히 영양 상태가 좋은 사람이 있었지만, 진정한 비만은 거의 전적으로 보호구역에 사는 인디언에서만 관찰되었다."

그의 관찰이 주목할 만한 이유는 당시 피마족이 가장 부유한 북미 원주민 부족에서 가장 가난한 부족으로 막 추락한 시점이었기 때문이다. 피마족이 비만해진 이유가 무엇이든 그것은 번영이나 소득 증가와는 아무런 관계가 없고 오히려 정반대의 상황과 관계된 것처럼 보인다.

1850년대만 해도 피마족은 보기 드물 정도로 성공적인 사냥꾼이자 농부였다. 그들의 땅에는 사냥감이 풍부했고, 피마족은 덫을 놓거나 활을 쏘아 짐승을 잡는 데 특히 능했다. 비옥한 땅을 적시며 흐르는 힐라강에서는 생선과 조개를 얼마든지 잡을 수 있었다. 강 주변 농지에는 옥수수, 콩, 밀, 멜론, 무화과를 재배했고 소와 닭을 길렀다.

1846년 미 육군의 한 대대가 피마족의 영토를 통과했을 때 군의관이었던 존 그리핀은 이들이 "활발하고 건강 상태가 좋다"고 묘사했다. 식량이 가득 쟁여진 창고들을 보고 "먹을 것은 더없이 풍족했다"고 적기도 했다.* 식량이 얼마나 풍족했던지 3년 뒤 캘리포니아에서 골드러시가 일어났을 때, 미국 정부가 향후 10년간 산타페트레일을 타고 캘리포니아로 몰려가는 수만 명의 여행자가 그들의 영토를 지날 때 먹을 것

100년 전 프랭크 러셀이 "뚱뚱한 루이자"라고 불렀던 비만한 피마족 여성. 패스트푸드점에서 식사를 하고 텔레비전을 너무 많이 본 탓에 살이 찐 것은 분명 아니다.

을 제공해달라고 요청할 정도였다.

하지만 캘리포니아 골드러시가 일어나자 낙원 같은 생활은 종말을 맞았다. 그들이 누린 풍요 또한 사라져버렸다. 백인과 멕시코인이 대거 그들의 영토에 정착한 것이다. 러셀이 "백인종이 생산해낸 인간 말종"이라고 묘사한 새로운 주민들은 무분별한 사냥으로 동물을 거의 멸종시키고, 피마족의 경작지가 말라붙든 말든 힐라강의 물을 끌어 자신들의 농토에 물을 댔다. 1870년대에 피마족은 소위 "기근의 세월"을 겪었

✦ 19세기 중반 피마족이 날씬하고 건강 상태가 좋았다는 사실을 언급한 사람은 그리핀뿐만이 아니었다. 예를 들어 미국 국경 감독관이었던 존 바틀렛John Bartlett은 1852년 여름에 여성들은 "몸매가 좋고 가슴이 풍만하며 팔 다리가 잘 발달해 있다", 남성들은 "전반적으로 호리호리하고 키가 크며 팔 다리는 매우 가늘고 가슴은 좁다"고 썼다.

다. 러셀은 이렇게 썼다. "이로 인한 굶주림과 절망과 상실 속에서도 이들의 기가 꺾이지 않은 것이 놀라울 뿐이다." 러셀과 허들리치카가 연구를 시작했던 20세기 초까지도 피마족은 농작물을 재배했지만 살아가는 데 필요한 식품은 대부분 정부 배급에 의존했다.

그런데도 왜 살이 쪘을까? 그토록 심한 기근을 겪는다면 살이 찌기는커녕 체중을 유지하지도 못하고 계속 살이 빠져야 하는 것 아닐까? 정부 배급이 먹고 남을 정도로 풍족했을 수도 있다. 그렇다면 기근의 세월 전 먹을 것이 풍족할 때는 살이 찌지 않았던 피마족이 왜 정부 배급을 받고 나서야 살이 쪘단 말인가? 해답은 그들이 섭취했던 음식에서 찾을 수 있을 것이다. 양보다 질의 문제라는 뜻이다. 러셀은 바로 그 점을 지적했다. "그들이 섭취하는 식품 중 어떤 것들이 현저히 살을 찌우는 것 같다."

허들리치카 역시 생존조차 위태로울 정도로 궁핍한 상태를 고려했을 때 피마족은 당연히 말라야 한다고 생각했다. "인디언의 비만에서 식품의 역할은 간접적인 것으로 보인다." 그래서 그는 신체 활동의 감소, 적어도 상대적 감소를 비만의 원인이라고 생각했다. 피마족이 현재 우리보다는 신체 활동이 더 많을지 몰라도, 산업화 이전 농경의 고단함을 감안하면 전에 비해 앉아서 생활하는 시간이 늘었다는 것이다. "그들의 삶은 과거의 활발했던 상태에서 현재는 적잖게 나태한 상태로 변했다." 하지만 허들리치카는 왜 비만인 사람은 일반적으로 여성인지 설명할 수 없었다. 피마족의 마을에서 힘든 일은 사실상 모두 여성이 맡았기 때문이다. 곡식을 수확하고, 알곡을 갈고, 심지어 짐을 나르는 짐승이 없을 때는 무거운 짐을 나르는 일조차 여성의 몫이었다. 또한 허들리치카는 또 다른 원주민 부족으로 "까마득한 옛날부터 앉아서 생활했던" 푸에블로족이 살이 찌지 않는 이유도 설명할 수 없었다.

그렇다면 정말로 음식의 종류가 문제라고 봐야 하지 않을까? 허들리치카가 지적한 대로 피마족은 이미 "백인의 식단에 오르는" 모든 것을 먹고 있었다. 어쩌면 이것이 문제의 열쇠가 아닐까? 1900년 당시 피마족의 식단은 20세기 미국인의 식단과 매우 비슷했다. 양이 아니라 질적인 측면에서 하는 말이다. 1850년 이후 피마족 보호구역에는 대여섯 개의 교역소가 문을 열었다. 인류학자인 헨리 도빈스가 지적했듯이 피마족은 교역소에서 "백인들이 자신들의 지역에 정착한 이래 사라져버린 전통 식품 대신 설탕과 커피와 통조림"을 샀다. 더욱이 보호구역에 제공된 정부 배급 물자 중 상당 부분이 흰 밀가루와 설탕이었다. 설탕 또한 한 세기 전 피마족의 기준으로는 상당한 양이었다. 나는 이 책 전반에 걸쳐 이런 식품들이 결정적인 요인이었을 가능성이 높다고 주장할 것이다.

매우 가난했는데도 불구하고 비만에 시달린 인구 집단이 피마족뿐이라면 드문 예외라고 무시해버릴 수도 있을 것이다. 단 한 사람이 수많은 사람의 증언과 다른 말을 했을 때처럼 말이다. 하지만 이런 인구 집단은 수없이 많다. 극도로 가난하면서도 많은 사람이 비만에 시달리는 인구 집단의 존재를 입증하는 수많은 증언이 있다. 피마족은 가난하고 힘든 노동에 시달리고 심지어 제대로 먹지 못해도 살이 찔 수 있다는 사실을 보여주는 수많은 증거 중 하나일 뿐이다. 논의를 진행하기 전에 다른 사람들의 증언을 살펴보자.

러셀과 허들리치카가 피마족을 연구한 지 약 25년 후, 두 명의 시카고 대학교 연구자가 또 다른 북미 원주민 부족을 연구했다. 사우스다코타주 크로우크릭Crow Creek 보호구역에 사는 수족이다. 이들은 "살기에 매우 부적합한" 오두막에서, 종종 방 한 칸에 네 명에서 여덟 명의 가족이 함께 살았다. 상하수도조차 갖추지 못한 집이 많았다. 어린이 중 40퍼센트가 어떤 형태의 화장실도 없는 집에 살았다. 열다섯 가족(그중 서른두 명이 어린이였다)이 "주식으로 빵과 커피만 먹었다". 오늘날 우리로서는 상상조차 할 수 없을 정도로 가난했던 것이다.

하지만 그들의 비만율은 비만을 유행병이라 칭하는 오늘날의 미국과 크게 다르지 않았다. 시카고 대학교 보고서에 따르면 보호구역 내 성인 여성의 40퍼센트, 남성의 25퍼센트 이상, 그리고 어린이의 10퍼센트가 "의심의 여지없이 뚱뚱하다고 할 수 있을 것이다". 어쩌면 보호구역에서의 삶이 허들리치카가 말한 것처럼 "적잖게 나태한" 까닭에 비만이 생겼을지도 모른다. 하지만 연구자들은 또 한 가지 중요한 사실을 명시했다. 성인 여성의 5분의 1, 남성의 4분의 1, 어린이의 4분의 1이 "극도로 말랐다"는 점이다.

보호구역 사람들의 식단은 역시 많은 부분이 정부 배급에 의존했다. 전반적으로 단백질과 필수 비타민, 미네랄은 물론 열량조차 부족했다. 이런 식이성 결핍의 영향은 큰 노력을 기울이지 않아도 분명히 알 수 있었다. "정확히 집계한 것은 아니지만 대충 보더라도 충치, 밭장다리, 짓무른 눈과 실명이 만연해 있다는 사실은 명백했다."

이렇게 한 집단 내에서 영양실조 또는 영양부족(칼로리 부족)과 비만이 공존하는 현상은, 오늘날 전문가들이라면 희한하다고 할지 몰라도 과거에는 그렇지 않았다. 수족을 통해 우리는 80년 전에 한 집단 내에서 영양실조 또는 영양부족과 비만이 공존했던 현상을 똑똑히 볼 수 있다. 이것은 매우 중요한 사실이지만, 결코 드물지 않았다. 몇 가지 예를 더 살펴보자.

1951년: 이탈리아, 나폴리

오늘날 사람들이 식이성 지방과 혈중 콜레스테롤이 심장병의 원인이라고 확신하는 것은 거의 모두 안셀 키스의 책임이다. 미네소타 대학교의 영양학자였던 그는 1951년에 나폴리를 방문했다. 나폴리 사람들의 식단과 건강을 연구하기 위해서였다. 그는 이렇게 썼다. "전반적인 상황은 명백했다. 일주일에 한두 번 지방이 거의 없는 살코기를 약간 먹는 것이 보통이었고, 버터는 거의 들어본 사람이 없을 정도였으며, 우유는 커피에 넣어 먹는 것 말고는 유아들이나 먹는 것이었다. 일하다 먹는 콜라지오네✦는 종종 빵 반 덩이에 익힌 상추나 시금치를 잔뜩 넣은 것을 뜻한다. 파스타를 매일 먹는데 보통 아무것도 바르지 않은 빵을 곁들였으며, 칼로리의 4분의 1 정도를 올리브유와 와인으로 섭취했다. 영양 결핍의 증거는 없었지만 노동 계급 여성들은 뚱뚱했다."

키스가 언급하지 않은 사실은 당시에 나폴리 사람의 대부분, 사실상 남부 이탈리아의 거의 모든 사람이 극빈층이었다는 점이다. 나폴리는 2차 세계대전 중 거의 초토화되었다. 전쟁 말기에는 가족이 먹고 살 돈을 벌기 위해 여성들이 길게 늘어서 연합군 병사에게 성매매를 하는 참혹한 모습이 펼쳐지기도 했다. 전후 의회 청문회 기록을 보면 이 지역은 사실상 제3세계나 다름없었다. 사람들이 고기를 먹지 않은 이유는 고기 자체가 거의 없었기 때문이다. 영양실조는 매우 흔했다. 재건 노력이 진행되었지만 키스가 다녀가고도 한참 지난 1950년대 후반에야 약간의 진전을 보일 정도였다.

또 한 가지 주목할 점은 당시 나폴리 사람들의 식단에 대한 키스의

✦ colazione. 이탈리아어로 아침 식사.(옮긴이)

묘사가 오늘날 사람들이 열광하는 지중해식 식단과 흡사하다는 점이다. 심지어 올리브유와 적포도주를 많이 먹는다는 점과 마이클 폴란이 《음식을 변호한다》에 썼듯이 "진짜 음식을, 그것도 너무 많이 먹어서는 안 되며, 대부분 식물성으로 섭취하라"는 권고에 부합하는, 마치 옛날 할머니들이 차려준 식단과 비슷하다는 점까지 그렇다. 너무 많이 먹지 않은 것은 확실하다. 1951년에 시행된 조사에서 이탈리아와 그리스는 유럽의 다른 어떤 나라보다도 1인당 섭취할 수 있는 식품의 양이 적었다. 섭취 열량은 하루 2400칼로리였다. 당시 미국은 1인당 3800칼로리를 섭취할 수 있었다. 그럼에도 "노동 계급 여성들은 뚱뚱했다". 부유층 여성이 아니라 먹고살기 위해 뼈 빠지게 일해야 했던 여성이 뚱뚱했던 것이다.

1954년: 다시 피마족

인디언행정국 연구자들은 피마족 어린이의 키와 몸무게를 측정한 후, 11세가 되면 남녀 모두 절반 이상이 비만이라고 보고했다. 당시 힐라강 보호구역의 생활 환경은 "빈곤이 만연했다".

1959년: 사우스캐롤라이나주 찰스턴

아프리카계 미국인 중 남성은 18퍼센트, 여성은 30퍼센트가 비만 상태였다. 가장의 현금 수입은 주당 9~53달러 수준이었다. 현재 화폐 가치로 환산하면 주당 65~390달러 정도다.

1960년: 남아프리카공화국 더반

줄루족 성인 여성 중 40퍼센트가 비만이었다. 사십 대 여성의 평균

체중은 약 80킬로그램이었다. 평균적으로 여성이 남성보다 9킬로그램 정도 더 무거웠으며, 키는 10센티미터 작았다. 그렇다고 여성이 남성보다 더 잘 먹었다는 뜻은 아니다. 연구자들은 과도한 비만에 종종 수많은 영양실조의 징후가 동반되었다고 보고했다.

1961년: 남태평양 나우루

지역 의사는 상황을 퉁명스럽게 묘사했다. "사춘기를 지난 모든 사람이 유럽 기준으로 보자면 지독한 과체중 상태라오."

1961~1963년: 서인도제도 트리니다드

미국에서 파견된 영양학자들은 영양실조가 이 섬의 심각한 의학적 문제라고 보고했으나, 비만 역시 심각했다. 25세를 넘은 여성 중 거의 3분의 1이 비만 상태였다. 이들의 평균 칼로리 섭취량은 하루 2000칼로리 미만으로 추산되었다. 당시 유엔 식량농업기구에서 권고한 건강 식단 요구량의 최소치 미만이었다.

1963년: 칠레

비만은 "칠레 성인의 가장 중요한 영양학적 문제"였다. 군인 중 22퍼센트, 사무직 노동자 중 32퍼센트가 비만이었다. 공장 근로자 중에는 남성의 35퍼센트, 여성의 39퍼센트가 비만이었다. 이 사실이 흥미로운 이유는 공장 근로자들이 상당히 고된 육체 노동을 했을 가능성이 높다는 점이다.

1964~1965년: 남아프리카공화국 요하네스버그

남아프리카의학연구원 소속 연구자들이 도시 지역에 거주하는 60세 이상 반투족 "연금 생활자"들을 조사했다. 이들은 "반투족 노인 중 가장 궁핍한 사람들", 즉 가난한 집단 중에서도 가장 가난한 사람들이었다. 여성의 평균 몸무게는 약 75킬로그램이었다. 그중 30퍼센트가 "심한 과체중" 상태였다. "가난한 백인" 여성의 평균 몸무게 또한 약 75킬로그램으로 보고되었다.

1965년: 노스캐롤라이나

콸라Qualla 보호구역에 사는 체로키족 성인 중 29퍼센트가 비만이었다.

1969년: 가나

아크라에서 병원 외래를 찾는 여성 중 25퍼센트, 남성의 7퍼센트가 비만이었다. 여성의 절반은 사십 대였다. 가나 대학교 의과대학의 한 교수는 이렇게 썼다. "삼십 대에서 육십 대 사이의 여성 가운데 심한 비만이 흔하다고 결론 내리는 것이 합리적일 것이다. 서아프리카 해안 마을의 시장에서 장사하는 여성 중 많은 수가 뚱뚱하다는 사실은 잘 알려져 있다."

1970년: 나이지리아 라고스

남성의 5퍼센트, 여성의 거의 30퍼센트가 비만이었다. 55세에서 65세 사이 여성 중에는 40퍼센트가 심한 비만이었다.

1971년: 남태평양 라로통가

성인 여성 중 40퍼센트가 비만이었다. 25퍼센트는 "극도로 비만"했다.

1974년: 자메이카 킹스턴

영국에서 교육받은 의사로 서인도제도 대학교에서 당뇨 클리닉을 운영하는 롤프 리처즈는 킹스턴의 성인 남성 중 10퍼센트, 여성은 3분의 2가 비만이라고 보고했다.

1974년: 다시 칠레

산티아고 가톨릭 대학교의 영양학자가 3300명의 공장 노동자를 조사했다. 대부분 중노동에 종사하는 사람들이었다. 남성의 "겨우" 11퍼센트, 여성의 9퍼센트가 "심한 영양부족" 상태였으며, 남성의 "겨우" 14퍼센트, 여성의 15퍼센트가 "심한 과체중"이었다. 45세 이상의 노동자 중에는 남성의 약 40퍼센트, 여성의 50퍼센트가 비만이었다. 또한 그는 1960년대 칠레에서 수행된 연구들을 보고하면서 이렇게 썼다. "농장 노동자의 [비만] 발생률이 가장 낮다. 비만은 사무직 종사자에게 가장 흔했지만, 빈민가에 사는 사람들 사이에도 흔했다."

1978년: 오클라호마

당대 최고의 당뇨병 역학자인 켈리 웨스트는 이 지역 북미 원주민에 대해 "남성은 매우 뚱뚱하고, 여성은 그보다 더욱 뚱뚱하다"고 보고했다.

1981~1983년: 텍사스주 스타카운티

텍사스 대학교의 윌리엄 뮬러 연구팀은 샌안토니오 남쪽으로 약

300킬로미터 떨어진 멕시코 국경 지역에 거주하는 멕시코계 미국인 1100명 이상의 몸무게와 키를 측정했다. 삼십 대 남성 중 40퍼센트가 비만이었다. 이들은 "시골 지역에서 농장 노동자나 유전油田 노동자로 일했다." 오십 대 여성의 절반 이상이 비만이었다. 뮬러는 이들의 생활환경에 대해 이렇게 기술했다. "매우 단순하다. (…) 식당이라고는 [스타카운티 전체에서] 딱 한 곳, 멕시코 음식점뿐이다. 그 밖에는 아무것도 없다."

도대체 이 사람들은 왜 살이 쪘을까? 과식 이론, 즉 들어온 칼로리와 나간 칼로리 이론이 그토록 편리한 이유, 의심스러울 정도로 편리한 이유는 이런 질문에 항상 대답을 제공한다는 것이다. 1900년대나 1950년대의 피마족, 1920년대의 수족, 1960년대와 1970년대의 트리니다드 주민이나 칠레의 빈민가 주민은 너무 가난하고 영양실조가 심한데도 비만이 흔했다. 과식이 비만의 원인이라고 철석같이 믿는다 해도 이들이 너무 많이 먹기는 어렵겠다는 생각이 들 것이다. 문제없다. 이럴 때는 그들이 틀림없이 오랜 시간 앉아서 생활하기 때문이라고, 최소한 상대적으로 너무 오래 앉아 있기 때문이라고 주장하면 된다. 그 인구 집단이 확실히 신체 활동이 많다면(피마족 여성, 칠레의 공장 노동자, 멕시코계 미국인 농장 노동자와 유전 노동자) 너무 많이 먹기 때문이라고 주장하면 된다.

개인에 대해서도 똑같은 주장을 할 수 있으며 실제로 그렇게 주장한다. 과체중이지만 적당히 먹는다는 것을 입증할 수 있다면(몸매가 날씬한 친구나 형제보다 더 먹지 않는다면) 전문가들은 확신에 찬 태도로 틀림없이 신체 활동이 부족하다고 할 것이다. 과체중이지만 운동을 많이 하는 것이 확실하다면 전문가들은 똑같이 확신에 찬 태도로 너무 많이 먹는다고 단정한다. 식탐이 없다면 나태라는 죄를 지은 것이다. 나태하지 않다면 죄목은 식탐이 된다.

어떤 인구 집단이나 개인에 관해 아무것도 모른다고 해도 이렇게 주장할 수 있다. 실제로 그런 경우가 많다. 자세히 알아보고 싶은 생각은 눈곱만치도 없으면서 이렇게 주장하는 사람은 주변에 얼마든지 있다.

1970년대 초반 영양학자들과, 연구자의 태도를 갖춘 의사들은 가난한 인구 집단에서 비만이 흔히 관찰되는 현상을 논의하고 그 원인에 대해 열린 마음으로 접근했다. 그들은 순수한 호기심을 지녔으며(우리도 그래야 한다), 답이 명백하다고 우기지 않았다(우리도 그래야 한다). 이때만 해도 비만은 오늘날처럼 '영양과잉'이 아니라 '영양부족'의 문제로 간주되었다. 예를 들어 1971년 체코슬로바키아에서 수행된 조사에서는 남성의 10퍼센트, 여성의 3분의 1이 비만으로 나타났다. 몇 년 후 학회에서 이 데이터를 보고할 때 연구자들은 이런 말로 발표를 시작했다. "체코슬로바키아를 짧게 방문했을 뿐이지만 비만이 너무나 흔하다는 사실은 분명했습니다. 다른 공업 국가와 마찬가지로 이것은 영양실조의 가장 만연한 형태로 보입니다." 비만을 "영양실조의 형태"라고 지칭한 데는 도덕적 판단이나 신념 체계, 식탐과 나태를 넌지시 암시하려는 의도가 전혀 섞이지 않았다. 그저 식품 섭취에 관해 무언가 잘못되어 있으며 마땅히 그것이 무엇인지 찾아내야 한다고 주장할 뿐이었다.✦

자메이카에 귀화한 영국 당뇨병 전문가 롤프 리처즈는 1974년 비만과 가난에 관한 증거를 논하며 어떠한 편견도 없이 이를 해석하는 데 딜레마에 빠질 수밖에 없음을 토로했다. "서인도제도처럼 선진국의 생활 수준과 비교할 때 매우 가난하다고 할 수밖에 없는 사회에서 비만이 이렇게 흔하게 관찰되는 현상을 설명하기는 어렵다. 이런 지역에서는 생후 첫 2년 동안 영양실조와 영양부족이 매우 흔해, 자메이카 같은 경우 소아과 병동에 입원하는 어린이의 거의 25퍼센트를 차지한다. 영양부족은 소아기를 거쳐 십 대 초반까지도 지속된다. 비만은 여성에서 약 25세부터 나타나기 시작하여 30세 이후로는 엄청난 비율에 도달한다."

리처즈의 말에서 "영양부족"이란 먹을 것이 충분치 않다는 뜻이다. 태어난 순간부터 십 대 초반에 이르기까지 서인도제도 어린이들은 놀랄 정도로 말랐으며, 성장 지연도 흔했다. 영양가 따위를 따지기에 앞서 더 많은 음식이 필요한 형편이었다. 그러다 여성들 사이에 비만이 나타나기 시작하며, 완전히 성인 연령에 도달하면 폭발적으로 늘어난다. 한 집단, 심지어 한 가족 내에서 영양실조나 영양부족이 비만과 공존하는 현상은 1928년의 수족, 나중에 칠레에서 관찰된 것과 똑같다.

최근에는 이런 현상을 과식이 비만의 원인이라는 패러다임으로만 해석한다. 2005년 〈뉴잉글랜드의학학술지〉에는 존스홉킨스 대학교 인간영양학센터 원장 벤자민 카바예로가 쓴 〈영양학의 역설-개발도상국의 저체중과 비만〉이라는 논문이 실렸다. 여기서 카바예로는 브라질 상파울루의 빈민가에 있는 한 클리닉을 방문한 경험을 이야기한다. 대기실은 "빼빼 마르고 성장이 지연된 어린이를 데려온 엄마들로 가득했다.

✦ 식탐과 나태는 가톨릭에서 규정하는 칠죄종seven deadly sins, 즉 모든 죄의 근원인 일곱 가지 항목 중 두 가지다. 보통 7대 죄악으로 불리며, 서양에서는 《세븐Seven》이라는 미스터리 영화가 나올 정도로 친근한 개념이다. 여기서 저자는 대부분 기독교 국가인 서양 특히 미국에서 비만을 종교적 죄악과 결부시켜 근거가 약한 '과식과 운동부족' 가설의 권위를 확보하면서, 동시에 그 책임을 개인에게 돌리는 전문가 집단의 태도를 꼬집기 위해 일부러 이런 용어를 사용했다.(옮긴이)

아이들은 만성 영양부족의 전형적인 증상을 나타냈다. 저개발 국가의 가난한 도시 지역을 한 번이라도 가본 사람이라면 이 아이들의 모습이 슬프지만 그다지 놀랍지 않을 것이다. 놀라운 것은 영양실조에 걸린 아이를 안고 있는 엄마 중 많은 수가 과체중이었다는 사실이다."

이어 카바예로는 눈앞에 펼쳐진 현상이 믿기 어려웠다고 적었다. "저체중과 과체중이 공존하는 현상은 **분명 공중보건 프로그램이 해결해야 할 아주 어려운 문제다.** 두말할 것도 없이 영양부족을 줄인다는 목표는 비만을 방지한다는 목표와 상충할 것이기 때문이다." 간단히 말해 비만을 방지하려면 사람들이 덜 먹게 해야 할 텐데, 영양부족을 방지하려면 보다 많은 식품을 제공해야 한다. 어떻게 할 것인가? 인용문 중 고딕체는 카바예로가 아니라 내가 표기한 것이다. 빼빼 마르고 성장이 지연된 채 만성 영양부족의 전형적인 증상들을 나타내는 어린이와 과체중인 엄마가 공존하는 현상은, 카바예로가 썼듯 공중보건 프로그램이 해결해야 할 아주 어려운 문제가 아니다. 우리의 믿음과 우리의 패러다임에 어려운 문제일 뿐이다.

이 엄마들이 과체중이 된 것은 너무 많이 먹었기 때문이라고 믿는다면, 또한 이 어린이들이 빼빼 마르고 성장이 지연된 것은 음식을 충분히 먹지 못했기 때문이라고 믿는다면, 결론은 무엇인가? 결국 자녀에게 먹여야 할 음식을 엄마가 빼앗아 먹고 칼로리를 과잉 섭취했다는 뜻이다. 엄마가 자신의 식탐을 위해 자식을 굶겼다는 소리다. 우리가 모성 행동에 대해 아는 지식과는 배치된다. 어떻게 해야 할까? 비만과 과식에 대한 믿음을 유지하기 위해 모성 행동에 대한 모든 지식을 폐기해야 할까? 아니면 세상의 모든 엄마는 자녀를 위해 희생한다는 믿음을 유지하면서, 비만의 원인에 대한 믿음에 의문을 제기해야 할까?

다시 말하지만 한 인구집단, 심지어 한 가족 내에서 저체중과 과체중이 공존하는 현상은 공중보건 프로그램이 해결해야 할 아주 어려운 문제가 아니다. 비만과 과체중의 원인에 대한 우리의 믿음에 어려운 문제일 뿐이다. 그리고 어려운 문제는 이것만이 아니다.

2 적게 먹으면 살이 빠질까?

1990년대 초 미 국립보건원은 몇 가지 중요한 여성 건강 문제를 연구하기 시작했다. 10억 달러 가까운 비용이 지출된 이 연구의 결과로 발표된 것이 바로 "여성건강계획"이다. 저지방 식단이 적어도 여성에서 심장병이나 암을 실제로 예방하는지 알아보는 것도 연구 목표 중 하나였다. 연구자들은 약 5만 명의 여성을 등록한 후, 무작위로 2만 명을 선정하여 지방 함량이 낮고 과일, 야채, 섬유소가 풍부한 식단을 섭취하도록 교육시켰다. 또한 식단을 유지하도록 동기를 부여하기 위해 정기적인 상담도 제공했다.

상담의 효과 중 하나는(어쩌면 식단 자체의 효과였을지도 모른다) 연구에 참여한 여성이 의식적이든 아니든 스스로 적게 먹어야겠다고 결심했다는 점이다. 여성건강계획 연구자들에 따르면 여성들은 처음 임상시험에 참여했을 때보다 하루 평균 360칼로리를 덜 섭취했다. 비만이 과식 때문이라고 믿는다면 하루 360칼로리를 '덜 먹었다'고 할 수 있을 것이다. 즉 보건 당국이 권장하는 것보다 거의 20퍼센트의 칼로리를 덜 섭취했다.

결과는 어땠을까? 8년간 이렇게 적은 칼로리를 섭취한 여성들은 1인당 평균 1킬로그램 정도 몸무게가 줄었다. 복부 지방의 척도인 평균 허리둘레는 오히려 증가했다. 결국 줄어든 몸무게는 지방이 아니라 소위 제지방 조직, 즉 근육이었다.✦

어떻게 된 것일까? 몸무게가 섭취하는 칼로리와 소모하는 칼로리의 차이에 의해 결정된다면, 여성들은 몰라볼 정도로 날씬해졌어야 마땅하다. 지방 1킬로그램 속에는 약 800칼로리의 에너지가 들어 있다. 이들이 매일 360칼로리씩 적게 먹었다면 첫 3주 동안 약 1킬로그램의 지방(7560칼로리)이 몸에서 빠져나가고, 1년 후 몸무게는 16킬로그램 정도 줄었을 것이다.✦✦ 물론 처음에 몸속에는 이보다 훨씬 많은 지방이 있었다. 연구 시작 시 거의 절반 정도가 비만이었고, 절대 다수가 최소한 과체중 상태였다.

물론 연구자들이 음식 섭취량을 터무니없이 잘못 평가했을 가능성이 있다. 어쩌면 여성들이 연구자들은 물론 스스로를 속였을지도 모른다. 하루에 360칼로리씩 적게 먹지는 않았을 수도 있다는 뜻이다. 마이클 폴란은 〈뉴욕타임스〉에 이렇게 썼다. "우리는 이 여성들이 실제로

✦ 실망스러운 결과는 이것만이 아니다. 여성건강계획 연구자들은 저지방 식단이 심장병, 암, 기타 어떤 질병도 예방하지 못했다고 보고했다.

✦✦ 이 계산은 요점을 강조하기 위해 지나치게 단순화한 것이다. 보통 식단 연구에서 살이 빠진 피험자들이 연구가 진행될수록 더 적은 에너지를 소모한다는 사실을 감안하여 보정한다면, 체중 감소는 더 적어 3주 만에 약 700그램, 1년이 지났을 때는 약 10킬로그램이 된다. 이런 보정법을 알려준 사람은 미 국립보건원의 생물리학자 케빈 홀Kevin Hall이다. 그는 보정한 수치를 보고 이렇게 말했다. "그래도 실제 수치와는 달라도 너무 다르네!"

무엇을 먹었는지 절대로 알 수 없다. 왜냐하면 대부분의 사람이 식단에 대해 질문받을 때 그렇듯 그들도 거짓말을 했기 때문이다."

또 다른 가능성이 있다. 이렇게 칼로리를 줄여도, 이렇게 몇 년씩 적게 먹더라도 기대하는 일이 결코 일어나지 않을지도 모른다는 점이다.

과식이 비만의 원인이라는 생각에 의문을 제기해봐야 할 모든 이유 중 가장 명백한 것은, 적게 먹는다고 해서 비만이 완화되지 않는다는 점이다. 물론 무인도에 표류해서 몇 개월씩 굶주리면 원래 살이 쪘든 말랐든 쇠약해져 뼈만 앙상하게 남는다. 반쯤 굶는 생활을 해도 상당량의 근육과 함께 지방이 몸에서 빠져나간다. 하지만 실생활 속에서 이런 방법으로 체중을 줄이고, 줄어든 체중을 유지하기 위해 언제나 적게 먹는 방법을 써서 성공한 경우는 극히 드물다.

놀랄 일도 아니다. 힐데 브루크의 경험과 그로부터 얻은 교훈을 설명하면서 지적했던 것처럼, 살이 찐 사람은 대부분 더 적게 먹으려고 이미 오래도록 무진 애를 써왔다. 사회적 배척, 신체 장애, 질병에 걸릴 가능성 증가 등 비만과 관련된 부정적인 유인에서 동기를 얻어 수십 년간 시도해본 방법이 효과가 없었다면, 흰 가운을 입은 권위자들이 한번 해보자고 해서 효과가 있으리라 기대할 수 있을까? 살찐 사람 중에 적게 먹으려고 노력해보지 않은 사람이 있을까? 그렇게 해봤는데도 여전히 뚱뚱하다면, 적게 먹어서 단기적으로 지나친 지방을 제거하는 데 성공했다고 해도 궁극적으로 비만을 해소하는 데 실패했다고 생각해야 하지 않을까?

1959년 심리학자인 앨버트 스턴커드와 메이비스 매클래런흄은 사상 최초로 적게 먹는 것이 비만 치료에 효과적인지 조사하여 발표했다.

그들의 결론 또한 효과가 없다는 것이었다. 지금까지도 변한 것은 별로 없다. 스턴커드는 일종의 '역설' 때문에 연구를 시작했다고 밝혔다. 뉴욕 병원에 있는 자신의 클리닉에서 음식 섭취량을 줄여 비만을 치료하는 데 실패했는데도, "많은 사람이 그런 치료가 쉽고도 효과적이라고 생각한다"는 것이었다.

스턴커드와 매클래런흄은 의학 문헌을 샅샅이 뒤져 여덟 편의 논문을 찾아냈다. 의사들이 비만과 과체중 환자를 치료하는 데 성공한 증례를 보고한 것이었다. 스턴커드는 결과를 이렇게 요약했다. "놀랄 정도로 비슷하고, 놀랄 정도로 성적이 나빴다." 대부분의 의사는 하루 800~1000칼로리의 식단을 처방했다(여성건강계획에 참여한 여성이 섭취한 칼로리의 절반 정도다). 10킬로그램 정도 체중이 감소한 사람은 네 명 중 한 명, 20킬로그램 정도 감소한 사람은 스무 명 중 한 명에 불과했다. 스턴커드는 자신의 클리닉에서 100명의 비만 환자에게 하루 800~1500칼로리의 "균형 식단"을 처방한 경험도 함께 보고했다. 10킬로그램 정도 줄어든 사람은 열두 명, 20킬로그램이 줄어든 사람은 딱 한 명이었다. 하지만 "치료를 마치고 2년 후, 줄어든 체중을 유지한 환자는 두 명밖에 없었다".✦

최근 발표된 연구들은 컴퓨터와 정교한 통계 분석을 활용하지만 그 결과는 정확히 스턴커드가 표현했던 대로다. 여전히 놀랄 정도로 비슷하고, 놀랄 정도로 성적이 나쁘다. 2007년 터프츠 대학교의 검토에 따르면 비만과 과체중 환자에게 저칼로리 식단을 처방하는 것은 기껏

✦ 스턴커드의 분석 결과는 식이요법 자체가 비만에 효과가 없다고 비난하는 데 널리 인용되지만, 사실 그가 검토한 연구들은 하나같이 칼로리 제한 식단만 활용했다.

해야 "중간 정도의 체중 감소"를 유도할 뿐이고 그나마 효과가 "일시적"이다. 보통 첫 6개월간 3~4킬로그램 정도가 줄어들지만 1년이 지나면 줄어든 몸무게가 상당 부분 회복된다.

터프츠 대학교의 연구는 1980년 이후 의학 학술지에 보고된 비만과 관련한 식단 연구 전부를 분석한 것이다. 지금까지 가장 큰 규모로 수행된 연구에서도 거의 같은 결과가 나왔다.++ 미국에서 비만 관련 연구 기관 중 가장 영향력 있는 루이지애나주 배턴루지의 페닝턴생의학연구소와 하버드 대학교의 합작 연구다. 이들은 800명이 넘는 과체중 및 비만 환자를 등록시킨 후 네 가지 식단 중 하나에 무작위 배정했다. 식단의 영양 성분(단백질, 지방, 탄수화물의 비율)은 조금씩 달랐지만 피험자가 하루 750칼로리 정도를 덜 섭취한다는 점에서는 기본적으로 동일했다. 피험자는 이런 식단을 유지하기 위해 "집중적인 행동 상담"을 받았다. 보통 사람이 살을 빼기 위해 노력할 때 거의 기대할 수 없는 전문적 지원을 받은 것이다. 2주에 한 번씩 식권을 받았기 때문에 칼로리가 낮으면서도 맛있는 식사를 장만하려고 애쓸 필요도 없었다. 시험 시작 당시 피험자들은 표준 체중보다 평균 20킬로그램 이상 과체중 상태였다. 결과는 터프츠 대학교 연구와 비슷했다. 대부분의 피험자가 첫 6개월 동안 4킬로그램 정도 체중이 줄었지만, 1년 뒤에는 원래 체중으로 돌아갔다. 비만이 완치된 경우가 그토록 적은 것은 놀랄 일이 아니다. 적게 먹는 것은 기껏해야 몇 개월 정도밖에 효과가 없다.

++ 여성건강계획의 저지방 식단 연구는 체중 감소가 아니라 심장병과 암 예방을 목적으로 했기 때문에 포함시키지 않았다.

현실이 이런데도 권위자들은 여전히 같은 방법을 권고한다. 이들의 권고를 읽고 나면 심리학자들이 '인지 부조화'라고 부르는 상태, 즉 두 가지 모순되는 믿음을 동시에 유지하려고 할 때 생기는 정신적 긴장에 빠지게 된다.

1998년에 출간된 교과서 《비만 안내서Handbook of Obesity》를 보자. 조지 브레이, 클로드 부샤르, W. P. T. 제임스 등 비만 분야에서 가장 유명한 세 명의 권위자가 쓴 이 책에는 이런 말이 나온다. "식이요법은 여전히 가장 중요한 치료이며 열량 섭취를 줄이는 것이 성공적인 체중 감소 프로그램의 기초라는 사실에는 변함이 없다." 하지만 몇 문단 뒤에는 칼로리 제한 식단을 시행한 결과가 "매우 좋지 않으며, 오래 지속되지 않는다"고 씌어 있다. 이게 무슨 소리인가? 그렇게 효과가 없는 방법이 어떻게 가장 중요한 치료가 될 수 있는가? 여기에 대해서는 일언반구도 없다.

인지 부조화의 예를 찾아볼 수 있는 보다 최근 문헌으로 의사와 연구자의 존경을 한몸에 받는 교과서 《조슬린 당뇨병학Joslin's Diabetes Mellitus》 최신판(2005년)을 들 수 있다. 비만에 관한 장章을 쓴 사람은 현재 하버드 대학교 의과대학 학장인 비만 연구자 제프리 플라이어와 그의 부인이자 동료인 테리 매러토스플라이어다. 플라이어 부부 역시 "칼로리 섭취를 줄이는 것이 모든 비만 치료 중 가장 중요하다"고 썼다. 하지만 이어서 그들은 가장 중요한 치료가 통하지 않는 무수한 경우를 열거한다. 표 나지 않게 칼로리를 줄이는 방법(예를 들어 매일 100칼로리씩 덜 먹어서 5주마다 약 500그램씩 살을 빼는 방법)부터 하루 800~1000칼로리를 섭취하는 저칼로리 식단과 초저칼로리 식단(200~600칼로리), 심지어 완전 단식에 이르기까지 수많은 방법을 설명한 후 그들은 이렇게 결론짓는다. "이런 방법 중 효과가 입증된 것은 하나도 없다." 맙소사.

1970년대까지만 해도 의학 문헌에서는 저칼로리 식단을 "반半기아" 식단이라고 불렀다. 평소 섭취하는 칼로리의 절반, 심지어 그 이하를 섭취하는 것이 목표였기 때문이다. 이런 식단에서 암묵적으로 요구하는 바는 초기에 줄어든 몸무게를 유지하려면 언제까지나 반쯤 굶는 상태로 지내야 한다는 것이다. 그러나 영구적으로는 물론, 몇 개월 이상 반쯤 굶는 상태로 지내고 싶은 사람은 없다. 초저칼로리 식단은 흔히 "금식"이라고 불렸다. 사실상 아무런 음식도 먹지 않는 것과 비슷하기 때문이다. 기껏해야 한두 달이면 모를까, 계속 이런 상태로 지낼 수 있는 사람은 없다. 하물며 몸에서 과도한 지방을 제거한 뒤에도 언제까지나 이렇게 지낼 수는 없는 노릇이다.

학문적 연구 환경에서 비만을 치료하는 데 세계기록을 보유한 연구자라면 아마도 하버드 대학교 의과대학의 조지 블랙번과 브루스 비스트리언일 것이다. 1970년대에 이들은 지방을 제거한 살코기, 생선, 가금류로 구성되어 하루 600칼로리를 제공하는 식단으로 비만 환자를 치료하기 시작했다. 비스트리언에 따르면 치료받은 환자는 수천 명을 헤아렸다. 그중 절반이 약 20킬로그램 이상 체중이 줄었다. "체중을 대폭 줄이는 방법 중에서 놀랄 정도로 효과적이고 안전했죠." 하지만 이후 비스트리언과 블랙번은 이 치료를 포기했다. 일단 체중이 줄어든 다음에 환자들에게 어떻게 하라고 해야 할지 알 수 없었던 것이다. 언제까지나 하루 600칼로리만 섭취하면서 살 수는 없었다. 정상적으로 먹기 시작하면 체중은 즉시 원상태로 돌아갔다. 의학적으로 허용할 수 있는 유일한 대안은 식욕억제제를 투여하는 것이었지만, 비스트리언은 그런 방법까지 쓰고 싶지는 않았다.

결국 이런 식단 중 한 가지를 선택하여 몸에서 과도한 지방을 대부분 제거하더라도, 이제부터 어떻게 할 것인가라는 문제를 만나게 된다. 하루에 1200칼로리, 심지어 600칼로리를 섭취하여 몸무게가 줄었다면 다시 하루 2000칼로리를 섭취했을 때 몸무게가 원래대로 돌아가는 것이 놀라운 일일까? 그래서 식이요법을 평생 실천 하는 것, 즉 '생활습관 프로그램'이라고 하는 것이다. 하지만 일정 기간 이상 반기아 상태 또는 금식 상태로 지내는 것이 어떻게 가능하단 말인가? 몇 년 전 인터뷰 도중에 비스트리언이 했던 말은 반세기 전 브루크가 했던 말을 연상시킨다. 적게 먹는 것은 비만의 치료 또는 완치법이 아니다. 그저 일시적으로 가장 두드러진 증상을 완화하는 방법일 뿐이다. 그리고 적게 먹는 것이 치료나 완치법이 아니라는 말은, 분명 과식이 비만의 원인이 아니라는 의미를 담고 있다.

3 운동을 하면 살이 빠질까?

근사한 파티에 초대받았다. 주최 측에서는 특별히 유명한 요리사를 섭외했고, 산해진미를 무제한 제공한다고 알려왔다. 초대장에는 이렇게 적혀 있다. "마음껏 음식을 즐길 수 있도록 약간 시장한 상태로 오세요!" 당신은 어떻게 할 것인가?

대부분 그날은 좀 적게 먹으려고 할 것이다. 어쩌면 아침을, 심지어 점심까지도 거를지 모른다. 헬스클럽에 가서 평소보다 격렬하게 운동하거나, 더 오래 달리거나 수영을 할지도 모른다. 차를 타고 가는 대신 걸어가는 사람도 있을 것이다.

한번 생각해보자. 우리는 살을 빼려면 적게 먹고(칼로리 섭취를 줄이고) 많이 운동하라고(칼로리 소비를 늘리라고) 귀에 못이 박이게 들어왔다. 그런데 이것이야말로 허기를 느끼고 식욕을 돋워 더 많이 먹기 위해 하는 일과 똑같지 않은가? 여기에 생각이 미치면, 50년 넘게 비만의 유행과 적게 먹고 많이 운동하라는 조언이 공존해왔다는 사실이 그리 역설

적으로 생각되지 않을 것이다.✦

앞 장에서 적게 먹으면 살이 빠진다는 생각이 가진 문제점들을 살펴보았다. 들어온 칼로리와 나간 칼로리라는 등식의 반대쪽을 살펴보자. 신체 활동을 늘려 에너지 소모량을 증가시키면 어떤 일이 벌어질까?

체중 문제에 있어서 오래 앉아 있는 습관이 많이 먹는 것만큼이나 중요하다는 사실은 상식에 속한다. 살이 찔수록 심장병, 당뇨병, 암에 걸릴 가능성이 높아지므로 오래 앉아 있는 습관은 이런 병들의 원인이라고도 여겨진다. 따라서 과도한 운동에 의해 생기는 관절과 근육 질환만 빼면, 규칙적인 운동은 우리 시대의 만성병을 예방하는 데 반드시 필요한 수단이라고 인식된다.

칼로리를 소모하면 살이 빠지고 질병에도 걸리지 않는다는 주장은 어디서나 들을 수 있는 데다 우아할 정도로 단순해서 누구나 쉽게 이해할 수 있기에, 우리 삶에 알게 모르게 엄청난 영향을 미친다. 여기에 대한 우리의 믿음은 하나의 문화를 형성한다. 신체 활동이 건강에 좋다는 믿음은 우리의 의식 속에 너무나 깊게 각인되어 있어서, 건강과 생활 습관에 관한 과학이라는 논란 많은 영역에서조차 절대로 의문을 제기해서는 안 되는 단 한 가지 사실로 인식된다. 이 말이 사실이라면 얼마나 좋을까?

실제로 규칙적인 운동이 가져다주는 이점은 셀 수 없이 많다. 우리

✦ 이 통찰은 아스클레피오스Asclepius(그리스 신화에 나오는 의술의 신-옮긴이)라는 이름으로 블로그를 운영하는 크리스 윌리엄스Chris Williams에게서 얻었다.

는 운동을 통해 멋진 몸매를 가꾸고 지구력을 향상할 수 있다. 어쩌면 전문가들이 주장하듯 심장병이나 당뇨병 위험을 낮춰 더 오래 살 수 있을지도 모른다(이 점에 대해서는 아직도 많은 검증이 필요하다). 무엇보다 운동을 하면 기분이 좋아진다. 나도 그렇지만 많은 사람이 운동을 좋아하는 까닭은 바로 여기에 있을 것이다. 하지만 지금부터 살펴보려는 주제는 운동이 재미있고 몸에 좋으며(이 말이 무슨 뜻이든) 건강한 생활 습관의 필수 요소인지를 따지는 것이 아니다. 전문가들이 항상 말하는 것처럼 운동이 살을 빼는 데 또는 줄어든 체중을 유지하는 데 정말로 도움이 되느냐는 것이다. 결론부터 말하면 그렇지 않은 것 같다.

객관적인 증거를 살펴보자. 1장에서 말했듯 비만은 가난과 밀접한 관련이 있다는 사실에서 시작하겠다. 미국이나 유럽, 그 밖의 소위 선진국에서는 가난할수록 살이 찔 가능성이 높다. 또한 가난할수록 육체적으로 힘든 직업에 종사할 가능성, 두뇌보다는 몸을 써서 먹고살 가능성이 높다. 선진국에서 힘을 쓰는 직종, 비유적인 표현이 아니라 문자 그대로 땀 흘려 일하는 직종에 종사하는 사람은 가난하고 사회적으로 혜택을 받지 못한 계층이다. 이들은 헬스클럽에 다니거나 남는 시간(그런 게 있다면)에 다음 번 마라톤 출전에 대비해서 훈련에 열중할 수는 없을지 모르지만, 보다 여유 있는 사람들에 비해 공사 현장이나 공장에서, 광산이나 들판에서, 또는 가정부나 정원사로 일할 가능성이 훨씬 높다. 이처럼 가난할수록 살이 찌기 쉽다는 사실은 매일 일상적으로 소비하는 칼로리가 비만 여부를 결정한다는 가정에 의문을 제기해야 할 첫 번째 이유다. 공장 노동자나 유전油田 노동자가 비만해질 수 있다면, 일상적인 에너지 소비량이 체중을 결정하는 중요한 요소라고 하기는 어려울 것이다.

또 하나 생각해볼 점은 비만의 유행 그 자체다. 우리는 지난 수십 년 동안 꾸준히 더 뚱뚱해졌다. 이 사실로부터 많은 전문가는(세계보건기구도 그중 하나다) 우리가 갈수록 앉아서 생활하게 되었다고 생각하는 것 같다. 하지만 객관적인 증거는 정반대다. 적어도 미국에서는 비만의 유행이 여가 시간을 이용한 신체 활동, 헬스클럽, 기타 혁신적인 칼로리 소모 방법들(인라인 스케이팅, 산악 자전거, 다양한 실내 운동 기구, 스피닝과 에어로빅, 브라질 전통 무술 등 열거하자면 끝도 없다)의 열풍과 시간적으로 정확히 일치한다. 사실상 이 모든 것이 비만의 유행이 시작되고 나서 발명되었거나 근본적으로 재설계되었다.✦

1970년대까지 미국인들은 여가 시간에 땀을 흘려야 한다고 믿지 않았다. 오히려 되도록 그런 일을 피하려고 했다. 윌리엄 베넷과 조엘 구린이 1982년에 출간한 《다이어트 하는 사람의 딜레마The Dieter's Dilemma》에서 지적했듯이 1970년대 중반까지도 "요란한 색깔의 속옷 비슷한 것을 걸치고 도시의 거리를 뛰는 사람을 보면 좀 이상하다고 생각했다". 오늘날은 사정이 전혀 다르다. 1977년 〈뉴욕타임스〉는 미국이 "운동의 폭발" 속에 있다고 보도했다. 이는 오로지 1960년대에 널리 퍼져 있던 운동은 "해롭다"는 믿음이 "격렬한 운동은 몸에 좋다는 새롭고

✦ 이런 신체 활동의 유행을 정량화하는 데는 다양한 방법이 있다. 예를 들어 헬스클럽 산업의 매출액은 1972년 약 2억 달러에서 2005년에는 160억 달러로 증가했다. 물가 상승을 감안하더라도 17배 늘어난 것이다. 보스턴 마라톤이 처음 열렸던 1964년, 참가자는 300명을 조금 넘었다. 2009년에는 2만 6000명이 넘는 남녀가 참여했다. 뉴욕 마라톤이 열린 첫해인 1970년의 참가자는 137명에 불과했지만 1980년에는 공식 참여자만 1만 6000명이었고, 2008년에는 6만 명이 신청하여 3만 9000명이 실제로 참가했다. 웹사이트 MarathonGuide.com에 따르면 2009년 미국에서만 거의 400건이 넘는 마라톤 대회가 열릴 예정이었다. 헤아릴 수 없이 많은 하프 마라톤과 50건이 넘는 울트라 마라톤(160킬로미터), 160건이 넘는 기타 '울트라 대회'(가장 긴 코스는 약 5000킬로미터에 달한다)는 포함하지 않은 숫자다.

도 일반적 통념"으로 완전히 바뀌었기 때문에 벌어진 일이었다. 1980년 〈워싱턴포스트〉는 이미 1억 명의 미국인이 "새로운 피트니스 혁명"의 열렬한 회원이 되었으며, 이들 대다수가 불과 10년 전만 해도 "'건강에 미쳐 맛이 간 사람'이라고 놀림을 받았을 것"이라고 보도했다. "우리 눈앞에 펼쳐진 광경은 20세기 후반의 중요한 사회적 현상 중 하나이다." 오래 앉아 있는 습관 때문에 살이 찌고 신체 활동으로 이를 막을 수 있다면, "운동의 폭발"과 "새로운 피트니스 혁명"의 결과 비만의 유행이 아니라 날씬함의 유행이 찾아왔어야 마땅하지 않을까?

칼로리 소모가 얼마나 살이 찌는지에 조금이라도 영향을 준다는 믿음을 뒷받침하는 증거는 거의 없다. 2007년 8월, 미국심장협회와 미국스포츠의학회는 공동으로 신체 활동과 건강에 대한 권고를 발표하면서 칼로리 소모와 비만의 관계에 대한 과학적 근거를 매우 비판적인 방식으로 검토했다. 권고안을 작성한 열 명의 전문가 중에는 운동이 건강한 생활 습관에 필수적이라는 개념을 열렬히 지지하는 사람들이 대거 포함되었다. 간단히 말해서 이들은 정말로 사람들이 운동을 해야 한다고 믿었으며, 이를 뒷받침하는 증거가 있다면 하나도 빠짐없이 드러내고 싶어 안달을 할 만한 인물들이었다.

이들은 하루 30분간 중간 정도로 격렬한 신체 활동을 일주일에 5일씩 하는 것이 "건강을 유지하고 향상하는 데" 반드시 필요하다는 결론을 내렸다. 하지만 운동이 살이 찌거나 날씬한 몸매를 유지하는 데 어떤 영향을 미치는가에 대해서는 이렇게 말했을 뿐이다. "일상적으로 칼로리 소모량이 비교적 높은 사람은 칼로리 소모량이 낮은 사람에 비해 장기적으로 체중이 늘 가능성이 더 낮다고 생각하는 것이 합리적이다.

지금까지는 이런 가설을 지지하는 데이터가 특별히 설득력 있다고 할 수는 없다."

미국심장협회와 스포츠의학회의 권고는 미국 농무부, 국제비만연구협회, 국제비만태스크포스 등 다른 권위 있는 기관들이 최근 발표한 권고에서 하루 1시간씩 운동을 해야 한다고 조언한 것과 사뭇 달랐다. 다른 기관에서 더 많은 운동을 주장한 이유 역시 살을 빼는 데 도움이 된다는 것이 아니라 살이 더 찌지 않는 데 도움이 된다는 것이었다. 살을 빼는 것이 운동만으로 가능하지 않다는 사실을 암묵적으로 인정한 것이다.

1시간 동안 운동하라는 권고안의 논리는, 그보다 적게 운동하는 것이 조금이라도 효과가 있다는 근거가 별로 없다는 것이었다. 정확히 이것이 전부다. 매일 60분 넘게 운동하면 어떻게 되는지 밝힌 연구가 거의 없었기 때문에 이 정도 운동을 하면 무언가 조금이라도 달라지지 않을까 막연히 생각했던 것이다. 미 농무부 권고 역시 감소된 체중을 유지하는 데만 하루 최대 90분 동안 중간 정도로 격렬한 운동이 필요하지 않을까 주장했을 뿐(매일 1시간 반 동안이나!), 90분 이상 운동을 한다고 해서 체중을 줄일 수 있다고 주장한 것은 아니었다.

관련 증거는 거의 논란의 여지가 없다. 이를 두고 "특별히 설득력 있다고 할 수는 없다"라고 표현한 미국심장협회와 스포츠의학회의 표현은 뭐랄까, 좀 지나치게 관대한 것이다. 2000년 두 명의 핀란드 운동생리학자가 발표한 논문은 대체로 두 학회의 권고를 근거로 삼았다. 이들은 체중 유지에 관해 가장 잘 설계된 10여 건의 실험 연구 결과를 검토했다. 다이어트에 성공하여 일단 줄어든 체중을 유지하기 위해 노력했던 사람들을 들여다봤다는 뜻이다. 10건이 넘는 연구에 참여한 모든 사람이 체중이 다시 늘었다. 운동은 연구에 따라 체중 증가 속도를 늦추기도 했지만(한 달에 90그램 정도), 반대로 더 빨리 증가시키기도 했다(한 달에 50그램 정도). 핀란드 연구자들은 특유의 절제된 표현을 써서 운동과 체중의 관계는 처음 생각했던 것보다 "더 복잡하다"고 결론 내렸다.

핀란드 연구자들은 이 문제에 관해 특히 중요한 연구를 고려하지 못했다. 이들이 연구를 마친 지 6년 뒤인 2006년에 발표되었기 때문이다. 이 연구는 결론뿐 아니라 결론이 도출된 방식 또한 주목할 만하다. 연구자는 캘리포니아주 버클리에 위치한 로렌스버클리국립연구소의 통계 전문가 폴 윌리엄스와 1970년대부터 운동이 건강에 미치는 영향을 연구해온 스탠퍼드 대학교의 피터 우드였다. 윌리엄스와 우드는 거의 매일 달리기를 하는 사람 약 1만 3000명에 대해 자세한 정보를 수집한 후(모두 달리기 잡지인 〈러너스 월드Runner's World〉 구독자였다), 일주일에 뛰는 거리와 매년 몸무게 변화를 비교했다. 더 긴 거리를 뛸수록 체중이 적게 나가는 경향이 있었지만, 모든 사람이 매년 체중이 증가했다. 일주일에 65킬로미터 이상(주 5일 운동을 한다면 하루 13킬로미터를 달리는 셈이다)을 달리는 사람도 예외가 아니었다.

들어온 칼로리와 나간 칼로리 이론을 신봉했던 윌리엄스와 우드는 가장 열심히 달리는 사람이라도 날씬한 몸매를 유지하려면 매년 달리는 거리를 늘려야 한다고 결론 내렸다. 나이가 들수록 훨씬 많은 칼로리를 소비해야 한다는 뜻이다. 이들에 따르면 일주일에 달리는 거리를 남성은 매년 3킬로미터, 여성은 매년 5킬로미터씩 늘리면 날씬한 몸매를 겨우 유지할 가능성이 있었다. 달리기로 이 정도의 칼로리를 소모하지 않으면 지방 축적을 막을 수 없었다.

윌리엄스와 우드의 논리와, 들어온 칼로리와 나간 칼로리 이론을 따르면 어떤 결론에 이르게 될까? 이십 대 남성이 일주일에 30킬로미터, 즉 주 5일간 하루에 6킬로미터씩 뛴다고 가정해보자. 삼십 대가 되면 그는 체중을 유지하기 위해 두 배를 뛰어야 하고(주 5일간 하루에 12킬로미터씩) 사십 대가 되면 세 배를 뛰어야 한다(주 5일간 하루에 18킬로미터씩). 주 5일간 하루에 5킬로미터씩 달리는(상당한 거리이지만 과도한 운동은 아니다) 이십 대 여성이 사십 대가 되어 젊었을 때 몸매를 유지하려면 하루 24킬로미터를 뛰어야 한다. 이십 대인 그녀가 1킬로미터를 뛰는 데 5분이 걸린다면(상당히 좋은 기록이다), 사십 대가 된 후에는 체중을 유지하기 위해 주 5일간 하루에 2시간씩 뛰어야 할 것이다.

결국 들어온 칼로리와 나간 칼로리 이론에 따라 몸무게를 유지하려면 일주일에 다섯 번 하프 마라톤을 뛰어야 한다는 결론에 이르게 된다. 그것도 사십 대의 이야기다. 오십 대가 되면 더 많이 달려야 하고, 육십 대가 되면 훨씬 더 많이 달려야 한다. 이쯤 되면 믿음을 다시 생각해봐야 하는 것 아닌가? 살이 찌는 데는, 섭취한 칼로리와 소비한 칼로리 말고 무언가 다른 요인이 작용하는 것 아닐까?

칼로리를 소모할수록 체중이 줄어든다는 믿음이 널리 퍼진 것은 결국 한 가지 관찰과 한 가지 가정 덕분이다. 관찰은, 날씬한 사람은 그렇지 않은 사람보다 신체적으로 더 활발한 경향이 있다는 것이다. 여기에는 논란의 여지가 없다. 마라톤 선수 중에 과체중이나 비만한 사람을 본 적이 있는가? 심지어 마라톤 우승자는 수척해 보일 정도다. 하지만 이런 관찰은 달리기를 열심히 하던 사람이 달리지 않으면 더 살이 찔 것인지, 또는 모든 시간을 바쳐 장거리 달리기를 취미로 삼는다면 뚱뚱한 사람이 날씬해질 수 있는지에 대해서는 아무것도 알려주지 않는다.

운동을 하면 지방이 에너지로 변하여 소모되므로 체중이 줄어든다는 믿음은, 에너지 섭취(들어온 칼로리)를 늘리려는 강력한 욕구에 시달리지 않고 에너지 소모(나간 칼로리)를 증가시킬 수 있다는 가정을 근거로 한다. 〈뉴욕타임스〉 기자인 지나 콜라타가 2004년에 출간한《헬스의 거짓말Ultimate Fitness》에서 계산했듯이 운동을 통해 하루 150칼로리를 더 소모하는 일을 한 달간 계속한다면 약 500그램 정도 살을 뺄 수 있다. 단, "식단이 변하지 않아야" 한다.

핵심적인 질문은, 이것이 합리적으로 가능한 일이냐는 것이다. 예를 들어 주로 앉아서 생활하던 사람이 활동적이 된다든지, 활동적인 사람이 매우 활동적이 되는 식으로 칼로리 소모를 늘려 하루에 150칼로리를 더 소모하면서 더 먹지도 않고, 운동하지 않는 시간 동안에도 에너지 소모가 줄어들지 않도록 평소 활동을 그대로 유지할 수 있을까?

다시 한번 간단히 대답하면 절대로 그럴 수 없다. 이미 앞에서 그 이유를 설명하는 개념을 소개한 바 있다. 이 개념은 운동과 영양의 역사에서 한때 명백하다고 생각되었지만 지금은 쓰레기통에 처박혀 있다. 신체 활동을 증가시키면 "잠들어 있던 식욕을 깨우게 된다"는 것이다. 산책을 하거나, 마당을 쓸거나, 산에 오르거나, 테니스를 두 세트 정도 치거나, 18홀을 돌며 골프를 치고 나면 잠들었던 식욕이 깨어난다. 시장기를 느끼거나, 더 배가 고파져 허기를 느낀다. 칼로리를 더 소모하면 이를 보충하기 위해 더 많은 칼로리를 섭취하게 된다는 것은 굳이 증거를 댈 필요도 없는 일이다.

우리 삶 속에서 그리고 운동과 영양과 체중에 대한 과학 속에서 잠들어 있던 식욕이 깨어난다는 개념, 즉 우리 몸은 에너지를 많이 소비한 후에는 이를 보충하기 위해 반드시 에너지 섭취를 늘린다는 개념이

잊힌 과정은 현대 의학 연구의 역사에서 벌어진 가장 이상한 이야기 중 하나다. 적어도 그러기를 바란다.

1960년대까지도 비만 환자를 치료하는 대부분의 임상 의사는 운동을 통해 체중을 줄인다거나 앉아 있으면 살이 찐다는 생각을 지나치게 순진한 것이라고 일축했다. 1932년 메이요 클리닉의 비만과 당뇨병 전문의 러셀 와일더는 비만에 관한 강연 중 자신의 환자들은 침대에 누워 있을 때 체중이 더 많이 줄었으며, "매우 격렬한 신체 운동을 하면 체중 감소 속도가 오히려 느려졌다"고 했다. "어떤 환자는 운동을 할수록 더 많은 지방이 에너지로 소모되므로 거기에 비례하여 살이 빠질 것이라고 상당히 논리적으로 추론했지만 정작 저울 눈금이 조금도 달라지지 않자 실망을 금치 못했다."

와일더의 동시대 학자들은 환자의 추론에 두 가지 허점이 있다고 지적했다. 첫째, 중간 강도의 운동을 했을 때 소모되는 칼로리는 놀랄 정도로 낮다. 둘째, 그런 노력을 기울이더라도 별 생각 없이 먹는 양을 조금만 늘리면 소모한 만큼의 칼로리를 쉽게 섭취할 수 있으며 실제로 대부분 그렇게 된다. 1942년 미시간 대학교의 루이스 뉴버그는 몸무게가 112.5킬로그램인 남성이 한 층을 계단으로 올라갈 때 3칼로리가 소모된다고 계산했다. "빵 한 쪽만 먹어도 그 칼로리를 소모하려면 20층을 계단으로 올라가야 한다!" 그렇다면 힘들게 계단을 오르는 대신 빵 한 쪽을 덜 먹으면 될 것 아닌가? 하지만 100킬로그램이 넘는 남성이 계단으로 20층을 올라가고도 그날 빵 한 쪽을 더 먹지 않을 가능성이 얼마나 될까? 물론 격렬한 운동을 할수록 더 많은 칼로리가 소모된다. 콜라타가 말하듯 "땀을 흘릴 정도로 열심히 운동을 하면 훨씬 더 효과적이다. 그리고 그것이야말로 많은 칼로리를 소모할 수 있는 유일한 방법이다." 그러나 의사들이 주장하듯 그 정도로 운동을 하면 훨씬 심한 허기를 느끼게 된다.

1940년 노스웨스턴 대학교의 휴고 로니는 이렇게 썼다. "활발한 근육 운동을 하면 대개 즉시 많은 양의 식사를 하게 된다. 에너지를 일관성 있게 많이 또는 적게 소모하면, 식욕 역시 일관성 있게 증가하거나 감소한다. 힘든 육체 노동을 하는 사람은 주로 앉아서 일하는 사람에 비해 저절로 더 많이 먹게 된다. 통계를 봐도 벌목 노동자는 하루에 5000칼로리가 넘는 음식을 섭취하는 반면, 재단사는 2500칼로리를 섭취한다. 가벼운 노동에서 힘든 노동으로, 또는 그와 반대로 직업을 바꾸면 머지않아 식욕도 거기에 따라 변한다." 재단사였던 사람이 벌목꾼이 된다면 곧 다른 벌목꾼처럼 먹게 된다. 정도는 덜하겠지만 과체중인 재단사가 하루에 한 시간씩 벌목꾼처럼 운동을 한다면 똑같은 일이 일어나지 않으리라고 생각할 이유가 무엇인가?✦

오늘날 많은 사람이 그와 반대로 믿게 된 것은 거의 단 한 명의 미심쩍은 인물 때문이다. 장 메이어는 1950년에 하버드 대학교에서 전문가로서 경력의 첫발을 내딛은 후 미국에서 가장 영향력 있는 영양학자가 되었으며, 이후 16년간 터프츠 대학교 총장으로 재직했다. 현재 터프츠 대학교에는 '장 메이어 USDA 인간 노화에 대한 영양학 연구소'가

✦ 현재 연구자들이 개인이 아니라 집단에서 신체 활동과 칼로리 섭취 사이의 관계를 논할 때도 이런 사실은 기본 전제로 받아들여진다. 1998년 하버드 대학교의 월터 윌렛Walter Willett과 마이어 스탬퍼Meir Stampfer는 《영양 역학Nutritional Epidemiology》이라는 교과서에 이렇게 적었다. "대부분의 경우 에너지 섭취는 신체 활동의 대략적인 척도로 해석할 수 있다."

있을 정도다. 운동을 통해 체내의 지방을 제거할 수 있고, 그 상태를 유지할 수 있다고 믿는 사람은 장 메이어에게 감사를 표하기 바란다.

인간의 체중 조절에 관한 전문가로서 메이어는 새로운 경향을 이끈 최초의 인물이었으며, 그 경향은 지금까지 이 분야를 지배하고 있다. 브루크, 와일더, 로니, 뉴버그 등 앞선 시대의 학자들은 모두 비만 및 과체중 환자를 직접 진료하는 의사였다. 메이어는 의사가 아니었다. 생리화학 교육을 받은 후 래트에서 비타민A와 C의 관계에 관한 연구로 예일 대학교에서 박사학위를 받은 영양학자였다. 그는 영양에 관해 수백 편의 논문을 썼다. 왜 우리가 살이 찌는가에 관한 논문도 있다. 단 한 번도 실제로 비만인 사람을 건강한 몸무게로 돌려놓아본 적이 없었기에 생각 또한 실제 경험에 크게 구속받지 않았다.

이제는 상식처럼 받아들여지는 생각, 즉 오래 앉아 있는 습관이 비만과 만성 질환을 일으키는 '가장 중요한 인자'라는 생각을 개척한 사람이 바로 메이어다. 그는 현대를 사는 미국인이 "쉴 새 없이 힘든 육체노동을 했던 개척 시대의 선조"에 비해 너무 비활동적이라고 주장했다. 그의 논리에 따르면 자동차처럼 올라타 몰고 다니는 잔디깎기부터 전동 칫솔에 이르기까지 모든 현대 문명의 이기는 칼로리 소모를 감소시킬 뿐이다. 1968년 메이어는 이렇게 썼다. "대부분의 비만은 자동차에 연간 수백억 달러를 지출하면서 모든 고등학교에 수영장과 테니스 코트를 만들 생각은 하지 않는 현대 문명의 근시안적 태도에 기인한다."

실제로 메이어는 대학원을 마치고 몇 년 뒤인 1950년대 초반부터 운동을 체중 조절 방법으로 극찬하기 시작했다. 대학원에서 그는 놀랄 정도로 식욕이 낮고 비만인 혈통의 마우스를 연구했다. 아마도 이때 너무 많이 먹는 것이 비만의 원인이 아니라고 생각했던 것 같다. 당연히 그는 신체 활동이 적은 것이 문제라고 생각했다. 아닌 게 아니라 그가 연구한 실험용 마우스들은 하루 종일 거의 움직이지 않았다. 1959년 〈뉴욕타임스〉는 메이어가 운동은 체중 조절에 거의 효과가 없다는 "통념이 틀렸음을 밝혀냈다"고 보도했다. 사실 그는 이 사실을 입증한 적이 없다.

메이어는 식욕이 신체 활동과 함께 증가하는 경향이 있다고 인정했다. 그러나 그의 주장에서 가장 중요한 점은 "반드시" 그렇지는 않다고 했다는 것이다. 그는 에너지를 더 많이 소모하는 것과 그 결과로서 더 많이 먹는 것 사이에 어딘가 빠져나갈 구멍이 있다고 믿었다. 1961년 메이어는 이렇게 설명했다. "운동이 어떤 한계점 아래로 감소하면 음식 섭취는 더 이상 줄지 않는다. 즉, 하루 30분을 걷는 것은 빵 네 쪽에 해당하지만,✦ 하루 30분을 걷지 않는다고 해도 여전히 빵 네 쪽을 먹게 될 것이란 뜻이다." 많이 움직이지 않는 사람도 어느 정도는 활동적이므로, 더 많은 에너지를 소모하는 사람과 똑같은 양을 먹게 된다는 것이다.

메이어가 이런 결론의 근거로 삼은 것은 1950년대 중반에 직접 수행한 두 건의(오로지 두 건!) 연구뿐이다. 첫 번째 연구에서 그는 실험용 래트를 하루에 몇 시간씩 강제로 운동을 하게 만들면 전혀 운동을 하지 않은 래트보다 더 적게 먹는 것을 입증했다고 주장했다. 실제로 몸무게가 더 적게 나간다고 주장하지는 않았다. 오직 더 적게 먹는다고만 했을 뿐이다. 나중에 밝혀진 바에 의하면 억지로 운동을 시킨 래트는 억지로

✦ 메이어는 자신의 주장에 설득력을 더하기 위해 구체적인 숫자를 과장하고 있다. 그는 종종 이런 식으로 행동했다.

운동을 하지 않은 날에는 더 많이 먹었으며, 운동하지 않을 때는 더 적은 에너지를 소모했다. 몸무게는 운동을 하지 않은 래트와 똑같은 상태를 유지했다. 그리고 운동 프로그램을 중단하자 그 어느 때보다도 많이 먹었으며, 나이가 들수록 운동하지 않았던 래트에 비해 점점 빠른 속도로 체중이 늘었다. 햄스터와 게르빌루스쥐 역시 운동을 시키면 몸무게와 체지방률이 증가했다. 결국 이 설치류들은 운동을 하면 날씬해지는 것이 아니라 더 살이 쪘다.

메이어의 두 번째 연구는 인도의 서뱅골주에 있는 한 제분소에서 노동자와 상인의 식단, 신체 활동, 체중을 조사한 것이다. 이 논문은 아마도 신체 활동과 식욕이 반드시 연관되지는 않는다는 유일한 증거로, 예컨대 미국 국립의학연구원 등에 의해 아직도 인용된다. 하지만 이 연구 결과는 인간의 식단과 에너지 소모량을 측정하는 방법이 반세기 넘게 향상되었음에도 불구하고(어쩌면 바로 그 때문에) 결코 재현되지 않았다.✦

운동을 옹호하면서 거의 도덕적인 전사에 가까운 열렬함을 내비친 것은 메이어에게 큰 도움이 되었다. 1960년대에 메이어의 정치적 영향력이 점점 커진 것도 운동이 체중 감소에 효과가 있다는 믿음이 널

✦ 뱅골 연구는 영양학 분야에서 소위 획기적이라는 연구들이 얼마나 허술한지 보여주는 전형적인 예다. 메이어의 보고에 따르면 인도의 이 제분소에서 일하는 사람들의 직업은 "상점에 하루 종일 앉아 있는 극히 비활동적인" 점원부터 먹고살기 위해 "끊임없이 재와 석탄을 삽으로 퍼 나르는" 용광로 관리자에 이르기까지 매우 다양했다. 메이어가 논문에서 근거라고 주장한 사실들은 어떤 주장을 하더라도 뒷받침하는 증거로 사용할 수 있었다. 예를 들어 제분소에서 가장 활동량이 많은 노동자는 덜 활동적인 노동자에 비해 체중이 더 나가는 동시에 먹기도 더 많이 먹었다. 앉아서 일하는 사람은 앉아 있는 시간이 길수록 더 많이 먹었지만 몸무게는 더 적게 나갔다. 제분소 안에서 생활하며 하루 종일 앉아 있는 직원은 하루 5킬로미터에서 10킬로미터 정도를 걸어다니면서 일하는 직원은 물론, 걸어서 출퇴근하며 매일 축구를 하는 직원과 비교해도 평균 4~6킬로그램 정도 체중이 덜 나갔지만 하루 400칼로리 정도를 더 섭취했다.

리 퍼지는 데 한몫했다. 1966년 미국 공중위생국에서 최초로 식단 조절과 함께 신체 활동을 늘리는 것이 체중 조절의 핵심이라고 주장하는 보고서를 발표했을 때, 보고서의 저자 역시 메이어였다. 3년 후 그는 백악관식품영양보건회의 의장이 되었다. 이 회의에서 채택한 보고서의 결론은 이렇다. "비만 치료에 성공하려면 생활 습관의 대대적인 변화가 필수적이다. 이런 변화에는 식습관과 신체 활동의 변화가 포함된다." 1972년 자유 기고가로 변신하여 여러 신문사에 영양에 대한 칼럼을 써서 팔기 시작했을 때 메이어는 비법을 선전하는 다이어트 의사 같은 인상을 풍겼다. 운동을 하면 "체중이 눈 녹듯 빨리 줄며, 통념과 달리 절대로 식욕이 늘지 않는다"고 썼던 것이다.

메이어의 가설을 입증하는 증거는 없었다. 앞서 말한 것처럼 동물에서도 없었지만, 사람에서는 더욱 확실히 없었다. 신체 활동이 체중 감소에 미치는 영향에 대해 주목할 만한 연구는 1989년 덴마크에서 발표되었다. 연구팀은 주로 앉아서 생활하던 피험자들을 훈련시켜 풀코스 마라톤을 뛰게 했다. 18개월간 훈련을 받은 후 실제로 42.195킬로미터를 완주한 열여덟 명의 남성은 체지방이 평균 2킬로그램 정도 감소했다. 하지만 아홉 명의 여성 피험자에서는 "체성분의 변화가 관찰되지 않았다". 바로 그해 뉴욕의 세인트루크스루스벨트 병원 비만연구센터 소장인 하비어 피수니어는 운동량을 늘리면 체중이 감소한다는 개념을 검증한 기존 연구를 검토했다. 그의 결론은 2000년에 핀란드에서 발표된 검토 연구와 동일했다. "체중과 체성분의 감소, 증가, 변화 없음이 모두 관찰되었다."

운동을 더 많이 하고도 그만큼 더 먹지 않을 수 있다는 생각을 믿는 이유가 무엇일까? 건강 관련 기자들이 그렇게 믿고서 대중 매체에 쓴 기사가 널리 읽히기 때문이다. 연구 논문은 전혀 그렇지 않다. 예를 들어 운동의 폭발이라는 현상이 바야흐로 진행 중이던 1977년 미 국립보건원에서 사상 두 번째로 비만과 체중 조절에 관한 학회가 열렸다. 이 자리에 모인 전문가들은 이런 결론을 내렸다. "체중 조절에 있어서 운동의 중요성은 생각보다 적다. 운동으로 인해 에너지 소모가 증가하지만 동시에 이로 인해 음식 섭취가 늘어나는 경향이 있기 때문이다. 칼로리 소모를 늘린 효과와 음식을 더 먹어서 생긴 효과 중 어느 쪽이 더 클지는 예측하기 어렵다." 바로 그해에 〈뉴욕타임스매거진〉은 "드디어 규칙적인 운동이 큰 폭으로 그리고 (운동을 계속하는 한) 영구적으로 체중을 감소시킬 수 있으며, 실제로 그렇다는 강력한 증거"가 나왔다고 보도했다.✦

1983년 〈뉴욕타임스〉의 개인 건강 담당 기자 제인 브로디는 운동이 체중 조절에 성공하는 데 "핵심"인 이유를 열거하는 기사를 썼다. 1989년 피수니어가 실질적인 증거들을 검토한 후 비관적인 평가를 내놓은 바로 그해에, 〈뉴스위크〉는 운동이 모든 체중 조절 프로그램의 "필수적인" 요소라고 선언했다. 〈뉴욕타임스〉에 따르면 체중을 조절하는 데 "운동만으로 충분하지 않은" 경우는 흔치 않으며, 이때는 "반드시 자신이 과식하고 있지 않은지 돌아봐야 한다".

비만 연구자들과 공중보건 당국이 결국 어떻게 해서 이 말을 믿게 되었는지는 조금 다른 이야기다. 가장 그럴듯한 설명은 움베르토 에코의 소설《푸코의 진자》에서 찾아볼 수 있다. 에코는 이렇게 썼다. "나는

✦ 그 증거란 다름 아닌 장 메이어가 "세심하게 통제된 실험들"을 통해 "중간 정도의 운동량이 실제로 식욕을 미미하게 억제한다"고 입증했다는 것이다.

자네가 믿는 척하는 습관을 들이는 것과 믿는 습관을 들이는 것 사이에 아무런 차이가 없는 상태에 도달할 수 있다고 믿네."

1970년대 후반부터 지금까지 운동을 통해 체중을 유지하거나 감량할 수 있다는 믿음이 계속 유지될 수 있었던 가장 중요한 요인은, 연구자들이 그것이 사실이라고 믿고 싶어 했다는 점과 공개적으로 다른 믿음을 인정하기를 꺼렸다는 점인 것 같다. 1986년 이전에 메이어 밑에서 공부했던 주디스 스턴은 실제 증거가 빈약하다는 데 "허탈감을 느끼지" 않을 수 없다고 해도, 운동이 효과가 없다고 말하는 것은 "근시안적"이라고 썼다. 운동이 비만을 예방하고 혹시라도 다이어트에 의해 체중이 감소한 경우 줄어든 체중을 유지하는 데 기여할 가능성까지도 무시하기 때문이라는 것이다. 그러나 운동이 비만을 예방한다거나, 애초에 다이어트에 의해 체중이 감소할 수 있다는 것 역시 전혀 입증된 바 없다.

이런 철학은 결국 운동과 체중에 관한 과학적 논의까지 지배하게 되었다. 하지만 운동을 할수록 식욕과 실제로 먹는 양이 늘게 마련이라는 단순한 상식과 도무지 조화를 이룰 수 없었다. 급기야 사람들은 운동을 하면 식욕이 늘어난다는 생각을 버리기 시작했다. 의사, 연구자, 운동 생리학자, 심지어 헬스클럽의 개인 트레이너조차 허기를 의지의 문제(의지가 무엇이든)로 생각하기에 이른 것이다. 허기란 소모한 에너지를 보충하려는 우리 몸의 자연스러운 반응이 아니라 뇌 속에서만 존재하는 어떤 것이 되었다.

차츰 연구자들은 실제 증거가 어떻든 계속 운동과 신체 활동을 권장하는 방향으로 논문과 논평을 쓰는 방법을 발견했다. 아직까지도 매우 흔한 방법은, 반대 증거가 훨씬 많아도 과감히 무시하고 신체 활동과 에너지 소모량이 체중을 결정한다는 믿음을 지지하는 결과만 논하는 것이다. 예를 들어《비만 안내서》를 쓴 두 명의 전문가는 운동을 해야 하는 이유로 주로 앉아서 생활하는 피험자들을 훈련시켜 마라톤을 완주하게 했던 덴마크 연구를 언급하며, 남성 피험자의 체지방이 2킬로그램 정도 줄었다고만 썼다. 여성의 체지방에 아무런 변화가 없었다는 사실은 운동이 별 효과가 없다는 강력한 증거가 될 수 있음에도 불구하고 전혀 언급하지 않았다. 살을 빼는 것이 목표라면, 아무리 건강과 삶이 거기에 달려 있고 상당한 근거가 있다 한들, 2킬로그램 정도의 지방이 빠질 가능성이 있다는 말을 듣고 1년 반 동안 훈련을 받고 마라톤 풀코스를 완주할 사람이 과연 있을까?

달리기 같은 유산소 운동보다 무거운 것을 들거나 저항력 훈련 등을 통해 순전히 칼로리 소모량을 늘리는 데만 초점을 맞춤으로써 살을 뺄 수 있다고 주장하는 전문가들도 있다. 근력 운동을 통해 몸에서 지방을 감소시키고 대신 근육량을 늘리면 체중이 변하지 않더라도 훨씬 탄탄한 몸을 갖게 된다는 논리다. 그러고 나면 늘어난 근육이 저절로 지방이 감소한 상태를 유지해준다는 것이다. 왜냐하면 근육은 지방보다 대사적으로 훨씬 활발하여 더 많은 칼로리를 소모하기 때문이다.

하지만 이들은 이렇게 주장하기 위해 예외 없이 실제 데이터를 무시한다. 실제 숫자로 표현하면 역시 전혀 와닿지 않는다. 몸에서 2킬로그램의 지방이 빠져나가고 대신 2킬로그램의 근육이 늘어난다면(대부분의 성인에게 이 정도면 상당한 성과다), 에너지 소모량은 하루 25칼로리 정도 늘어날 뿐이다. 빵으로 따지면 한 쪽도 아니고, 4분의 1쪽에 불과하다. 그렇다고 근력 운동을 해서 생긴 허기를 빵 4분의 1쪽만 먹고 채울 수 있으리라는 보장은 어디에도 없다. 그럴 바에는 차라리 운동을 하지 않고 빵도 먹지 않는 것이 낫겠다는 생각으로 돌아오게 되는 것이다.

운동과 에너지 소모량에 대한 논의를 마치기 전에 2007년 8월 발표된 미국심장협회와 스포츠의학회 권고로 잠깐 돌아가보자. "일상적으로 칼로리 소모량이 비교적 높은 사람은 칼로리 소모량이 낮은 사람에 비해 장기적으로 체중이 늘 가능성이 더 낮다고 생각하는 것이 합리적이다. 지금까지는 이런 가설을 지지하는 데이터가 특별히 설득력 있다고 할 수는 없다." 이 정도면 운동을 통해 살을 뺄 수 있다는 생각에 상당한 타격을 입을 만도 하지만 저자들은 확실히 인정하기를 꺼린다. "지금까지는"이라는 단서를 달아 그들은 가능성의 문을 열어두었다. 언젠가, 누군가가 나타나 자신들의 마음속 깊은 곳에 있는 믿음이 정말로 옳았다는 사실을 과학적으로 입증해주지 않을까 기대하는 것이다.

하지만 그들이 단서를 달면서 빠뜨린 것이 있다. 활발하게 움직이지 않아서 살이 찌고, 에너지 소모량을 늘리면 날씬해지거나 더 이상 살이 찌는 것을 막을 수 있다는 생각이 최소한 한 세기 전부터 있었다는 사실이다. 이미 1907년에 당시 유럽에서 가장 영향력 있는 비만 및 당뇨병 전문가 카를 폰 노오르덴이 똑같은 주장을 들고 나왔다. 사실 그전으로도 거슬러 올라갈 수 있다. 매우 비만했던 영국의 장의사 윌리엄 밴팅이 살을 빼려는 무수한 노력에도 불구하고 실패했던 경험담을 써낸 《비만에 관한 편지Letter on Corpulence》가 베스트셀러가 되었던 1860년대로 말이다. 의사인 친구가 보다 못해 밴팅에게 편지를 써서 "신체적 노력을 늘려" 살을 빼보라고 제안했다. 밴팅은 조언에 따라 "이른 아침 두 시간씩" 조정漕艇을 했다. 그는 근육질 몸을 갖게 되었지만 "식욕이 엄청나게 늘어 도저히 참을 수 없었고, 결국 체중은 더 늘었다. 친절한 옛 친구가 운동을 그만두라고 충고할 정도였다."

미국심장협회와 스포츠의학회의 전문가들은 운동과 체중의 관계를 더 깊게 연구한다면, 정말로 올바른 방식으로 실험을 진행한다면, 결국 폰 노오르덴과 밴팅을 지지했던 의사들과 지난 100년간 수많은 연구자, 의사, 운동 매니아가 한결같이 주장했던 바를 입증할 수 있다고 생각할 것이다. 하지만 과학의 역사를 보면 다르게 생각할 수도 있다. 사람들이 100년 이상 어떤 것을 사실로 믿고, 수십 년간 그 사실을 입증하려고 노력했는데도 설득력 있는 증거를 찾지 못했다면, 그것은 사실이 아닐 가능성이 높다. 물론 절대적인 확실성을 갖고 말할 수는 없다. 본디 과학이란 그런 식으로 작동하지 않는다. 하지만 이제는 그 생각이 그저 틀렸을 가능성이 매우 높다고, 과학의 역사에서 언뜻 들으면 그럴듯하게 들리지만 결코 입증되지 못한 생각 중 하나인 것 같다고 말할 수 있다.

들어오는 칼로리를 줄인다고 해서 살이 빠지지 않고, 나가는 칼로리를 늘린다고 해서 살찌는 것을 막을 수 없다면, 어떻게 해야 할까? 모든 것을 원점에서 다시 생각해야 한다. 그래야만 어떤 방법이 효과가 있는지 찾아낼 수 있을 것이다.

4 하루 20칼로리의 중요성

20칼로리.

누군가 세계보건기구 홈페이지에 적힌 것처럼 "비만의 부담"을 피하는 방법은 "에너지 균형과 건강한 체중을 달성하는 것"이라고 말할 때면, 이 숫자가 바로 떠오른다. 미 농무부가 주장하듯 "오랜 시간에 걸쳐 조금씩 몸무게가 느는 것을 방지하려면 음식과 음료를 통해 섭취하는 칼로리를 약간 줄이고 신체 활동을 약간 늘리"기만 하면 된다는 말을 듣는다면, 여러분도 이 숫자를 기억하기 바란다.

체중에 관한 이 두 가지 공식적인 선언 중 어느 한쪽이라도 옳다면, 비만 문제는 우리 시대의 가장 급박한 공중보건 문제가 아니라 집단적 상상력이 꾸며낸 허구에 불과할 것이다.

체중이 는다는 것은 미 농무부에서 주장하듯 점진적인 과정이다. 들어온 칼로리와 나간 칼로리라는 논리에 따르면 체중이 많이 늘었다고 해도 섭취하는 칼로리를 약간 줄이고, 신체 활동을 약간 늘리기만 하면 모든 문제가 해결되어야 할 것이다. 하루는 간식을 줄이고, 하루는 디저트를 건너뛰며, 조금 더 걷고 헬스클럽에서 몇 분 더 운동을 하면 충분할 것이다. 미처 깨닫지 못한 사이에 몸무게가 5킬로그램쯤 늘었다고 해도 원래 체중으로 돌아가기는 별로 어렵지 않을 것이다.

하지만 왜 현실에서 이런 방법이 통하지 않는 것일까? 비만의 원인이라고 생각되는 에너지 불균형, 즉 과식을 피하기만 하면 비만을 예방할 수 있는데 애초에 비만이 왜 생기며, 완치율은 왜 암울할 정도로 낮을까?

바로 이 지점에서 20칼로리가 끼어든다. 1파운드(약 450그램)의 지방은 약 3500칼로리에 해당한다. 영양학자들이 일주일에 1파운드씩 체중을 줄이려면 하루 500칼로리씩 에너지 적자가 발생해야 한다고 설명하는 이유다. 하루 500칼로리씩 7일이면 일주일에 3500칼로리가 된다.✦

이제 체중이 늘어나는 경우를 예로 들어 간단한 계산을 해보자. 매년 2파운드씩 체중이 는다면 하루에 얼마나 많은 칼로리를 더 섭취해야 할까? 이런 비율이라면 25년 후 50파운드, 즉 20~25킬로그램 정도 체중이 늘 것이다. 많은 사람이 경험하듯 날씬한 25세의 젊은이가 비만인 50세의 중년이 되려면 소모한 칼로리에 비해 얼마나 많은 칼로리를 섭취하여 몸속 이곳저곳에 지방 조직의 형태로 쌓아두어야 할까? 하루 20칼로리다. 하루 20칼로리에 365일을 곱하면 연간 7000칼로리를 약간 넘는다. 매년 2파운드의 지방이 몸속에 쌓인다는 뜻이다.

✦ 계산은 틀림없고, 많은 권위자가 이렇게 생각하지만 이 또한 지나치게 단순화한 것이며 현실 속에서는 맞지 않는다. 당장은 대략 그렇다는 사실만 알고 넘어가자.

비만이 정말로 들어온 칼로리와 나간 칼로리에 의해 결정된다면 이렇게 생각할 수 있다. 하루 평균 20칼로리씩 과식한다면 20년 후 체중이 50파운드 늘어난다. 거꾸로 매일 그 정도만 덜 먹는다면 20년 후에도 몸무게는 변함이 없을 것이다. 20칼로리는 맥도널드 햄버거나 크로와상 한 입보다도 적은 양이다. 콜라나 맥주로 따지면 60밀리리터도 안 된다. 감자칩 세 개도 그보다 칼로리가 높다. 사과를 조금씩 세 입 먹는 것 정도 될까. 간단히 말해서 아주 적은 양이다.

20칼로리는 규칙적인 신체 활동이라고 해봐야 음식을 장만하고 잡다한 집안일을 하는 것이 전부인 중년 여성에게 미 국립과학아카데미가 권장하는 1일 칼로리 섭취량의 1퍼센트도 안 된다. 주로 앉아서 생활하는 중년 남성의 1일 권장 칼로리 섭취량으로 따지면 0.5퍼센트도 안 된다. 들어온 칼로리와 나간 칼로리 개념을 따르면 이토록 적은 양이 이토록 중요해진다. 미 국립보건원에서 말하듯 "체중을 유지하기 위해" 필요한 것이 "섭취하는 에너지와 소모하는 에너지가 균형을 이루는 것"뿐이라면 섭취한 칼로리보다 하루 평균 20칼로리만 덜 소모해도 나중에는 비만이 된다. 이것이 들어온 칼로리와 나간 칼로리 이론이다.

한번 생각해보자. 하루 20칼로리씩 더 섭취하는 것만으로도 차츰 비만이 된다면, 날씬한 몸매를 유지하는 것이 과연 가능할까? 실제로는 날씬한 몸매를 유지하는 사람도 상당히 많다. 과체중이나 비만인 사람들조차 수년에서 수십 년간 몸무게를 그대로 유지하기도 한다. 체중이 많이 나가서 그렇지 하루 평균 20칼로리 범위 내에서 들어온 칼로리와 나간 칼로리 사이에 절묘한 균형을 유지하는 것이다. 어떻게 이런 일이 가능할까?

생명을 유지하기 위해 우리는 하루 평균 수백 번 입을 놀려 무언가를 먹거나 마신다. 거기서 단 한 입, 단 한 모금만 더 먹거나 마셔도 살이 찌는 것을 피할 수 없다. 적당히 먹는 것과 너무 많이 먹는 것의 차이가 섭취하는 총 칼로리의 100분의 1도 안 된다면, 대부분의 사람에서 먹는 양이 소비한 에너지와 그 정도로 정확히 균형을 이루어야 한다면, 그리고 대부분의 사람이 들어온 칼로리와 나간 칼로리가 얼마나 되는지 전혀 모르는 상태라면, 도대체 누가 그렇게 정확히 균형을 맞출 수 있단 말인가? 간단히 말해서 왜 누군가는 살이 찌는지 묻기보다 우리 모두가 이런 운명을 피하기 위해 어떻게 해야 하는지를 먼저 물어야 할 것이다.

들어온 칼로리와 나간 칼로리라는 개념이 일반적 통념으로 받아들여지기 전인 20세기 전반의 연구자들은 이런 계산법이 말도 안 된다고 생각했다. 1936년 당시 영양 및 대사 분야에서 미국 최고의 권위자였던 코넬 대학교의 유진 듀보이스는 75킬로그램쯤 되는 남성이 20년간 체중이 1킬로그램 이상 늘지 않도록 유지하려면, 들어온 칼로리와 나간 칼로리를 0.05퍼센트 범위 내에서 맞춰야 한다고 계산했다. "기계 장치도 이 정도 정확성을 지닌 것은 별로 없다." 그는 계속해서 이렇게 썼다. "아직까지 우리는 왜 어떤 사람은 살이 찌는지 잘 모른다. 어쩌면 이렇게 영양가 있는 음식이 넘쳐나는 사회에서 왜 모든 사람이 살이 찌지 않는지 모른다고 하는 편이 더 정확할 것이다." 그리고 그는 일정한 체중을 유지하는 데 필요한 정확성을 상기시키며 이렇게 덧붙였다. "신체 활동과 음식 섭취가 그렇게 크게 변하는데도 일정한 체중이 유지되는 것보다 더 희한한 현상은 없다."

많은 사람이 수십 년간 날씬한 몸매를 유지하며(이제 듀보이스의 시대에 비해 그런 사람이 그리 많지는 않지만), 살이 찐 사람도 한없이 계속 살이 찌지는 않는다는 사실은 체중 조절에 있어 모든 것이 칼로리에 달려 있다는 개념만으로 설명할 수 없는 어떤 요소가 있음을 시사한다.

몇 가지 가능성을 생각해보자. 예를 들어 우리는 매일 저울 위에 올라가 체중을 잰다든지 체지방이 증가한다는 다른 징후에 주목해가며 먹는 양을 조절함으로써, 에너지 균형을 유지할 수 있을 것이다. 1970년대의 전문가들은 이런 생각을 매우 진지하게 받아들였다. 오 이런, 바지허리가 너무 꼭 끼네. 또 살이 찐 모양이로군. 먹는 걸 줄여야겠는걸.

하지만 동물은 당연히 이런 식으로 행동하지 않는다. 그리고 들어온 칼로리와 나간 칼로리 개념이 동물에 적용되지 않으리라고 믿을 이유는 없다. 그럼에도 성체가 되었을 때 날씬한 몸을 지녔던 동물은 거의 노력을 기울이지 않고도 날씬한 몸을 유지한다. 이건 또 어떻게 된 일일까?(바다코끼리나 하마처럼 성체가 되었을 때 몸이 날씬하지 않은 동물은 우선 생각하지 말자.)

어쩌면 날씬한 몸을 유지하는 유일한 방법은 배고픈 상태를 유지하는 것일지도 모른다. 허기가 질 정도는 아니지만 약간 배가 고픈 상태 말이다. 항상 음식을 조금씩 남겨서 식욕이 완전히 충족되지 않은 상태를 유지한다고 하자. 이런 행동이 계속 축적되면 확실히 너무 많이 먹는 쪽보다 너무 적게 먹는 쪽에 속하게 될 것이다. 매일 필요한 것보다 20칼로리 적게 먹는 정도가 아니라, 맘껏 먹는 것에 비해 아예 몇백 칼로리 적게 먹는 쪽을 택하는 것이다. 음식을 충분히 먹는 일이 별로 없거나, 의식적으로 식욕을 절제하는, 즉 완전히 만족하기 전에 숟가락을 내려놓는다는 뜻이다. 동물이라면 최후에 잡은 사냥감을 먹지 않고 발길을 돌리거나, 배가 부르지 않은데 풀 뜯기를 멈추는 경우를 생각할 수 있을 것이다.

하지만 먹는 것을 절제하는 행동이 의식적으로 너무 적게 먹는 쪽에 속한다는 의미라면, 왜 이런 사람들은 수척해질 정도로 마른 상태가 되지 않을까? 결국 들어온 칼로리와 나간 칼로리라는 개념은 체중의 증감을 결정하는 것이 아니라, 섭취한 칼로리를 소모한 칼로리에 반드시 맞춰야 한다는 의미일 뿐이다. 소모한 에너지에 비해 적게 먹는(매일 평균 20칼로리씩) 사람만 마른 체형을 갖는다면, 과식은 꿈도 꾸지 못할 정도로 먹을 것이 부족한 인구 집단(앞에서 언급한 대로 어린이들이 빼빼 마르고, 성장이 지연되고, "전형적인 만성 영양부족의 징후들"을 나타내는 집단)에서도 비만한 성인이 수없이 많은 것은 또 어떻게 된 일일까?

체중이 늘거나 주는 데는 의식적이든 무의식적이든 섭취한 칼로리와 소비한 칼로리 사이에 균형을 유지하는 행동 외에, 무언가 다른 요인이 있는 것이 분명하다. 지금부터 그것들을 살펴보려고 한다. 우선 들어온 칼로리와 나간 칼로리라는 개념에 따르면 우리가 언제 어디서 살이 찌는지, 왜 어떤 사람과 동물은 살이 찌지 않는지에 관해 어떤 결론이 나오는지 알아보자.

5 왜 하필 내가? 왜 하필 그때 그곳에서?

보통 우리는 체지방에 관해 너무 많거나 없다는 식으로, 즉 예 아니오의 개념으로 말하곤 한다. 하지만 이런 표현은 훨씬 복잡한 현상을 지나치게 단순화한 것이다. 몸의 어느 부위에 지방이 축적되었고, 심지어 언제 축적되었는지도 매우 중요하다. 전문가들 역시 복부 지방은 심장병 위험을 증가시키지만, 둔부나 허벅지의 지방은 그렇지 않다는 식으로 이런 사실을 암시적으로 인정한다. 그러나 어떤 두 사람이 지나치게 많이 먹어 소모된 것보다 더 많은 칼로리를 섭취했다는 말은 그들의 체지방 분포가 왜 다른지, 이로 인해 조기 사망 위험이 어떻게 달라지는지에 대해서는 아무것도 알려주지 않는다.

왜 누군가는 겹턱이 생기고 누군가는 그렇지 않을까? 발목이 굵거나, 아랫배만 특히 튀어나오는 이유는 무엇일까? 왜 어떤 여성은 유방에 지방이 축적되어 풍만한 가슴을 자랑하고, 어떤 여성은 그렇지 않을까? 둔부가 특히 잘 발달한 것은 또 왜 그럴까? 아프리카 일부 지역에서는 둔부에 특히 많은 지방이 축적된 여성을 '둔부 지방 축적'이라고 하여 아름다움의 표상으로 생각하지만, 음식을 많이 먹거나 운동을 하지 않는다고 해서 이런 현상이 생기는 것은 분명 아니다.

그렇다면 왜 과식과 운동을 특정 부위에 지방이 축적되는 것에 대한 설명으로 받아들여야 한단 말인가?

2차 세계대전 이전에 비만을 연구하던 의사들은 비만 환자의 몸에 지방이 어떻게 분포하는지를 관찰하여 많은 것을 설명할 수 있다고 믿었다. 그들은 환자의 사진을 교과서에 싣기도 했는데, 이는 지방 축적의 특징에 관해 중요한 점들을 널리 알리고 논의하는 데 도움이 되었다. 나 역시 70년쯤 전에 찍은 사진 몇 장을 여기 수록하여 주장하는 바를 보다 생생하게 나타내고자 한다.(왜 그런지는 잘 모르겠지만 오늘날 비만 교과서에는 비만 환자의 사진이 거의 실리지 않는다.) 실제로 2차 세계대전 이전에 왜 인간이 살이 찌는가에 대해 이루어진 논의들을 참고하면 앞으로 논의할 내용 중 많은 부분이 분명히 이해된다. 20세기 전반 50년간 내과학 분야에서 독일 최고의 권위자였던 구스타프 폰 베르크만의 연구와 비엔나 대학교에서 호르몬과 유전학 연구를 개척했고, 1930년대에 〈뉴욕타임스〉에서 "비엔나의 저명한 내과적 질병 권위자"라고 일컬었던 율리우스 바우어의 연구가 특히 그렇다.

비만에 유전적 요소가 크다는 사실은 1930년대 이후 널리 알려져 있다. 부모가 뚱뚱한 사람은 부모가 날씬한 사람보다 살이 찔 가능성이 훨씬 높다. 다른 말로 표현하자면 체형은 집안 내력이다. 힐데 브루크가 말했듯이 부모와 자녀 사이 또는 형제자매 사이에 체형의 유사성은 종종 "얼굴이 닮은 것만큼이나 뚜렷하다". 물론 부모와 자식이 항상 닮지

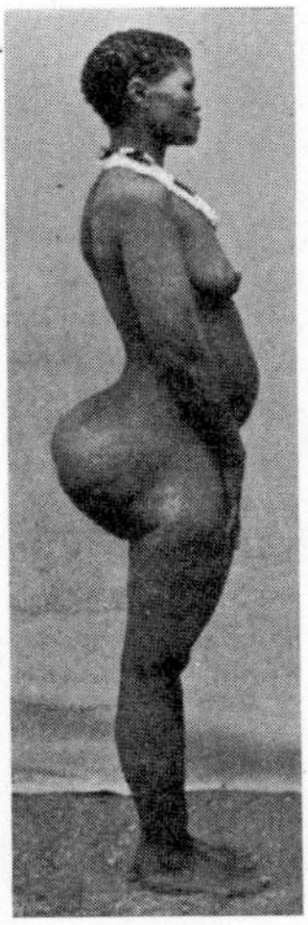

둔부 지방 축적. 사진 속의 아프리카 여성처럼 둔부에 특히 많은 지방이 축적되는 현상은 과식이나 오래 앉아 있는 습관 때문이 아니라 유전 형질이다.

는 않는 것처럼 체형도 항상 그런 것은 아니다. 그러나 누구나 주변에서 아버지와 아들 또는 어머니와 딸이 사실상 똑같은 체형을 지닌 가족을 알고 있을 정도로 흔한 현상임은 분명하다. 일란성 쌍둥이는 얼굴만 닮은 것이 아니라 체형도 닮는다. 89쪽에 실린 사진은 두 쌍의 일란성 쌍둥이를 찍은 것이다. 첫 번째 쌍둥이는 날씬하고, 두 번째 쌍둥이는 비만이다.

들어온 칼로리와 나간 칼로리 모형은 이런 차이를 과식 때문이라고 설명한다. 날씬한 쌍둥이는 식사량을 적당히 조절해서 들어온 칼로리를 나간 칼로리와 정교할 정도로 일치시켰고, 두 번째 쌍둥이는 과식을 해서 그러지 못했다는 식이다. 하지만 자매끼리 비교해 본다면 어떨까? 왜 날씬한 쌍둥이는 체형이 동일할까? 왜 비만인 쌍둥이도 체형이 동일할까? 왜 지방이 축적된 양상까지 거의 동일할까? 그저 많이 먹었기 때문일까? 그렇다면 그들의 유전자가 끼니마다 먹는 양과 앉아 있는 습관까지, 즉 정원을 가꾸거나 산책하는 대신 하루에 몇 시간씩이나 소파에 앉아 있는지까지 결정했기 때문에, 일생 동안 두 사람이 거의 동일한 칼로리를 더 섭취했다는 말일까?

예로부터 가축 육종가들은 가축이 얼마나 살이 찌는지를 결정하는 유전적 체질적 요소를 암묵적으로 알고 있었다. 기술과 과학이 절묘한 조화를 이루어야 하는 축산업이라는 분야에서 사람들은 보다 많은 우유를 생산하는 젖소나 산양 또는 가축을 모는 능력을 지닌 개를 키워내기 위해 수십 년간 공을 들였다. 더 살이 찌거나 몸매가 날씬한 품종의 소, 돼지, 양을 생산하는 과정도 마찬가지다. 이런 육종가들이 단지 적당히 먹고 열심히 운동하려는 욕구를 결정하는 유전 형질만 조절한다고 믿는 것은, 상상력이 심각하게 결여된 것이다.

90쪽 사진에서 위쪽에 있는 소는 애버딘 앵거스Aberdeen Angus 종으로 육질의 지방 함량이 높게 개발된 품종이다. 아래쪽은 저지Jersey 종이다. 이 품종은 살이 찌지 않는다. 사진에서도 피부에 갈비뼈가 튀어나온 모습을 볼 수 있다. 저지 종은 우유를 생산하는 젖소다. 크게 부풀어오른 유선이 보인다. 그렇다면 애버딘 앵거스 종이 저지 종에 비해 더 오랫동안 또는 보다 효율적으로 풀을 뜯기 때문에 소위 '마블링', 즉 근육내 지방이 축적되는 것일까? 애버딘 앵거스 종의 유전자가 똑같은 시간 동안 풀을 뜯더라도 한 입에 더 많은 풀을 뜯어서 더 많은 칼로리를 섭취하도록 소를 설계한 것일까? 어쩌면 저지 종이 운동을 조금 더 할지도 모른다. 애버딘 앵거스가 풀을 뜯거나 자는 동안 저지 종은 그들의 조상이 포식자를 피하기 위해 그랬던 것처럼 초원을 이리저리 뛰어다닐지도 모른다. 터무니없는 말로 들리지만 어떤 일이든 가능하긴 하다.

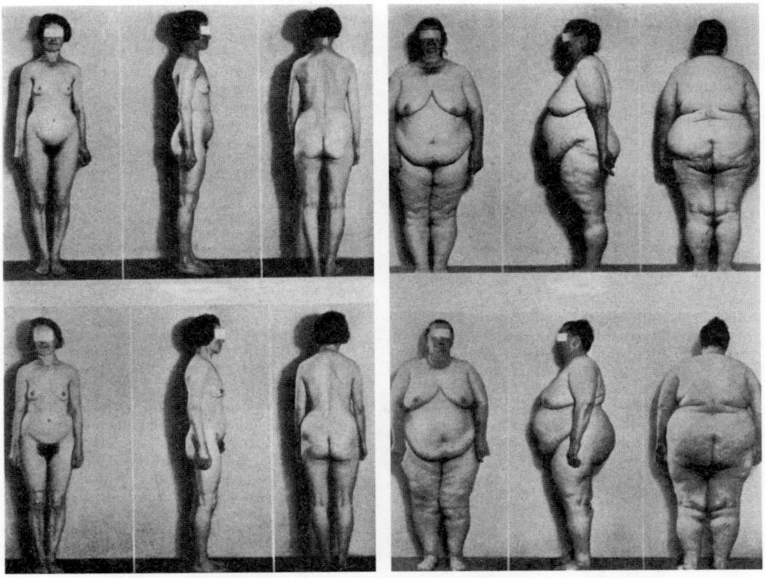

두 쌍의 쌍둥이를 찍은 사진으로 한 쌍은 날씬하고 한 쌍은 비만이다. 이들의 유전자가 먹는 양과 운동량 또는 체지방량과 그 분포에 영향을 미쳤을까?

저지 종의 거대한 유선과 애버딘 앵거스의 근육 내 지방은 또 다른 가능성을 시사한다. 어쨌든 우리가 젖소라는 동물에 대해 원하는 바는 섭취한 칼로리를 최대한 우유로 전환하는 것이다. 녀석들이 체지방을 축적하는 데 에너지를 낭비하기를 원하지 않는다. 이것이 젖소의 효용이다. 한편 애버딘 앵거스에 대해서는 먹은 것을 최대한 고기로, 즉 근육 속 단백질과 지방으로 전환하기를 바란다. 바로 그곳이 녀석들이 섭취한 에너지가 축적되는 곳이다.

가장 가능성 있는 설명은 무엇일까? 서로 다른 두 가지 품종의 소에서 상대적인 비만도를 결정하는 유전자는 식욕이나 신체 활동과 관련이 있는 것이 아니라, 섭취한 에너지를 어떻게 배분하는지를 결정한

위쪽의 체격이 다부진 소는 애버딘 앵거스 종이다. 아래쪽의 마른 소는 저지 종이다. 이들의 유전자는 먹이를 섭취하거나 몸을 활발하게 움직이는 행동을 결정하는 것이 아니라 섭취한 칼로리를 어떻게 배분하는지, 즉 지방과 근육과 우유 중 어디에 할당하는지를 결정한다.

다. 근육 속 단백질과 지방으로 바꿀 것인지 우유로 바꿀 것인지를 결정한다는 뜻이다. 유전자는 얼마나 많은 칼로리를 섭취할 것인지가 아니라 그 칼로리로 무엇을 할 것인지를 결정한다.

들어온 칼로리와 나간 칼로리 이론을 결정적으로 반박하는 또 다른 증거는 남성과 여성이 서로 다른 방식으로 살이 찐다는 것이다. 남성은 지방이 보통 허리 위쪽에 축적되는 반면(술배를 연상해보라), 여성은 허리 아래쪽에 축적된다. 사춘기에 접어들면 여성은 주로 유방과 둔부, 허벅지에 지방이 축적되지만, 남성은 지방이 줄어들고 근육이 늘어난다. 소년이 성인이 될 때는 키가 커지고 근육이 늘어나며 날씬해진다. 사춘기가 시작될 때 소녀들은 소년들에 비해 체지방량이 약간 더 많을 뿐이지만(평균 6퍼센트 많다), 사춘기가 끝날 때쯤에는 지방량이 50퍼센트 더 많아진다. 독일의 내과 의사 에리히 그라페는 1933년에 출간한 교과서《대사 질환과 치료Metabolic Diseases and Their Treatment》에서 체지방 분포와 남녀 간의 차이에 대해 이렇게 썼다. "이 영역에서는 분명 에너지 개념이 적용되지 않는다." 소녀들이 사춘기가 시작될 때 소년들처럼 호리호리했다가 사춘기가 끝날 때쯤 성숙한 여성의 몸매가 되는 현상은 대부분 그사이에 축적된 지방 때문이다. 이를 위해 소모한 것보다 더 많은 칼로리를 섭취했다고 할지라도, 과식이나 활동 부족으로 체지방이 축적되었다고 할 수는 없다.

통념에 반하는 또 다른 증거는 전문 용어로 '진행성 지방이상증'이라고 하는 매우 드문 병에서 찾을 수 있다. '지방이상증'이란 체지방 축적 양상에 이상이 생기는 병이다. 이 병은 1950년대 중반까지 약 200건의 증례가 보고되었는데 절대 다수가 여성이었다. 피하지방(피부 바로 아래 축적되는 지방)이 상체에서는 완전히 없어지는 반면, 하체에 과도하게 축적되는 것이 특징이다. '진행성'이라고 하는 이유는 상체의 지방이 시간이 갈수록 점점 더 소실되기 때문이다. 지방 소실은 얼굴에서 시작하여 서서히 목으로 내려가고 이어서 어깨, 팔, 몸통 순으로 진행한다. 92쪽 사진은 1913년에 최초로 보고된 여성이다.

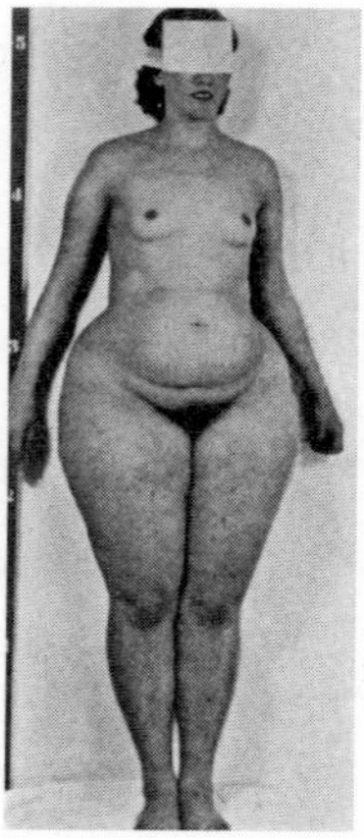

'진행성 지방이상증'이라는 희귀병 증례. 24세인 이 여성은 오늘날의 기준으로 보면 비만으로 간주되겠지만 체지방의 거의 전부가 허리 아래에 축적되어 있다.

이 젊은 여성은 십 대부터 얼굴의 지방이 소실되기 시작했다. 지방 소실은 13세 때 허리에 이르러 중단되었다. 2년 뒤부터는 허리 아래쪽에 지방이 축적되기 시작했다. 사진은 24세 때 찍은 것으로 당시 그녀의 키는 약 160센티미터, 몸무게는 약 83킬로그램이었다. 오늘날의 기준으로 보자면 체질량 지수가 거의 32로 임상적 비만 상태다.✦ 하지만 체지방은 거의 전부 허리 아래에 분포한다. 허리 아래만 보면 스모 선수처럼 살이 찐 것 같지만, 허리 위쪽만 보면 올림픽 마라톤 우승자처럼 보인다.

이 여성의 경우 들어온 칼로리와 나간 칼로리 개념을 어떻게 적용해야 할까? 많이 먹어서 살이 찌고 적게 먹어서 살이 빠진다면, 이 여성

✦ 체질량 지수는 킬로그램 단위로 표시한 체중을 미터 단위로 표시한 키의 제곱으로 나눈 수치다. 미국에서 체질량 지수가 30 이상이면 비만으로 정의한다.

은 적게 먹어서 상체에 지방이 없어졌고 많이 먹어서 하체에 지방이 축적되었을까? 두말할 것도 없이 터무니없는 주장이다. 이렇게 지방 소실과 지방 축적이 각기 다른 신체 부위에서 진행되는 현상, 비만이나 극단적인 지방 소실이 신체의 절반에서만 일어나거나 전체가 아닌 부분적으로만 일어나는 현상은 얼마나 먹는지 또는 얼마나 운동을 하는지와 아무런 관계가 없다. 그렇다면 전신적으로 살이 찌거나 마르는 현상을 섭취한 칼로리와 소비한 칼로리의 차이로 설명할 수 있다고 믿는 이유는 무엇일까?

이 젊은 여성이 상체에 몇 킬로그램 정도 지방을 더 지니고 있어서 전체적인 특징이 조금 부드러워지고 신체의 곡선이 생긴다면 의사들은 뭐라고 할까? 틀림없이 비만이라고 진단한 후, 적게 먹고 운동을 더 하라고 조언할 것이다. 이런 말은 완벽하게 논리적으로 들린다. 그렇다면 비만과 그 원인에 대한 합리적 설명은 불과 몇 킬로그램의 지방에 달려 있는 것인가? 불과 몇 킬로그램의 지방으로 합리성과 비합리성을 구분할 수 있을까? 몇 킬로그램만 지방이 더 있다면 그녀의 상태는 과식 때문이라고, 즉 섭취한 칼로리와 소비한 칼로리의 차이 때문이라고 생각될 것이다. 그 몇 킬로그램의 지방이 없다면, 그리하여 지방이상증의 특징이 고스란히 드러난다면 과식과 칼로리라는 설명은 어처구니없는 오류가 된다.

이제는 지방이상증을 꽤 흔히 볼 수 있다. 에이즈 때문이다. 인간면역결핍 바이러스에 감염된 사람은 바이러스의 증식을 억제하고 에이즈의 증상이 나타나지 않도록 항抗레트로바이러스제를 복용하는데, 바로 이 약 때문에 지방이상증이 생긴다. 얼굴과 팔, 다리, 둔부의 피하지

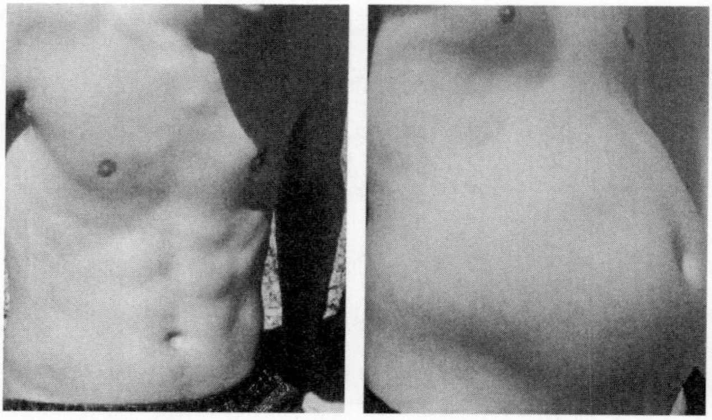

항레트로바이러스 치료를 시작한 후 인간면역결핍 바이러스 관련 지방이상증이 생긴 남성의 전후 사진.

방이 소실되며 다른 부위에는 지방이 축적된다. 지방 소실과 축적이 서로 다른 시기에 일어나는 경우도 많다. 대개 겹턱이 생기며, 등에 '버팔로' 또는 '낙타의 혹'이라고 불리는 특징적인 지방 축적이 나타난다. 남성이라도 유방이 커지며, 맥주를 너무 많이 마신 사람처럼 배가 나온다. 왼쪽 사진은 에이즈로 항레트로바이러스제를 복용하기 전의 모습이고, 오른쪽은 치료를 시작한 지 4개월 후이다.

이런 경우 너무 많이 먹고 운동을 너무 적게 한 것이 지방 축적과 조금이라도 관련이 있다고 생각하기는 어렵다. 이 사람의 불룩 튀어나온 배에 축적된 지방을 들어온 칼로리와 나간 칼로리로 설명할 수 없다면, 우리의 배 또한 그렇게 설명해서는 안 될 것이다.

6 왕초보를 위한 열역학 1

식품의약국은 '칼로리 계수' 메시지에 초점을 맞춰 소비자 교육 캠페인을 시작한다고 발표했다. 오래도록 저지방 식단을 적극 권유한 끝에 이제 새로운, 하지만 사실상 매우 오래된 만고불변의 과학적 메시지를 강조하려는 것이다. 그것은 바로 소모하는 것보다 더 많은 칼로리를 섭취하는 사람은 살이 찐다는 것이다. 어느 누구도 열역학법칙을 거스를 수는 없다.

_〈뉴욕타임스〉, 2004년 12월 1일.

어느 누구도 열역학법칙을 거스를 수는 없다. 이것은 분명 만고불변의 진리다. 1900년대 초 독일의 당뇨병 전문의 카를 폰 노오르덴이 살이 찌는 이유는 소모하는 것보다 더 많은 칼로리를 섭취하기 때문이라고 최초로 주장한 이래, 전문가는 물론 비전문가조차 이 말이 곧 열역학법칙이며 따라서 틀림없는 진실이라고 이구동성으로 주장해왔다.

그렇지 않다고 주장하는 것, 즉 과식과 오래 앉아 있는 습관이라는 동전의 양면과도 같은 죄악 때문이 아니라 어쩌면 무언가 다른 이유로 살이 찔지도 모른다거나, 의식적으로 적게 먹고 더 많이 운동하지 않고도 살을 뺄 수 있을지도 모른다고 주장할라치면, 예외 없이 돌팔이나 사기꾼 취급을 받았다. 1950년대에 컬럼비아 대학교의 내과의사 존 타거트는 비만에 관한 학술 토론회를 시작하면서 이런 생각을 "감정적이고 근거없는 것"이라고 일축하고 이렇게 덧붙였다. "우리는 열역학 제1법칙을 굳게 믿습니다."

열역학법칙을 믿는 것은 전혀 문제가 없다. 그러나 살이 찌는 현상에 열역학법칙이 다른 물리 법칙보다 특별히 더 밀접한 관계를 갖는 것은 아니다. 뉴턴의 운동 법칙, 아인슈타인의 상대성이론, 정전기 법칙, 양자역학 같은 법칙은 모두 우주의 특성을 기술한다. 여기에 대해서는 아무런 의문이 없다. 하지만 이런 법칙들이 왜 우리가 살이 찌는지를 알려주지는 않는다. 마찬가지로 열역학법칙 또한 왜 우리가 살이 찌는지 알려주지 않는다.

전문가들이 이 단순한 사실을 제대로 이해하지 못해 과학이 얼마나 왜곡되었는지, 그간 얼마나 많은 잘못된 조언에 의해 비만 문제가 얼마나 심각해졌는지 생각하면 경악을 금할 수 없다. 소모한 것보다 더 많은 칼로리를 섭취하기 때문에 살이 찐다는 개념을 열역학법칙으로 입증할 수 있다고 믿지 않았다면, 그 개념 자체가 존재하지도 않았을 것이다. 전문가들이 수많은 문헌에 "비만이란 에너지 균형의 장애다"라고 선언하는 것은, 이 선언을 열역학법칙으로 입증할 수 있다는 말을 짧게 표현한 데 불과하다. 하지만 사실은 전혀 다르다.

비만은 에너지 균형의 장애나 들어온 칼로리와 나간 칼로리 또는 과식의 문제가 아니며, 열역학은 비만과 아무런 관련이 없다. 이 사실을 이해하지 못하면 왜 우리는 살이 찌는가라는 질문을 떠올릴 때마다 끊임없이 통념으로 회귀하게 된다. 바로 이것이 비만에 대해 생각할 때 반드시 피해야 할 함정이자 100년 이상 지속되어온 덫이다.

열역학에는 세 가지 법칙이 있다. 전문가들이 비만 문제에 답을 제공한다고 믿는 것은 제1법칙이다. 다른 말로는 에너지보존법칙이라고도 한다. 에너지는 생성되거나 소멸되지 않으며 오직 한 가지 형태에서 다른 형태로 변화될 뿐이라는 것이다. 다이너마이트를 폭파하는 경우를 생각해보자. 이때 니트로글리세린의 화학 결합 속에 잠재되어 있던 에너지는 열 에너지와 파편의 운동 에너지로 전환된다. 우리 몸의 지방 조직, 근육, 뼈, 여러 장기, 행성이나 별, 오프라 윈프리 등 질량을 지닌 모든 것은 에너지로 이루어져 있으므로 이 법칙을 달리 말하면 '무에서 유를 창조할 수 없고 유를 무로 만들 수도 없다'라고 할 수 있다.

예를 들어 오프라는 소비한 것보다 더 많은 에너지를 받아들이지 않고서는 더 커질 수 없다. 지방이 증가하거나 몸무게가 늘 수 없다는 뜻이다. 더 많은 지방을 지니고 더 무거운 오프라는, 지방이 적고 더 가벼운 오프라보다 더 많은 에너지를 갖기 때문이다.✦ 더 커지려면 소모하는 것보다 더 많은 에너지를 섭취해야 한다. 또한 섭취하는 것보다 더 많은 에너지를 소모하지 않고서는 지방이 적고 몸무게가 가벼운 상태가 될 수 없다. 어떤 경우에도 에너지는 보존된다. 바로 이것이 열역학 제1법칙이 우리에게 알려주는 사실이다.

이 사실은 너무나 단순해서 이제 전문가들이 이 법칙을 해석할 때 어떤 잘못을 저질렀는지 분명히 드러나기 시작한다. 제1법칙은 어떤 물체의 질량이 늘거나 준다면 빠져나간 에너지보다 들어온 에너지가 더 많거나 적어야 한다는 뜻이다. 왜 이런 일이 생기는지에 대해서는 아무런 말도 하지 않는다. 인과관계에 관해서는 한마디도 하지 않는 것이다. 제1법칙은 왜 어떤 일이 일어나는지가 아니라, 그 일이 일어난다면 어

✦ 근육이 감소하면서 지방이 증가한다면 몸무게는 변하지 않을 수도 있다. 이 경우에는 에너지가 근육에서 지방으로 이동한 것이므로 반드시 소비한 것보다 더 많은 에너지를 섭취할 필요가 없다. 그냥 지방이 는다고 하지 않고 지방이 늘면서 무거워진다고 쓴 것은 이런 까닭에서다.

떻게 되는지만 알려줄 뿐이다. 논리학자라면 이 법칙에는 원인에 관한 정보가 들어 있지 않다고 표현할 수도 있겠다.

보건 전문가들이 열역학 제1법칙이 왜 우리가 살이 찌는지 알려준다고 생각하는 까닭은, 그들 스스로 〈뉴욕타임스〉에서 말한 것처럼 "소모하는 것보다 더 많은 칼로리를 섭취하는 사람은 살이 찐다"고 믿고 우리에게도 계속 그렇게 말해왔기 때문이다. 이 말은 맞다. 그래야만 한다. 지방량이 늘고 더 무거워지려면 반드시 더 많이 먹어야 한다. 소모한 것보다 더 많은 칼로리를 섭취해야만 한다. 이것은 전제 조건이다. 하지만 열역학은 왜 이런 일이 일어나는지, 왜 우리가 소비한 것보다 더 많은 칼로리를 섭취하는지에 대해서는 아무것도 말해주지 않는다. 그저 그렇게 한다면 우리가 더 무거워질 것이며, 우리가 더 무거워졌다면 그렇게 한 것이라고 말할 뿐이다.

왜 살이 찌는지가 아니라 왜 방이 붐비는지에 대해 말한다고 생각해보자. 이제 에너지는 지방 조직이 아니라 모든 사람 속에 존재한다. 열 명의 사람이 어떤 에너지를 갖는다면 열한 명은 그보다 많은 에너지를 갖는다. 우리가 알고 싶은 것은 왜 방이 붐비는지, 왜 에너지, 즉 사람으로 가득 차 있는지다. 누가 내게 묻는다면 나는 이렇게 대답한다. "글쎄요, 그건 방을 나가는 사람보다 들어오는 사람이 더 많기 때문이죠." 그는 틀림없이 내가 아주 현명하거나 아주 어리석다고 생각할 것이다. "물론 나간 사람보다 들어온 사람이 더 많기 때문이지요. 그걸 누가 몰라요? 하지만 왜 그런 거죠?" 사실 나가는 사람보다 들어오는 사람이 더 많기 때문에 방이 붐빈다고 말하는 것은 동어반복이다. 똑같은 말을 다른 방식으로 표현한 것뿐이며, 따라서 무의미하다.

이제 비만에 관한 통념에 깃든 논리를 빌려와 논점을 명확히 해보

자. 이제 나는 이렇게 말한다. "잘 들어봐. 방을 나가는 사람보다 들어오는 사람이 많다면 방은 더 붐비게 될 거야. 열역학법칙을 거스를 수는 없어." 하지만 그 말을 들은 사람은 여전히 이렇게 묻는다. "그렇지. 하지만 그래서 어쨌다는 거야?" 당연히 이렇게 물어야 한다. 왜냐하면 나는 사실 원인적 정보를 전혀 제공하지 않았기 때문이다. 나는 그저 뻔한 사실을 반복하고 있을 뿐이다.

바로 이것이 열역학을 이용하여 '과식하기 때문에 살이 찐다'는 결론을 내놓을 때 벌어지는 일이다. 열역학은 체지방이 증가하고 몸무게가 늘었다면 나간 것보다 더 많은 에너지가 몸속으로 들어왔다고 말할 뿐이다. 과식이란 소모한 것보다 더 많은 칼로리를 섭취했다는 뜻이다. 결국 같은 내용을 다른 방식으로 말한 데 지나지 않는다. 어느 쪽이든 왜 그렇게 되느냐는 질문에는 답하지 않았다. 왜 우리는 소모한 것보다 더 많은 칼로리를 섭취하는가? 왜 우리는 과식하는가? 왜 우리는 살이 찌는가?✦

"왜?"라는 질문에 답하려면 원인에 대해 말해야 한다. 미 국립보건원 홈페이지에는 이렇게 적혀 있다. "비만은 사람이 소모하는 것보다 더 많은 칼로리를 음식을 통해 섭취할 때 발생한다." 잘 생각해보라. 국립보건원의 전문가들은 "발생한다"는 단어를 사용하여, 실질적으로 과식이 원인이 아니라 필요 조건에 불과하다고 말하고 있는 것이다. 원칙

✦ 비만과 체중 조절에 대해 몇 가지 옳은 말을 했지만 중요한 부분에서 잘못된 주장을 했던 장 메이어는 1954년 이 문제를 이렇게 표현했다. "너무 많이 먹는다는 것으로 비만을 설명할 수 있다고 믿는 사람이 너무 많다. 사실 이런 말은 문제를 다른 방식으로 표현한 것이며, 굳이 그럴 필요가 없는데도 열역학 제1법칙에 대한 믿음을 재확인하는 데 불과하다는 것을 깨달아야 한다. 과식으로 비만을 '설명'하는 것은 과음으로 알코올 중독을 '설명'하는 것만큼이나 공허하다."

적으로는 맞지만 이제 우리가 질문할 차례다. 좋아, 그래서 어쨌다고? 그러니까 당신들은 왜 비만이 생기는지는 쏙 빼놓고, 비만이 생기면 어떤 현상이 일어나는지만 말해주겠다는 거야?

너무 많이 먹기 때문에 살이 찐다거나, 너무 많이 먹은 결과 살이 찐다고 주장하는 전문가들은(절대 다수가 그렇다) 고등학교 과학 과목에서조차 낙제점을 받을 만한(당연히 그래야 할 것이다) 실수를 범하고 있는 것이다. 그들은 왜 우리가 살이 찌는지에 대해서는 단 한마디도 하지 않는 자연 법칙과 우리가 살이 찔 때 발생할 수밖에 없는 현상(과식)을 끌어다 놓고, 모든 것을 충분히 설명했다고 생각하는 것이다. 바로 이것이 20세기 전반 50년 동안 너무나 흔히 반복되었던 오류다. 지금도 어디서나 볼 수 있는 오류이기도 하다. 정확한 답을 얻으려면 이제 다른 곳으로 시선을 돌려야 한다.

1998년 미 국립보건원에서 발표한 보고서를 좋은 출발점으로 삼을 수 있을 것이다. 이 보고서는 비만의 원인이라고 할 수 있을 요인들에 대해 조금 더 진실에 접근하여, 조금 더 과학적인 설명을 시도했다. "비만은 유전 형질과 환경의 상호작용에 의해 생기는 복잡하고 다인성多因性인 만성 질환이다. 비만이 왜, 그리고 어떻게 생기는지에 관해 완전히 알지는 못하지만 사회적, 행동적, 문화적, 생리학적, 대사적, 유전적 요인이 복합적으로 작용한다."

이 문제에 대한 답을 찾으려면 이런 요인들을 통합적으로 생각해야 한다. 생리학적, 대사적, 유전적 요인을 단초로 삼아 환경적 유발 인자를 찾아나가야 한다. 다시 한번 확실히 해두자. 열역학법칙은 만고불변의 진리이지만 왜 우리가 살이 찌는지, 왜 살이 찌는 과정에서 소모한 것보다 많은 칼로리를 섭취하는지에 대해서는 아무것도 알려주지 않는다.

7 왕초보를 위한 열역학 2

열역학에 대한 이야기를 마무리하기 전에 이 법칙을 식단과 체중의 영역에 잘못 적용하여 엉뚱하게 추론한 예를 하나 더 바로잡고자 한다. 적게 먹고 많이 운동하는 방식으로 섭취한 것보다 많은 에너지를 소모하면, 체중 문제를 완전히 해결하고 언제까지나 날씬한 몸으로 살 수 있다는 개념은 열역학법칙에 관한 또 다른 그릇된 가정에 근거를 두고 있다.

그 가정이란 우리가 섭취한 에너지와 소비한 에너지가 서로 영향을 미치지 않는다는 것이다. 즉, 어느 한쪽을 의식적으로 변화시켜도 다른 쪽에 아무런 영향이 없다는 생각이다. 적게 먹기로 결심하거나 심지어 반쯤 굶는 상태로 지내더라도(들어온 칼로리가 감소) 이후 얼마나 에너지를 소모하는지(나간 칼로리의 변화) 또는 얼마나 허기를 느끼는지에 아무런 영향이 없을까? 하루에 2500칼로리를 섭취하든 그 절반을 섭취하든 똑같이 활력이 넘친다고 느낄까? 칼로리를 더 많이 소모해도, 전혀 식욕이 늘지 않으며 운동을 하지 않을 때 소모되는 칼로리도 그대로일까?

우리는 직관적으로 그렇지 않다는 것을 알고 있다. 이미 한 세기 전 동물과 사람을 대상으로 시행한 연구에서도 그렇지 않다는 사실이 밝혀졌다. 스스로 반쯤 굶은 사람, 전쟁, 기근, 과학 실험 때문에 반半 기아 상태를 겪은 사람은 짜증이 나고 우울해지는 것은 물론 잠시도 허기를 느끼지 않는 순간이 없었으며 무기력하고 졸린 상태가 되었다. 몸이 스스로 칼로리 소모를 줄인 것이다. 체온도 떨어졌다. 항상 추위를 느꼈다. 반면 신체 활동을 늘리면 반드시 허기가 심해졌다. 운동에 의해 식욕이 증가한 것이다. 운동은 잠들어 있던 식욕을 일깨운다. 벌목꾼은 재단사보다 훨씬 많이 먹는다. 또한 신체 활동을 하면 지치고 피곤해진다. 우리 몸은 신체 활동이 끝난 뒤에는 에너지 소비를 감소시킨다.

간단히 말해서, 섭취하는 칼로리와 소비하는 칼로리는 서로 밀접하게 연관되어 있다. 수학자라면 이 두 가지 변수를 흔히 가정하는 것처럼 독립 변수로 취급하지 않고 종속 변수로 취급할 것이다. 한쪽을 변화시키면 다른 쪽이 저절로 변해 원래의 변화를 보상한다. 전적으로 그런 것은 아니지만 우리가 매일 또는 매주 섭취하는 칼로리는 소모하는 칼로리에 따라 크게 달라지며, 소모하는 칼로리 역시 섭취하여 세포에 전달되는(이 부분이 특히 중요하다) 칼로리에 달려 있다. 두 가지는 상호 의존적이다. 그렇지 않다고 주장하는 사람은 기막히게 복잡한 생명체를 단순한 기계 장치처럼 생각하는 것이다.

2007년 하버드 대학교 의과대학 학장 제프리 플라이어와 부인이자 동료 비만 연구자인 테리 매러토스플라이어는 〈사이언티픽아메리칸〉에 "무엇이 지방을 축적시키는가What Fuels Fat"라는 기사를 실었다. 그들은 식욕과 에너지 소비량의 밀접한 연관성에 대해 기술하면서, 이

요인들이 그저 의식적으로 바꾸겠다고 마음 먹는다고 해서 지방 조직이 늘거나 줄어드는 효과만 나타나고 마는 변수가 아님을 분명히 했다.

> 동물에게 갑자기 먹이를 제한하면 활동이 감소하는 동시에 세포의 에너지 사용 속도가 느려져 전체적인 에너지 소비량이 줄어들고, 이에 따라 체중 감소가 제한되는 경향이 있다. 또한 다시 원래대로 먹이를 늘려주면 더 허기를 느끼고 이전에 먹던 것보다 더 많이 먹어 결국 원래의 몸무게를 회복한다.

플라이어 부부는 단 두 문장으로 언뜻 너무나 명백하게 들려 지난 100년간 끊임없이 이어져온 식단에 대한 조언, 즉 적게 먹으란 말이 왜 동물에게 효과가 없는지 완벽하게 설명했다. 먹이 공급량을 제한하면 (그저 적게 먹으라고 하는 것이 아니라 선택의 여지를 주지 않는 것이다) 동물은 허기를 느낄 뿐 아니라 실제로 대사 속도가 느려진다. 에너지 소비량이 줄어드는 것이다. 사용할 에너지가 줄어들기 때문에 세포 하나하나가 에너지를 더 적게 쓴다. 다시 원하는 대로 먹도록 해주면 즉시 체중을 회복한다.

사람도 똑같다. 동물 연구에서 나타난 것과 똑같은 효과가 인간에서 여러 번 규명되었는데도 왜 플라이어 부부가 '인간'이라고 쓰지 않고 '동물'이라고 썼는지는 알 수 없다. 아마도 이들(또는 잡지의 편집자들)이 기사의 진정한 의미를 분명히 드러내고 싶지 않았을지도 모르겠다. 의사들과 공중보건 당국이 변함없이 강조하는 조언이 잘못되었고, 적게 먹거나 운동을 많이 하는 것이 비만과 과체중에 대한 효과적인 치료가 아니며, 그렇게 생각해서도 안 된다는 사실 말이다. 이런 방법은 단기적으로는 효과가 있을지 모르지만, 수개월 또는 1년 이상 지속되지 않는다. 결국 우리 몸은 보상을 하게 되어 있다.

8 정신적 문제

보건 당국은 왜 우리가 살이 찌는지 이해하기 위해 여러 가지 위험한 개념을 받아들였지만, 궁극적으로 들어온 칼로리와 나간 칼로리만큼 유해한 것을 찾기는 쉽지 않다. 이 개념이 그토록 매혹적인 까닭은 언뜻 보기에 너무나 뻔한 것처럼 생각되는 관념을 강화하기 때문이다. 즉, 비만은 식탐과 나태에 따른 형벌이라는 것이다. 이 생각은 너무나 다양한 층위에서 오해와 오판을 야기한다. 어떻게 지난 50년간 아무도 의문을 제기하지 않은 채 고스란히 존속할 수 있었는지 의아할 정도다.

이 개념은 헤아릴 수 없을 정도로 많은 해악을 끼쳤다. 우리가 살이 찌는 진정한 이유를 제대로 보지 않고 다른 곳으로 주의를 돌리는 바람에 전 세계적으로 비만과 과체중이 계속 늘어났을 뿐 아니라, 비만인은 어느 누구도 아닌 자기 자신을 탓해야 한다는 생각이 강화되었다. 이 가정에 의문을 제기해야 할 중요한 단서가 있다. 반세기 전 힐데 브루크가 주장했듯이 적게 먹는 방법은 비만을 해소하는 데 예외없이 실패한다는 사실이다. 하지만 이런 사실에 주목한 사람은 거의 없었다. 오히려 과체중이거나 비만인 사람은 건강한 식단을 위해 지켜야 할 원칙과 먹는 것을 절제하라는 가르침을 따를 능력이 없다는 증거로 생각되었을 뿐이다. 또한 이 개념은 이들의 신체 상태를 오로지 행동 탓으로 돌렸다. 이보다 더 진실에서 멀어지기도 어려울 것이다.

누구든 소모하는 것보다 더 많은 칼로리를 섭취하는 데는 그럴 만한 이유가 있게 마련이다. 이런 행동에 비만이라는 신체적 정신적 비참함이 형벌처럼 동반된다면 더욱 그렇다. 어딘가 결함이 있는 것이 분명하다. 문제는 그 결함이 어디냐는 것이다.

들어온 칼로리와 나간 칼로리라는 논리는 이 질문에 오직 한 가지 답변만 허용한다. 결함이 우리 몸속에 있을 리 없다. 결함은 반세기 전 내분비학자인 에드윈 애스트우드가 주장했듯이 몸속에서 "먹은 것을 지방으로 바꾸는" 과정을 조절하는 "수많은 효소"와 "다양한 호르몬"에 있는 것이 아니다. 왜냐하면 그런 생각은 기본적으로 과식 외에 어떤 다른 요소가 살이 찌는 원인이라는 뜻이기 때문이다. 문제는 마땅히 뇌속에 있어야 한다. 보다 정확하게는 행동이 문제다. 그래야만 비만이 성격의 문제가 될 수 있다. 어쨌든 너무 많이 먹고 너무 적게 운동하는 것은 둘 다 행동이지 생리학적 상태는 아니지 않은가? 이 사실은 성서에 나오는 말을 인용할 때 훨씬 뚜렷하게 드러난다. 바로 식탐과 나태다.

사실상 비만을 둘러싼 과학 전체가, 이런 식으로 들어온 칼로리와 나간 칼로리라는 가설이 만들어낸 순환논리에 사로잡혀 한순간도 밖으로 빠져나오지 못했다. 살이 찔 때 일어날 수밖에 없는 현상, 즉 소모한 것보다 더 많은 칼로리를 섭취하는 것을 비만의 원인으로 못 박는다면 왜 그런 행동을 하느냐는 질문에 제대로 답할 수 없다. 스스로 통제할 수 없는 요인에 의해 어쩔 수 없이 그러는 것도 아닌데, 왜 그런 행동을 하는지 결코 알 수 없는 것이다.

왜 다이어트가 실패하는지 생각할 때도 똑같은 문제에 봉착한다. 적게 먹는다는 것은 단순히 행동에 불과하다. 그런데 이런 행동으로 비만이 완치되는 일이 그토록 드문 이유는 무엇일까? 비만한 사람의 몸은 음식을 제한할 때 비만한 동물의 몸과 똑같이 반응할 것이라고 생각해야 한다. 〈사이언티픽아메리칸〉에서 플라이어 부부가 설명했듯이 에너지 소비를 줄이면 훨씬 심한 허기를 느낄 것이라고 생각하는 순간, 새로운 길이 열린다. 비만인 사람들은 반기아 상태에서도 체지방을 유지한다. 애초부터 비만의 원인은 이런 생리학적 기전에 있는 것이 아닐까? 그러나 이런 생각은 받아들여지지 않는다. 그래서 우리는 다이어트가 실패하는 이유가 끈기 있게 계속하지 않았기 때문이라고 비만인을 비난한다. 의지력이 모자라서, 성격 자체가 끈기가 없어서, 날씬한 사람처럼 먹는 것과 행동을 절제하지 못한다고 생각하는 것이다.

일단 과식이 비만의 원인이라는 생각이 확고해지면 행동을 비난하는 것, 즉 결단력과 의지력의 부족을 탓하는 것이 유일한 설명이 된다. 이런 설명은 더 이상 의미 있는 연구를 필요로 하지 않으므로, 사람들이 행동을 마음대로 결정할 수 있는데 왜 의도적으로 과식을 하는지 알아볼 필요도 없다. 정말로 왜 살이 찌는지 설명해주는 근본적인 결함을 찾으려고 노력하지 않아도 되는 것이다.

비만에 대한 과학적 논의 속에 이런 논리가 서서히 파고들기 시작한 때는 1920년대 후반이었다. 미시간 대학교 내과학 교수였던 루이스

뉴버그가 중심적인 역할을 했다. 그는 나중에 비만 분야에서 미국 최고의 권위자가 된다. 뉴버그가 등장하기 전까지 비만에 관심을 가졌던 대부분의 의사는 그토록 치료가 어려운 상태가 있다면 그것은 정신적인 문제로 인한 것이 아니라 신체적 질병이 틀림없다고 생각했다. 하지만 뉴버그는 정반대로 "도착된 식욕" 때문에 살이 찐다고 주장했다. 당시로서는 전문적인 방식으로 표현한 것이었지만, 이 말은 결국 날씬한 사람과 달리 살이 찐 사람은 소모한 것보다 더 많은 칼로리를 섭취하려는 충동을 느낀다는 뜻이었다. 모든 비만인은 말 그대로 너무 많이 먹은 결과 살이 찐다는 사실을 근거로 한 것이다. 물론 사실이었지만 논점에서 벗어난 말이기도 했다.

이런 주장은 앞에서 말했듯 근본적인 질문을 방치해둔 데 불과했다. 살이 찐 사람은 왜 과식을 할까? 왜 이 사람들은 행동을 조절하지 않을까? 왜 날씬한 사람처럼 먹을 것을 절제하고 열심히 운동을 하지 않는 것일까? 뉴버그의 시대에 사람들이 선택한 결론은 오늘날 우리가 선택한 것과 조금도 다르지 않다. 살이 찐 사람들은 노력할 생각이 조금도 없으며, 의지가 부족하거나 그저 뭘 해야 하는지 모르는 것이다. 뉴버그의 말을 빌리자면 "방종과 무지 등 다양한 인간적 약점들" 때문에 그렇게 된 것이다(뉴버그 자신은 호리호리했다).

모든 의학적 선언은 철저히 수집된 과학적 데이터로 뒷받침될 때까지 마땅히 회의적이어야 한다. 뉴버그의 선언이 조금이라도 과학적 회의주의의 색채를 띠었다면, 오늘날 비만은 훨씬 적을지도 모른다. 이 책도 필요 없을 것이다. 하지만 뉴버그의 설교 대상은 권위자를 숭배하고 그들의 주장에 의문을 제기해서는 안 된다고 교육받은 의학계였다.

적어도 2차 세계대전 직후 미국에서 과학 지식이 부족한 당시 의사들에게 뉴버그의 말은 신의 말씀과 다를 바 없었다. 그들은 뉴버그의 주장이 진실이라고 믿는 쪽을 택했다. 이에 따라 비만이거나 과체중인 사람은 두 가지 범주 중 한쪽에 속하게 되었다. 어린 시절부터 부모가 필요한 것보다 더 많은 음식을 먹도록 키웠거나(뉴버그는 지금의 전문가들과 똑같이 비만이 가족 내에서 나타나는 경향이 있는 원인을 이렇게 확신했다), 원래부터 "부족한 의지력과 삶에서 쾌락을 추구하는 경향이 결합된" 사람이라는 것이다. 이런 태도는 터무니없이 단순하고 그릇된 것임에도 지금까지 이어지며 사람들의 생각을 지배한다.

오랜 세월 동안 변한 것이 있다면 오직 하나뿐이다. 이제는 전문가들이 같은 말이라도 비하하는 뜻이 금방 드러나는 방식으로 표현하지 않는다는 점이다. 예를 들어 1960년대 이후 너무나 흔해진 비만을 이제는 '섭식 장애'라고 표현하지만, 그렇다고 비만인들이 의지력이 부족해서 날씬한 사람처럼 먹는 것을 절제하지 못한다고 말하는 사람은 아무도 없다. 그저 날씬한 사람처럼 먹지 않는다고 말할 뿐이다.

1970년대에는 흔히 살이 찐 사람은 음식을 연상시키는 외부 신호에 지나치게 취약하고, 충분히 먹었으니 더 많이 먹어서는 안 된다는 내부 신호에 둔감한지도 모른다고 설명했다. 이런 설명은 의지력이 부족하다고 명시적으로 말하는 대신, 비만한 사람의 뇌가 날씬한 사람과 달리 시나몬롤 빵의 냄새나 맥도널드 간판에 저항하기 어려운 것이 아닐까라고 암시한다. 살이 찐 사람은 더 많은 음식을 주문하거나 배가 불러도 계속 먹게 될 가능성이 높은 반면, 날씬한 사람은 처음부터 음식을 많이 주문하지 않거나 억지로 다 먹어야 한다고 느끼지 않는다는 설명도 있다.[3]

1970년대에 접어들어 전문적인(그리고 노골적인) 용어로 '행동 의학'이라는 분야가 대두되면서, 행동 요법으로 비만을 치료하려는 시도가 나타났다. 아주 섬세한 방법을 쓰기도 했고, 별로 섬세하지 않은 방법을 동원하기도 했지만 어쨌든 비만한 사람이 날씬한 사람처럼 행동하기를, 즉 먹는 것을 절제하도록 유도하는 것이 목표였다.✦ 이런 요법 중 효과가 있던 것은 하나도 없다. 그럼에도 많은 방법이 아직까지 쓰인다. 천천히 먹는 것은 전형적인 행동 치료 중 하나다. 식탁이 아닌 곳에서는 절대로 먹지 않는 것도 마찬가지다.

대부분이라고는 할 수 없겠지만 오늘날까지도 비만 분야를 이끄는 전문가 중 많은 수가 정신과 의사와 심리학자다. 즉, 몸이 아니라 마음의 작동 방식을 이해하는 사람들이다. 당뇨병 환자를 내과 의사가 아니라 심리학자가 치료한다면 사망자 수가 얼마나 늘지 상상해보라. 그리고 당뇨병과 비만은 너무나 밀접한 연관이 있다. 대부분의 제2형 당뇨병 환자는 비만한 상태이며, 비만인 중 많은 수가 당뇨병에 걸린다. 물론 두 가지 질병은 병리학적으로 다르지만 동전의 양면 같은 관계로 보아 아예 "비만당뇨diabesity"라고 부르는 전문가들도 있다.

지난 50년간 비만에 관한 전문가들의 담론 중 많은 부분은, 들어온 칼로리와 나간 칼로리에 매달리면서도 '정신적 문제'로 몰아간다는 인

✦ 조금 뒤에 설명하겠지만 비엔나 대학교 교수였던 율리우스 바우어는 비만에 대해 훨씬 합리적인 사고방식을 갖고 있었다. 1947년 그는 앞날을 예견하듯 이렇게 썼다. "에너지 섭취와 소비의 불균형이라는 말로 비만이라는 문제가 완전히 해결되었다고 믿는 사람들은 오직 특정한 행동, 즉 정서적 이유로 인한 식탐으로 과식과 이로 인한 비만을 모두 설명할 수 있다고 생각한다. 그렇다면 대사 질환이 아니라 정신 질환, 그중에서도 '행동 문제'로 비만에 접근하기를 바라는 것일까? 이상하게 들릴지도 모르지만 이것은 그들이 주장하는 이론의 논리적인 귀결이다."

✦✦ 물론 여기서 절제란 실제로 체중이 감소할 만큼, 최대한 적게 먹는 것으로 정의되었다. 키와 골격 구조가 비슷한 마른 사람보다 훨씬 적게 먹으라는 경우도 있었다.

상을 주지 않으려는 시도였다. 어떻게 하면 비만인 사람을 무지하고 방종하다고 인간적으로 비난하지 않으면서 비만을 과식 탓으로 돌릴 수 있을까? 예컨대 비만의 유행이 '번영' 또는 '독성 식품이라는 환경' 때문이라고 주장하면, 인간적 품성을 탓하지 않으면서도 과식 때문에 살이 쪘다고 설명할 수 있다. 한 걸음 더 나아가 너무 맛있고 지나치게 마음을 사로잡는 식품을 끊임없이 내놓는다고 식품 산업계에 비난의 화살을 돌리면 더욱 안전하다. 그래서 우리가 살이 찌는 이유는 의지가 약해서가 아니라 생활 환경이 문제라는 소리를 그토록 자주 듣게 되는 것이다. 그렇다면 왜 날씬한 사람은 독성 환경 속에서도 살이 찌지 않는가? 이번에는 의지가 강해서라고 답할 작정인가?

1930년대에 메이요 클리닉의 러셀 와일더는 도착된 식욕이라는 뉴버그의 개념에 대해 더없이 적절한 질문을 던졌다. 그의 질문은 오늘날 우리가 살이 찌는 원인이 사회나 식품 산업 때문이라고 비난하기에 앞서, 반드시 자문해봐야 하는 것이기도 하다. 와일더는 이렇게 말했다. "식사 때 칵테일이나 와인을 곁들이는 등 다양한 속임수를 동원하여 식욕을 속이는데도 대부분의 사람이 살이 찌지 않는 것을 보면 체중 조절에는 식욕 외에 틀림없이 무언가 다른 기전이 있을 것이다. 사실 조리법이 거의 예술의 경지에 이르도록 발전한 것은 전적으로 적절한 수준보다 더 많이 먹도록 만드는 것을 주된 목적으로 삼았기 때문이다. 그렇다면 왜 모든 사람이 살이 찌지 않는 것일까?" 왜 어떤 사람은 살이 찌지 않을까? 왜 어떤 사람은 "예술의 경지에 이른 조리법"에도 불구하고 살이 찌지 않고, 어떤 사람은 살이 찌는가?

1978년 수전 손택은 《은유로서의 질병Illness as Metaphor》이라는 에세이집을 펴냈다. 책에서 그는 암과 결핵에 대해 이야기하면서 여러 시대에서 "희생자를 비난하는" 사고방식이 종종 이 질병들에 따라붙었다는 점을 지적했다. "정신 상태가 질병을 일으키며, 의지력으로 질병을 치료할 수 있다는 이론은 질병의 신체적인 측면에 얼마나 무지한가를 드러내는 지표다."

사람들이 살이 찌는 이유는 너무 많이 먹기 때문이라고, 소모한 것보다 더 많은 칼로리를 섭취하기 때문이라고 믿는 것은 그들의 정신 상태, 즉 인간적 품성의 결함에 궁극적인 책임을 돌리면서 동시에 인체 생물학을 송두리째 배제하는 셈이다. 손택이 옳다. 어떤 질병이든 이런 식으로 생각하는 것은 큰 실수다. 왜 살이 찌는가란 문제에 있어서는 거의 재앙에 가깝다. 우리는 이 문제에 어떻게 접근해야 할까? 이 문제를 어떻게 생각해야 앞으로 나아갈 수 있을까?

II

지방을 둘러싼 진실

9 비만의 법칙

실험용 래트의 운명이 선망의 대상이 되는 일은 거의 없다. 지금부터 하려는 이야기도 예외는 아니다. 하지만 이 래트들의 경험에서 우리가 배울 점이 있을 것이다. 과학자들이 그렇듯이 말이다.

1970년대 초 매사추세츠 대학교의 젊은 연구자 조지 웨이드는 성호르몬, 체중, 식욕 사이의 관계를 연구하기 시작했다. 암컷 래트에서 난소를 제거한 후 체중과 행동의 변화를 면밀히 관찰하는 방법이었다.✦ 아닌 게 아니라 난소 제거술의 효과는 극적이었다. 래트들은 게걸스럽게 먹기 시작하여 이내 비만 상태가 되었다. 여기서 실험이 끝났다면 그 결과는 래트에서 난소를 제거하면 과식을 유발한다 정도였을 것이다.

✦ 대중적인 과학 및 의학 문서에서는 "웨이드와 그의 학생들" 같은 구절이 반복되어 문장이 어수선해지지 않도록 하려다 보니 마치 연구자 한 명이 모든 일을 다 한 것처럼 서술하는 경향이 있다. 이 책도 마찬가지다. 하지만 웨이드는 수많은 대학생 및 대학원생과 함께 실험했다. 그의 연구는 과학이 거의 항상 그렇듯이 협업의 결과다.

래트들은 너무 많이 먹었고, 과도한 칼로리가 지방 조직에 축적되어 비만한 상태가 되었다. 인간에서도 '비만의 원인은 과식'이라는 선입견을 다시 한번 확인해주는 결과였다.

하지만 웨이드는 두 번째 실험을 수행하여 흥미로운 결과를 얻었다. 난소를 제거한 래트에 엄격한 다이어트를 시행한 것이다. 이 래트들도 수술 후에 몹시 허기를 느꼈다. 마음껏 먹게 내버려두었다면 게걸스럽게 먹어댔겠지만, 이 녀석들은 충동을 만족시킬 수 없었다. 실험 과학에서 사용하는 전문 용어로 표현하자면 두 번째 실험에서는 과식이라는 요인을 **통제**했던 것이다. 즉, 연구진은 수술 후에도 래트들에게 수술 전에 먹던 것과 똑같은 양의 먹이를 주었다. 실험 결과는 대부분의 사람이 예상한 바와 크게 달랐다. 래트들은 똑같이 살이 쪘다. 그것도 똑같은 기간에 이런 변화가 일어났다. 하지만 이제 녀석들은 거의 움직이지 않았다. 음식을 먹기 위해 움직이는 것이 전부였다.

두 번째 실험만 생각한다면 역시 우리의 선입견을 확인하는 데 그칠 수도 있다. 이제 우리는 난소를 제거한 래트는 게을러진다고 생각할 것이다. 에너지를 거의 소비하지 않으니 살이 찐다고 말이다. 이렇게 해석함으로써 다시 한번 비만을 결정하는 인자로 '들어온 칼로리와 나간 칼로리'만 한 것이 없다는 믿음을 유지할 수도 있다.

하지만 두 가지 실험을 동시에 고려한다면 어떨까? 완전히 다른 결론이 나온다. 래트에서 난소를 제거하면 지방 조직은 문자 그대로 혈액에서 칼로리를 모두 빨아들여 지방으로 저장한다. 원하는 만큼 먹어서 지방으로 저장된 칼로리를 보충할 수 있다면 래트는 기꺼이 그렇게 한다(첫 번째 실험). 원하는 만큼 먹을 수 없다면 사용할 수 있는 칼로리가 줄었기 때문에 에너지 소모를 줄인다(두 번째 실험).

웨이드가 내게 설명해준 바에 따르면 이 동물들은 많이 먹어서 살이 찐 것이 아니라 살이 쪘기 때문에 많이 먹은 것이다. 원인과 결과가 통념과 정반대다. 과식과 나태는 비만의 원인이 아니라 결과다. 이런 행동은 기본적으로 동물의 몸속에서 지방 조직을 조절하는 데 문제가 생겼기 때문에 나타난 것이다. 난소를 제거하면 래트는 문자 그대로 지방을 몸속에 계속 쌓기 시작한다. 그리고 이를 보상하기 위해 더 많이 먹거나, 더 적게 움직인다.

왜 이런 현상이 일어나는지 설명하기 위해 이제부터 약간 전문적인 용어를 사용하려고 한다. 래트에서 난소를 제거하면 결국 에스트로겐의 기능이 사라진다. 여성 호르몬인 에스트로겐은 난소에서 분비되기 때문이다. 난소를 제거한 래트에 에스트로겐을 주입하면 게걸스럽게 먹지도 않고, 움직임이 줄어들지도 않고, 살이 찌지도 않는다. 요컨대 완전히 정상 래트처럼 행동한다. 래트에서 에스트로겐의 기능 중 하나는 지질단백 지질분해 효소LPL라는 효소에 영향을 미치는 것이다(사람에서도 마찬가지다). 이 효소의 기능은 아주 단순하게 말하면 혈액 속에서 지방을 흡수하여 LPL 효소가 '발현'된 세포 속으로 넣어주는 것이다. 지방 세포에 발현된 LPL 효소는 혈액 속의 지방을 지방 세포 속으로 끌어들인다. 이런 일이 일어날 때마다 동물은 체지방량이 아주 조금 증가한다(사람도 마찬가지다). 근육 세포에 발현된 LPL 효소는 지방을 근육 세포 속으로 끌어들이며, 근육은 이 지방을 연료로 사용하여 운동한다.✦

에스트로겐은 지방 세포에서 LPL 효소의 활성을 '억제'한다. 에스

✦ 호르몬과 관련 질환 분야의 유명한 교과서인 《윌리엄스 내분비학Williams Textbook of Endocrinology》에서는 이렇게 설명한다. "각 조직 내의 지질단백 지질분해 효소 활성은 체내 다양한 조직 사이에 중성 지방을 구획화하는 데 핵심적인 인자다."

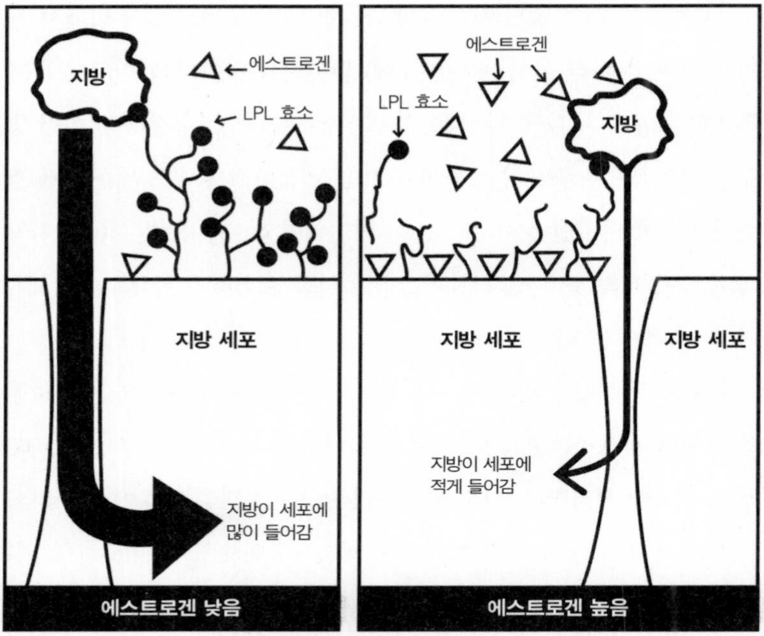

에스트로겐 수치가 낮을 때(왼쪽) 지방 세포에서는 지질단백 지질분해 효소가 '상향 조절' 되어 더 많은 지방이 혈액에서 세포 속으로 들어간다. 에스트로겐 수치가 높을 때(오른쪽)는 효소의 활성이 억제되어 지방 세포 속에 더 적은 지방이 축적된다.

트로겐 수치가 높으면 혈액에서 지방을 '빼내어' 지방 세포 속으로 넣어주는 LPL 효소가 적어져 지방 세포 속에 지방이 적게 축적된다. (난소를 제거하여) 에스트로겐이 없다면 지방 세포에서 수많은 LPL 효소가 발현된다. 효소는 평소와 다름없이 혈액 속의 지방을 지방 세포에 넣어주는 일을 할 뿐이지만 이제는 숫자가 훨씬 늘어났기 때문에 동물은 정상보다 훨씬 더 살이 찐다.

이제 동물은 다른 신체 기능을 수행하는 데 필요한 칼로리마저 지방 세포에 빼앗기는 상태가 되므로 무언가 먹어야겠다는 강력한 충동을 느낀다. 지방 세포에 더 많은 칼로리가 쌓일수록 이를 보상하기 위해 더 많이 먹어야 하는 것이다. 결국 지방 세포는 끊임없이 칼로리를 축적하고, 다른 세포에는 충분한 칼로리가 공급되지 않는다. 이전에 먹었던 만큼의 먹이로 만족한다는 것은 어림도 없다. 체지방량이 훨씬 늘어나고 훨씬 무거워졌기 때문에 훨씬 더 많은 칼로리가 필요하다. 게걸스럽게 먹는 수밖에 없다. 허기를 충족시킬 수 없다면 에너지를 덜 쓰는 쪽으로 행동할 수밖에 없다.

이 동물들이 더 살이 찌는 것을 막는 유일한 방법은 에스트로겐 수치를 원래대로 올려주는 것이다. 다이어트는 효과가 없다. 억지로 운동을 시키는 것도 헛된 노력일 뿐이다. 하지만 에스트로겐을 주입하면 다시 살이 빠지고 식욕과 활력 또한 정상으로 돌아온다.

래트에서 난소를 제거하면 에스트로겐 분비가 줄기 때문에 지방 세포에 더 많은 LPL 효소가 발현된다. 차츰 지방 세포는 문자 그대로 지방으로 가득 채워진다. 이런 기전이야말로 난소절제술을 받거나 폐경이 된 후에 많은 여성이 살이 찌는 원인일 가능성이 매우 높다.

난소를 적출한 래트에서 관찰된 이런 현상은 비만의 원인과 결과에 대한 우리의 생각을 뒤집는다. 비만의 원인이라고 생각했던 두 가지 행동, 즉 식탐과 나태가 사실은 비만의 결과일지도 모른다는 뜻이다. 이 래트들이 왜 살이 찌는지, 왜 살이 찐 사람들과 비슷한 행동을 나타내는지 정확히 이해하려면 지방 조직을 조절하는 호르몬과 효소에 주목해야 한다.

지난 50년간의 비만과 체중 감소에 관한 논의에서 또 한 가지 주목할 점은, 의학계의 전문가들이 지방 조직 자체와 우리 몸이 지방 조직을 어떻게 조절하는지에 대해 놀랄 정도로 관심이 없었다는 점이다. 매우 드문 예외가 있긴 하지만, 대체로 이들은 지방 조직 자체를 완전히 무시했다. 비만은 행동 문제라고, 문제의 원인은 몸이 아니라 뇌에 있다고 이미 결론을 내려놓았기 때문이다. 성장 문제를 논의할 때, 예컨대 왜 어떤 사람은 2미터가 넘을 정도로 키가 크고, 어떤 사람은 가까스로 1미터에 불과할 정도로 키가 작은가를 생각할 때, 유일한 관심사는 성장을 조절하는 호르몬과 효소다. 하지만 지방 조직이 비정상적으로 성장하는 증상을 논의할 때는 이런 현상을 조절하는 호르몬과 효소가 아무런 관련이 없다고 생각한다.✦

하지만 살이 찌는 원인과 대처 방안을 생각할 때 지방 조직의 조절에 초점을 맞추면 들어온 칼로리와 나간 칼로리의 차이에 주목하는 통념과 전혀 다른 결론에 도달하게 된다. 웨이드가 래트들에 대해 생각했던 것과 똑같은 결론을 내릴 수밖에 없다. 살이 찌는 것은 지방 조직이 어떤 방식으로 조절되느냐에 달려 있다. 흔히 비만의 원인으로 지목되는 섭식 행동(식탐)과 신체적 비활동성(나태)은 이런 조절의 결과 나타나는 특징적인 현상이라는 것이다.

나는 이런 생각을 우선 하나의 가정으로서, 즉 우리가 살이 찌는 원인에 관해 맞을 수도 틀릴 수도 있는 하나의 사고방식으로서 살펴본 후, 왜 이 생각이 거의 확실히 옳은지 설명하려고 한다.✦✦ 하지만 그전에 먼저 지방과 살이 찌는 과정에 대해 몇 가지 결정적인 사실을 알아야 한다. 열역학의 법칙보다 더 중요하다는 의미에서 이 사실들을 비만의 법

✦ 이 글을 썼던 2009년 7월에 위키피디아에서 "비만"을 검색하면 지방 조직의 조절에 관해서는 한마디도 나오지 않았다. 물론 "지방 조직"으로 검색하면 관련 내용을 볼 수 있다. 지방 조직의 조절 기전은 과도한 지방이 축적되는 질환과 아무런 관계가 없다는 가정이 깔려 있는 것이다.

칙이라고 부르도록 하자.

제1법칙

우리 몸속의 지방은 극히 정교한 정도는 아니라도 세심하게 조절된다.

너무 쉽게 살이 찌는 사람은 이 법칙을 믿기 어려울지도 모른다. 하지만 사실이다. 여기서 "조절된다"는 말은 건강한 상태에서 우리 몸이 지방 조직 속에 축적되는 지방의 양을 너무 많지도 적지도 않은 수준으로 일정하게 유지하기 위해 열심히 일한다는 뜻이다. 결국 이를 통해 각 세포에 안정적으로 에너지를 공급한다는 뜻이기도 하다. 이 말의 궁극적인 의미(우리의 기본적 가정)는 누군가 살이 쪘다면 이런 조절 과정이 아예 없어졌기 때문이 아니라, 약간 문제가 생겼기 때문이라는 것이다.

지방 조직이 소모되지 않고 남는 칼로리를 무조건 던져넣는 쓰레기통이 아니라 세심하게 조절되는 부위라는 증거는 반박의 여지가 없다. 5장에서 누가, 언제, 어디에 살이 찌는가를 길게 설명한 이유가 여기에 있다. 남성과 여성에서 살찌는 양상이 다른 것은 성호르몬이 몸속의 지방을 조절하는 데 어떤 역할을 하기 때문이다(웨이드의 실험과 에스트로겐, LPL 효소에 관한 설명을 통해 충분히 이해할 수 있을 것이다). 지방이 손등이나 이마 등의 부위에는 거의 존재하지 않고 다른 부위에는 풍부하게 축

✦✦ "거의 확실히"라고 쓴 까닭은 명예를 걸고 자신 있게 말할 수 있다는 뜻이다. 하지만 오래도록 과학에 대한 글을 써오면서 과학적 탐구 과정을 확고히 신뢰하는 사람으로서, 나는 "거의"란 말을 뺄 수 없었다. 과학적인 논의라면 철저한 검증을 거치지 않고서는 무엇이든 확신을 갖고 이야기할 수 없으며, 특히 널리 인정되는 믿음에 도전할 때는 더욱 그렇다. 이런 태도를 지니지 않은 사람은 다이어트 책의 저자든 학계의 전문가든 신뢰하지 않는 편이 낫다. 그럼에도 독자들이 "거의 확실히"를 "확실히"로 읽고 싶다면 거의 확실히 그래도 된다고 말하고 싶다.

적된다는 사실에서, 살이 찌는 부위를 결정하는 데 국소적 인자가 작용한다는 사실을 알 수 있다. 몸의 어떤 부위에는 털이 나고 어떤 부위에는 나지 않는 것을 생각해보면 쉽게 이해할 수 있을 것이다.

비만은 가족력이 있고(부모가 뚱뚱하면 자식도 살찌기 쉽다), 지방의 국소적 분포가 유전적 특징이라는 사실(일부 아프리카 부족의 둔부 지방 축적) 또한 몸속의 지방이 세심하게 조절된다는 증거다. 호르몬과 효소와 기타 인자를 통하지 않고서 세대에서 세대로 전달된 유전자가 어떻게 몸 전체의 지방량과 축적 부위에 영향을 미칠 수 있겠는가?

동물의 몸속에 있는 지방의 양은 물론 심지어 지방의 종류까지도 세심하게 조절된다는 사실 또한 이런 결론의 근거가 된다. 어쨌든 인간도 하나의 동물 종일 뿐이다. 야생동물 중에는 하마나 고래처럼 자연적으로 살이 찌는 동물이 있다. 이들은 겨울의 추위에 대비한 절연체로서, 또는 매년 반복되는 계절성 이주나 동면에 필요한 에너지를 축적하기 위해 특정한 계절에 살을 찌운다. 암컷은 출산에 대비하여, 수컷은 암컷을 차지하려는 경쟁에서 우위를 점하기 위해 체중을 불리기도 한다. 하지만 동물들은 절대로 비만이 되지 않는다. 살이 찐다고 해서 우리처럼 다양한 건강상의 문제를 겪지 않는다는 뜻이다. 예를 들어 동물은 당뇨병에 걸리는 일이 없다.

먹이가 아무리 풍족해도 야생동물의 몸무게는 너무 뚱뚱하지도 않고 너무 마르지도 않은 상태를 안정적으로 유지한다. 이들의 신체가 지방 조직 속에 축적되는 지방의 양을 생존에 방해가 되지 않도록 항상 적절한 상태로 유지한다는 증거다. 동물이 상당한 지방을 몸속에 축적할 때는 언제나 그럴 만한 이유가 있다.* 그리고 동물은 그런 지방이 있을 때든 없을 때든 건강한 상태를 유지한다.

동물이 지방 축적을 세심하게 조절한다는 사실을 보여주는 좋은 예로 겨울잠을 자는 설치류를 들 수 있다. 예를 들어 얼룩다람쥐는 늦여름이 되면 불과 몇 주 사이에 체중과 체지방량이 두 배로 증가한다. 한 연구자가 내게 해준 말을 빌리자면 체중이 가장 많이 나갈 때 이 다람쥐들을 해부해보면 "크리스코✦✦ 오일 캔을 땄을 때와 비슷합니다. 몸속 어디든 커다란 지방 덩어리가 꽉 차 있지요."

하지만 이 다람쥐들은 난소를 제거한 웨이드의 래트처럼 얼마나 많이 먹는지와 무관하게 지방을 축적한다. 실험실에 잡아놓고 동면에서 막 깨어난 봄부터 늦여름까지 엄격하게 먹이를 제한해도 자연 상태에서 마음껏 먹도록 내버려둔 다람쥐와 똑같이 살이 찐다. 또한 따뜻한 실험실에서 먹이를 줘가며 깨어 있는 상태를 유지하든, 자연 속에서 완전히 동면에 들어 한 입도 먹지 않고 오로지 몸속에 축적한 지방을 이용하여 생존하든 겨울을 나는 동안 똑같은 속도로 체내 지방을 소모한다. 연구자들이 어떻게 하더라도 이 동물은 타고난 일정에 맞춰 지방을 축적하고 소모한다. 겨우 굶어 죽지 않을 정도까지 먹이 공급량을 줄여도 아무 소용이 없다. 연중 어느 때든 이 설치류가 몸속에 축적하는 지방의 양은 먹이 공급량이나 에너지를 얼마나 소모했는지와 무관하게 전적으로 생물학적 인자에 의해서 조절된다. 이런 현상은 완벽하게 합

✦ 낙타의 혹은 특별한 목적을 위해 몸속에 커다란 지방 덩어리를 생성하는 예다. 즉, 사막에서 생존하는 데 필요한 지방 저장고 역할을 한다. 낙타가 지방을 우리처럼 피하에 저장한다면 단열 효과로 인해 사막의 열기를 견디지 못할 것이다. 비미양fat-tailed sheep(사막 지대에 서식하는 양으로 먹이가 없을 때는 꼬리에 축적된 지방분으로 생명을 유지한다–옮긴이)과 비고양fat-rumped sheep(사막 지대에 서식하는 양으로 다리와 꼬리는 짧고, 커다란 엉덩이에 많은 지방을 축적한다–옮긴이), 살찐꼬리두나트fat-tailed marsupial mice 등 사막에 사는 다른 동물 역시 거의 모든 지방을 신체의 특정 부위에만 축적한다.

✦✦ Crisco. 미국에서 인기 있는 쇼트닝 상표명.(옮긴이)

리적이다. 겨우내 필요한 에너지를 엄청난 양의 지방 덩어리로 바꿔 몸속에 축적하는 동물이 이를 위해 엄청난 양의 먹이를 필요로 한다면 여름에 먹이를 구하기 힘든 경우가 한 해만 있어도 멸종되고 말 것이다.

어쩌면 지구상에서 인간만 특수하게 진화한 것은 아닐까? 먹을 것이 풍성할 때든 기근이 들었을 때든 체내 지방 축적량을 세심하게 조절하지 않는 방향으로, 그리하여 어떤 사람은 먹을 것이 풍부해서 거의 움직일 필요가 없다는 사실만으로도 엄청난 양의 지방을 몸속에 저장하도록 진화한 것이 아닐까? 하지만 이렇게 믿으려면 진화에 대해 알려진 거의 모든 것을 부정해야 한다.

몸속의 지방이 세심하게 조절된다는 사실을 뒷받침하는 마지막 근거는 우리 몸속의 모든 것이 세심하게 조절된다는 사실 자체다. 왜 지방만 예외겠는가? 우리 몸의 조절 기능에 문제가 생기면, 암이나 심장병에서 보듯 종종 치명적인 결과가 빚어진다. 따라서 누군가 몸속에 지나치게 많은 지방을 축적했다면 지방 조직의 세심한 조절 과정 어딘가에 문제가 생겼다는 뜻으로 받아들여야 할 것이다. 우리가 알아야 할 것은 어디에 문제가 생겼는지와 어떻게 해야 하는지일 뿐이다.

제2법칙

조절 기능에 현재까지 개발된 어떤 기술로도 검출되지 않을 정도로 작은 결함만 생겨도, 비만을 유발할 수 있다.

하루 20칼로리의 문제를 기억하는가? 매일 20칼로리씩만 더 먹는다면, 즉 하루에 섭취하는 칼로리의 1퍼센트도 안 되는 양을 더 섭취하고 그 칼로리를 다른 방식으로 소모하지 않는다면, 그것만으로도 이십 대에 날씬했던 사람이 오십 대에 접어들어 비만이 되는 데 충분하다. 들어온 칼로리와 나간 칼로리의 논리로 보면 필연적으로 이런 질문이 뒤따른다. 섭취하는 칼로리와 소비하는 칼로리를 1퍼센트 미만의 정확성을 갖고 의식적으로 균형을 맞추어야 한다면 도대체 누가 날씬한 몸을 유지할 수 있을까? 얼른 들어도 불가능할 것 같다. 실제로도 그렇다.

그렇다면 우리 몸의 지방 조절 기능이 겨우 하루 20칼로리 정도만 오류를 일으켜도 비만이 된다는 뜻이다. 계산은 똑같다. 유전자와 환경의 운 나쁜 조합에 의해 조절 기능에 오류가 생기고, 이에 따라 소모되어야 할 칼로리에서 겨우 1퍼센트씩만 지방 세포에 축적된다면 비만이 된다. 균형을 이루지 못하고 지방으로 저장되는 칼로리가 조금만 커져도 누군가는 엄청나게 살이 찔 수 있다. 그러나 조절 기능이라는 측면에서는 비교적 사소한 오류에 불과하다. 불과 몇 퍼센트, 개념적으로는 어렵지 않지만 막상 측정하기도 어려울 정도로 작은 차이에 불과한 것이다.

제3법칙

몸속의 지방량과 체중을 동시에 늘리는 모든 것은, 우리를 더 많이 먹게 만든다.

이것이야말로 웨이드의 래트 실험에서 얻은 궁극적 결론이다. 직관적으로 이해하기 어려울지도 모르지만 이 법칙은 체중이 늘어날 때 모든 인간은 물론 모든 동물 종에서 공통적으로 나타난다. 어쩌면 왜 살이 찌는지와 어떻게 대처해야 하는지를 이해하기 위해 우리뿐만 아니라 보건 전문가들이 알아야 할 단 한 가지 교훈일지도 모른다.

또한 이 법칙은 지금까지 보건 전문가들이 고집스럽게 잘못 적용해온 열역학 제1법칙, 즉 에너지보존법칙에서 취해야 할 한 가지 사실이기도 하다. 원인에 관계없이 질량이 증가하는 모든 것은 소모하는 것보다 더 많은 에너지를 받아들여야 한다. 따라서 신체 기능을 조절하는 데 문제가 생겨 체지방과 체중이 모두 증가한다면, 조절 기능이 완벽하게 정상적으로 작동할 때에 비해 언제나 더 많은 칼로리를 섭취하거나(식욕 증가) 더 적은 칼로리를 소모하게 된다.

이쯤에서 살이 찌는 것과 과식의 인과관계를 이해하기 위한 하나의 은유로 왕성하게 성장하는 어린이를 생각해보자. 이해를 돕기 위해 우리 큰아이의 어릴 때 사진 두 장을 수록했다. 왼쪽은 두 돌이 채 안 되었을 때 찍은 사진이다. 이때 아이의 몸무게는 15킬로그램 정도였다. 오른쪽은 3년 후 사진으로 키는 20센티미터 가까이 자랐고, 몸무게는 약 23킬로그램이었다.

3년간 8킬로그램이 늘었으므로 아이는 분명 소모한 것보다 더 많은 칼로리를 섭취했다. 정의상 과식이다. 이 칼로리는 몸집이 더 커지는 데 필요한 모든 조직과 몸속의 구조물을 생성하는 데 쓰였다. 여기에는 물론 지방 조직도 포함된다. 하지만 아이가 소모한 것 이상의 칼로리를 섭취했기 때문에 자란 것이 아니다. 몸이 자라기 때문에 소모한 것보다 더 많은 칼로리를 섭취한 것이다(즉, 과식한 것이다).

다른 모든 어린이와 마찬가지로 우리 큰아이의 성장도 기본적으로 성장 호르몬의 작용에 의해 일어났다. 나이가 들면서 아이는 때때로 급속 성장기를 거쳤고, 그때마다 왕성한 식욕을 과시하며 상당히 게으른 모습을 보이기도 했다. 하지만 그 식욕과 게으름은 성장에 의해 생긴 것이지 반대가 아니다. 아이의 몸은 성장하기 위해, 즉 보다 큰 신체를 갖기 위해 필요한 조건들을 충족시키고자 더 많은 칼로리를 필요로 했으며, 식욕을 증가시키거나 에너지 소모를 감소시키거나 두 가지를 동시에 수행하여 목적을 달성했다. 사춘기를 겪으며 아이의 몸에서는 지방

(왼쪽) 2007년 8월. 15킬로그램. (오른쪽) 2010년 8월. 23킬로그램.

이 줄어들고 근육이 늘어났다. 이때도 소모한 것보다 더 많은 칼로리를 섭취했지만, 역시 근본 원인은 호르몬의 변화였다.

성장이 원인이고 과식은 결과라는 생각은 지방 조직에도 분명히 적용된다. 이미 80년 전에 이렇게 주장한 독일의 내과의사 구스타프 폰 베르크만의 말을 다르게 표현하면, 우리는 어린이들이 너무 많이 먹고 운동을 적게 한다고 해서 키가 클 것이라고는 생각하지 않는다. 운동을 너무 많이 한다고 해서 성장이 저하될 것이라고도 생각하지 않는다. 그렇다면 왜 이것들이 살이 찌는 것에 대한(또는 날씬한 몸무게를 유지하는 것에 대한) 타당한 설명이라고 생각할까? 폰 베르크만은 이렇게 썼다. "우리 몸은 성장해야 할 때면 언제나 필요한 에너지를 찾아낸다. 살이 쪄야 할 때는, 현재 몸무게의 열 배가 늘어나야 한다고 해도, 연간 에너지 균형에서 반드시 그만큼을 따로 떼어낸다."

이 말이 틀렸다고 생각하는 이유는 무엇일까? 키가 클 때 작용하는 인과관계(성장하기 때문에 많이 먹는다)와 살이 찔 때 작용하는 인과관계(많이 먹기 때문에 성장한다)가 반대라고 생각하는 유일한 이유는, 그저 우리가 자라면서 그렇게 믿어왔으며 그 믿음이 합리적인지 한 번도 의심해본 적이 없다는 것뿐이다. 하지만 식욕과 심지어 에너지 소비량조차 성장에 따라 결정된다고 생각하는 것이 훨씬 합리적이다. 그 반대가 아니다. 우리는 너무 많이 먹기 때문에 살찌는 것이 아니다. 살이 찌기 때문에 많이 먹는 것이다.

이런 사실은 직관에서 너무나 벗어나지만 너무나 중요하기 때문에, 다시 한번 동물의 예를 들고자 한다. 아프리카 코끼리는 세계에서 가장 큰 육상 동물이다. 수컷은 보통 450킬로그램이 넘지만 체지방량은 놀랄 정도로 적다. 모든 동물을 다 합쳐서 몸집이 가장 큰 것은 흰긴수염고래다. 몸무게는 130톤이 넘으며 대부분 지방이다. 아프리카 코끼리는 하루에 수백 킬로그램, 흰긴수염고래는 수천 킬로그램의 먹이를 먹는다.✦ 엄청난 양이지만 이 동물들이 너무 많이 먹어서 거대한 몸을 갖게 된 것은 아니다. 거대한 몸을 지닌 동물이라서 엄청난 양을 먹는 것이다. 체지방이 많든 적든 몸집의 크기가 얼마나 많이 먹는지를 결정한다.

이 동물들의 새끼 역시 상대적으로 엄청난 양의 먹이를 먹는다. 이렇게 많이 먹는 이유는 애초에 엄청난 몸집을 지니고 태어난 데다, 유전

✦ 고래가 많은 양의 먹이를 먹는 것은 여름철뿐이다. 나머지 계절에 고래는 겨울잠을 자는 설치류처럼 몸속에 저장된 지방을 쓰면서 살아간다.

자에 의해 수백 킬로그램(코끼리) 또는 백 톤이 넘도록(흰긴수염고래) 자라기 때문이다. 결국 성장과 몸집의 크기가 함께 작용하여 왕성한 식욕을 일으키는 것이다. 이런 사실은 동물이 섭취한 칼로리를 지방으로 저장하든, 더 크고 많은 근육과 조직과 장기를 만드는 데 쓰든 변하지 않는다. 몸속에 엄청난 양의 지방을 갖고 있든 그렇지 않든 똑같은 인과관계가 성립한다.

이제 연구자들이 비만의 동물 모형이라고 부르는 것들을 생각해보자. 웨이드의 래트처럼 자연적으로는 살이 찌지 않지만 실험실에서 비만 상태를 유도한 동물 말이다. 지난 80년간 연구자들은 육종育種, 수술(예를 들어 난소 제거술), 먹이 조작, 유전자 조작 등 래트와 마우스를 비만 상태로 만드는 방법을 개발했다. 동물들은 실제로 비만 상태가 되었는데 흰긴수염고래나 겨울잠을 자는 얼룩다람쥐처럼 기능적인 지방만 늘어난 것이 아니었다. 비만인 사람에게 흔히 관찰되는 당뇨병 등의 대사질환이 동반되었던 것이다.

동물을 비만 상태로 만들기 위해 어떤 방법을 동원했는지는 중요하지 않았다. 동물들은 날씬한 상태를 유지하는 동물들보다 더 많은 칼로리를 섭취하든 그러지 않든 비만한 상태가 되었다. 최소한 웨이드의 래트처럼 정상보다 훨씬 살이 찐 상태가 되었다. 즉 많이 먹기 때문이 아니라 육종이나 유전적 조작, 심지어 먹이의 변화에 의해 지방 조직의 조절 기능에 장애가 생겨 살이 찐 것이다. 이들은 섭취한 칼로리를 지방으로 저장했으며, 뒤이어 지방 조직이 늘어난 데 대한 보상 작용이 일어났다. 즉, 더 많이 먹을 수 있다면 더 많이 먹었고, 더 많이 먹을 수 없다면 운동량을 줄였다. 두 가지 현상은 종종 동시에 관찰되기도 했다.*

1930년대부터 1960년대까지 실험실에서 설치류를 비만 상태로 만드는 데 가장 널리 사용되었던 방법을 예로 들어보자. 당시에는 전신의 호르몬 분비를 조절하는(이것은 우연이 아니다) 뇌의 시상하부에 바늘을 찔러넣는 방법을 썼다. 수술 후 일부 동물은 게걸스럽게 먹어대어 비만 상태가 되었다. 다른 동물들은 거의 움직이지 않아 비만 상태가 되었다. 또 다른 동물들은 두 가지 행동을 동시에 나타내어 비만 상태가 되었다. 1930년대에 노스웨스턴 대학교 연구실에서 이런 실험 기법을 개척한 신경해부학자 스티븐 랜슨은 관찰된 결과로부터 최초로, 어쩌면 당연한 결론을 이끌어냈다. 시상하부에 바늘을 찔러넣는 수술이 이 설치류들에서 직접적으로 체지방을 증가시켰다는 것이다. 수술 후 동물들의 지방 조직은 칼로리를 남김없이 빨아들여 더 많은 지방을 축적했다. 이에 따라 몸속의 다른 조직은 에너지 부족 상태에 시달리게 되었다. 랜슨은 이런 현상을 "세포들의 은폐된 반半기아 상태"라고 명명했다. 이에 따라 "이들의 신체는 전반적으로 먹이 섭취를 늘리거나, 칼로리 소모를 줄이거나, 두 가지 행동을 동시에 할 수밖에 없었다".

이 동물들이 살찌는 것을 막는 유일한 방법은 굶기는 것뿐이었다. 1940년대에 존스홉킨스 대학교의 한 생리학자가 말했듯이 "매우 엄격하고 영구적으로" 먹이를 제한하는 수밖에 없었다. 소량이라도 먹을 것을 주면 여지없이 살이 쪘다. 지나치게 먹었다는 뜻이 아니다. 그저 뭐든지 먹기만 하면 살이 쪘다. 수술을 받은 곳은 뇌였지만, 그 효과는 식욕이 아니라 전신적인 체지방 조절 기능을 완전히 바꿔버린 것이다.

✦ 실험실에서 연구된 모든 동물 비만 모형은 내가 아는 한 두 가지 범주로 나뉜다. 첫째, 지금까지 설명한 인과관계가 입증된 경우. 둘째, 연구자들이 너무 많이 먹는 것 이외의 원인에 의해 살이 찔 수 있다고 상상도 하지 못했기 때문에 인과관계를 입증할 실험(칼로리를 제한한 후 살이 찌는지 보는 실험)을 해야 한다는 생각조차 하지 않은 경우.

육종에 의해 살이 찌도록 되어 있는 동물, 즉 유전적으로 비만 상태가 될 수밖에 없는 동물도 사정은 마찬가지였다. 1950년대에 장 메이어는 하버드 대학교 실험실에서 이런 품종에 속하는 비만 마우스를 연구했다. 이들도 충분히 굶기기만 하면 정상적인 마우스보다 낮은 체중을 유지할 수 있었다. 하지만 "여전히 정상적인 마우스보다 체지방은 더 많았다. 대신 근육이 녹아 없어졌다." 다시 한번 너무 많이 먹는 것이 문제가 아님을 알 수 있다. 메이어는 이렇게 썼다. "이 마우스들은 도저히 그럴 것 같지 않은 조건, 즉 반수 이상이 굶어 죽는 상황에서도 먹이를 지방으로 전환시켰다."

그리고 저커Zucker 래트가 있다. 1960년대부터 연구되기 시작한 이 동물은 아직도 연구자들이 가장 선호하는 비만 모형이다. 132쪽에 있는 저커 래트의 사진을 보면 무슨 말인지 금방 이해가 갈 것이다.

이 래트는 메이어의 마우스처럼 유전적으로 살이 찌기 쉽다. 어미젖을 뗀 순간부터 칼로리를 제한한 먹이를 주어도 한배에서 나와 마음껏 먹도록 허용된 동기에 비해 더 날씬해지지 않는다. 오히려 더 살이 찐다. 체중은 약간 덜 나갈지 몰라도 체지방량은 비슷하거나, 오히려 훨씬 많은 경우도 있다. 마음껏 먹고 싶어도(분명 그럴 것이다) 그럴 수 없는데 정작 체지방은 먹이를 제한하지 않은 것보다 훨씬 많다는 뜻이다. 한편 근육과 장기는 더 작아진다. 뇌나 콩팥도 예외가 아니다. 메이어의 마우스를 굶겼을 때 근육이 "녹아 없어졌"듯이, 반쯤 굶긴 저커 래트는 한배에서 나와 마음껏 먹도록 했던 동기에 비해 근육과 장기의 크기가 "유의하게 감소했다". 1981년 이런 소견을 보고한 연구자는 이렇게 썼다. "이 래트들은 칼로리를 제한해도 체성분을 비만 상태로 발달시키기 위해 몇몇 기관계器官系의 발달을 희생시킨다."

저커 래트. 비만 및 고혈압 연구에 유전 모형으로 쓰일 목적으로 사육된 품종이다.

생각해보자. 유전적으로 비만 상태가 되도록 프로그램된 새끼 래트에 어미젖을 뗀 순간부터 다이어트를 시켜 날씬한 래트가 먹는 것만큼만 먹도록 한다면, 즉 절대로 원하는 만큼 먹지 못하도록 한다면 녀석들은 살이 찌려는 유전적 충동을 충족하기 위해 근육과 장기를 희생시킨다. 래트들은 살이 찌기 위해 정상적으로 일상 활동에 사용할 에너지조차 쓰지 않았다. 뿐만 아니라 정상적으로 근육, 장기, 심지어 뇌를 발달시키는 데 사용해야 할 물질과 에너지까지 지방을 만드는 데 사용했던 것이다.

문헌상 이 뚱뚱한 설치류들을 죽을 때까지 굶긴 실험(다행히 이런 실험을 수행한 연구자들이 그리 많지는 않다)에서 공통적으로 보고된 결과는, 죽는 순간까지도 지방 조직은 상당 부분 그대로 보존되었다는 것이다. 사실 죽는 순간에도 마음껏 먹도록 허용한 날씬한 래트들보다 체지방이 더 많았다. 동물을 굶기면(사람도 마찬가지다) 생명을 유지하는 데 필요한 에너지를 얻기 위해 근육을 희생시킨다. 결국 나중에는 심장 근육까지도 소모된다. 하지만 성체가 된 저커 래트는 오로지 지방을 보존하기 위해 장기는 물론 심장과 생명까지 기꺼이 희생하는 것이다.

비만 상태의 동물을 80년간 연구한 결과들은, 단순하고 무조건적이며 곱씹어 음미할 가치가 있다. 비만은 과식과 나태에 의해 생기는 것이 아니다. 오직 지방 조직의 조절 기능에 변화가 생겼을 때만 날씬한 동물이 비만해진다.

그렇다면 비만한 동물의 체지방량은 어떻게 결정될까? 지방 조직(사실은 지방 세포)에서 지방을 빼내거나, 지방 조직 속으로 지방을 넣어주는 다양한 힘들의 균형에 의해 결정된다. 동물을 살찌우기 위해 어떤 방법을 썼든 그 효과는 문자 그대로 이 힘들의 균형을 변화시켜 동물이 몸속에 더 많은 지방을 저장하도록 하는 것이다. 그러니 "너무 많이 먹는다"는 것은 무의미한 개념이다. 이런 동물에게는 정상적인 양의 먹이조차 "너무 많은 것"이기 때문이다. 지방 조직은 동물이 얼마나 많이 먹느냐가 아니라 오직 더 많은 지방을 저장하도록 만드는 힘에만 반응한다. 그리고 지방 조직이 신체의 다른 곳에 사용해야 할 에너지와 영양소까지 체지방을 늘리는 데 끌어다 쓰기 때문에, 동물들은 가능하다면 항상 더 많이 먹으려고 한다. 엄격한 먹이 제한으로 인해 더 많이 먹을 수 없다면 에너지를 덜 쓰려고 한다. 사용할 에너지가 별로 없기 때문이다. 심지어 뇌와 근육과 다른 주요 장기까지도 기꺼이 희생한다. 이 동물들은 반쯤 굶겨도 여전히 칼로리를 지방으로 저장할 방법을 찾아낸다. 지방 조직이 그렇게 설계되어 있기 때문이다.

사람도 그렇다면(그렇지 않다고 생각할 이유가 있을까?), 들어온 칼로리와 나간 칼로리 패러다임에 의문을 제기한 1장의 사례를 쉽게 설명할 수 있다. 극도로 가난하지만 과체중인 엄마와 빼빼 마르고 성장이 지연된 아이의 문제 말이다. 실제로 이들은 엄마든 자녀든 반쯤 굶주린 상태다. 아이들은 예상대로 너무 말라 쇠약해지고 성장이 지연되지만, 엄마들의 지방 조직은 제멋대로 발달한다. 엄마들도 자녀들과 마찬가지로 겨우 굶어 죽지 않을 정도밖에 못 먹었지만 지방 조직에 과도한 지방을 축적했다. 어떻게 이런 일이 가능한지 곧 자세히 설명하겠지만 그들은 틀림없이 이를 보상하기 위해 에너지를 거의 사용하지 않을 것이다.

비만의 법칙과 동물 실험에 관한 이야기를 마치기 전에 한 가지 질문을 해보고 싶다. 체질적으로 마른 사람에게는 이 법칙들과 실험 결과를 어떻게 적용해야 할까? 연구자들은 날씬함의 동물 모형도 오래전부터 개발해왔다. 유전자를 조작하여 가능성이 별로 없어 보이는 조건에서도 날씬한 몸을 유지하는 동물을 만들어낸 것이다. 이 동물들은 장에 튜브를 집어넣어 영양 물질을 직접 주입하는 방법으로 원하는 것보다 더 많은 칼로리를 억지로 섭취시켜도 날씬한 상태를 유지했다. 이런 경우 동물들은 분명 칼로리 소비량을 늘려 과도한 칼로리를 태워 없애야 할 것이다.✦

이 현상의 의미 또한 지금까지 논의한 어떤 내용 못지않게 직관에 반한다. 동물 실험 결과 과식과 나태가 체지방을 축적하는 과정에서 나타난 부작용에 불과했던 것처럼, 먹을 것을 절제하고 신체적으로 활발한 것(문자 그대로 활기차게 운동하는 것) 또한 도덕적 절제의 증거라고 할 수 없다. 그보다는 날씬함을 유지하도록 설계된 신체의 대사적 이익이라고 해야 마땅할 것이다. 지방 조직이 상당한 칼로리를 지방으로 저장하지 않도록 조절되는 사람, 또는 근육 조직이 움직이는 데 필요한 에너지를 얻기 위해 정상보다 훨씬 많은 칼로리를 흡수하도록 조절되는 사람은 쉽게 살이 찌는 사람보다 더 적게 먹거나, 신체적으로 더 활발하거

✦ 대부분의 연구자는 이 설치류들의 에너지 소비량을 측정하지 않았으므로 여기서 나는 이것이 사실이라고 가정한다.

나, 양쪽 다일 것이다.

수척해 보일 정도로 날씬한 마라톤 선수들은 열정적인 훈련을 통해 엄청난 칼로리를 소모하기 때문에 그렇게 된 것이 아니다. 그보다는 애초에 칼로리를 소모하고 날씬한 몸을 갖도록 설계되어 있기 때문에 그토록 많은 칼로리를 소비하려는 충동을 느끼고, 그 때문에 하루에 몇 시간씩 강박적으로 운동을 하는 장거리 달리기 선수가 되었을 가능성이 높다. 마찬가지로 그레이하운드가 바셋하운드보다 신체적으로 활발한 이유는 의식적으로 운동하려는 욕구를 느끼기 때문이 아니라 애초부터 신체가 지방 조직보다 제지방 조직** 쪽으로 더 많은 에너지를 보내도록 설계되어 있기 때문이다.

고결한 생활 습관을 유지하기 때문에 날씬해지고, 그렇게 살지 않기 때문에 살이 찐다고 생각하기 쉽지만 과학적 증거는 전혀 다른 이야기를 들려준다. 고결하게 사는 것이 키와 아무런 관련이 없는 것처럼 몸무게와도 별로 관련이 없다. 키가 자라는 것은 호르몬과 효소가 성장을 자극하기 때문이며, 그 결과 우리는 소모하는 것보다 더 많은 칼로리를 섭취하게 된다. 성장이 원인이고 식욕 증가와 에너지 소모 감소, 즉 과식과 나태는 결과다. 살이 찔 때도 똑같은 인과관계가 성립한다.

우리는 너무 많이 먹기 때문에 살이 찌는 것이 아니다. 반대로 살이 찌기 때문에 더 많이 먹는 것이다.

** lean tissue. 신체에서 지방을 제거하고 남는 조직을 이르는 말로 주로 근육을 가리킴.(옮긴이)

10 '지방친화성' 이야기

왜 우리가 살이 찌는가에 관한 이런 사고방식은, 앞에서 몇 번 내비쳤던 것처럼 전혀 새로운 것이 아니다. 그 연원은 아마 독일의 내과의사 구스타프 폰 베르크만이 왜 신체 각 부위가 지방을 저장하는 성질이 다른지 설명하기 위해 '지방친화성lipophilia'이라는 용어를 만들어냈던 1908년으로 거슬러 올라가야 할 것이다.(오늘날 독일 내과학회에서 수여하는 최고의 영예 중 하나는 폰 베르크만을 기리는 상을 받는 것이다.) 사실 이 책을 통해 내가 한 일은 폰 베르크만의 생각을 빌려다 과학적인 부분을 약간 갱신한 것에 지나지 않는다.

비만에 관한 폰 베르크만의 접근 방법은 간단했다. 일단 비만을 지방이 과도하게 축적되는 질병으로 간주하고, 몸속의 지방 조직이 조절되는 원리에 관해 되도록 많은 것을 알아내려고 했다. 그는 세심한 관찰을 통해(많은 것을 이 책에 인용했다) 어떤 조직은 분명 '지방친화적'으로 맹렬히 지방을 축적하는 반면, 다른 조직은 그렇지 않다는 결론을 얻었다. 그리고 이런 특성은 조직마다 다를 뿐 아니라 사람에 따라서도 다르다고 지적했다. 신체의 어떤 부위는 털이 자라고 어떤 부위는 그렇지 않으며 어떤 사람은 다른 사람보다 털이 많은 것처럼, 어떤 조직은 다른 조직보다 쉽게 지방을 축적하며, 어떤 사람은 다른 사람보다 체지방량이 더 많다고(보다 지방친화적인 몸을 갖고 있다고) 생각했던 것이다. 이들은 쉽게 살이 찌며 대체로 어떻게 해볼 도리가 없는 것 같다. 한편 지방친화적인 몸을 갖지 않은 사람은 살이 찌지 않는다. 아니 상당한 노력을 기울인다고 해도 살이 찌기 어렵다.

1920년대 후반 비엔나 대학교의 율리우스 바우어는 폰 베르크만의 지방친화성 개념을 받아들여 적극적으로 주장했다. 바우어는 당시 아직 걸음마 단계였던 유전학과 내분비학을 임상의학에 적용한 선구자였다.✦ 당대의 의사 중에는 유전자가 인간의 일생에 걸친 여러 가지 특징과 질병이 생길 소인을 결정하는 방식은 물론, 그럴 가능성이 있다고 생각한 사람조차 거의 없었다. 바우어는 유전자와 질병의 관계에 대해 누구보다도 많은 것을 알고 있었으며, 미국 의사들에게 뉴버그의 '도착된 식욕' 가설이 가진 오류를 알리려고 많은 노력을 기울였다.

뉴버그는 유전자라는 것에 어떤 기능이 있다면(그는 이 점에도 의구심을 품었다) 비만인 사람에게 너무 많이 먹으려는 충동을 억누르지 못하게 할지도 모른다고 주장한 반면, 바우어는 유전자가 비만을 일으킬 수도 있을 유일한 방식은 지방 조직의 조절 자체에 직접 영향을 미치는 것뿐이라고 논리적으로 설명했다. 그는 유전자가 "지방친화성을 조절"

✦ 1979년 바우어가 92세의 나이로 세상을 떠났을 때 학술지 〈랜싯〉은 이렇게 썼다. "영국과 미국의 많은 의사가 그의 강의(영어로 진행했다)를 듣고 싶어 했다."

하며, 이런 조절에 의해 "음식 섭취와 에너지 소비를 지배하는 전반적인 기분"이 결정된다고 했다.

바우어는 비만한 사람의 지방 조직이 악성 종양과 비슷하다고 생각했다. 바우어에 따르면, 두 가지 모두 자기 목적만 추구한다. 종양은 얼마나 많이 먹고 얼마나 열심히 운동을 하는지와 거의 무관하게 걷잡을 수 없이 자라나고 다른 곳으로 퍼져간다. 비만의 소인을 지닌 사람의 지방 조직 역시 지방을 잔뜩 축적하면서 걷잡을 수 없이 커지며, 종양과 마찬가지로 신체 다른 부위가 어떤 일을 하는지와는 거의 관련이 없다. 1929년 바우어는 이렇게 썼다. "비정상적인 지방친화성 조직은 심지어 영양부족 상태에서도 음식물을 빨아들인다. 이 조직은 생명체의 필요와는 무관하게 저장된 지방을 유지하며, 오히려 늘리기도 한다. 일종의 무정부 상태인 셈이다. 지방 조직은 자기밖에 모르며, 생명체 전체에 걸쳐 일어나는 정교한 조절 과정과 조화롭게 어울리지 못한다."

1930년대 후반에 이르면 폰 베르크만와 바우어의 지방친화성 가설이 유럽에서 "거의 전적으로 받아들여졌다".✦ 미국에서도 따라잡으려고 노력했다. 1938년 메이요 클리닉의 러셀 와일더는 이렇게 썼다. "이런 개념은 주의 깊게 고려해볼 필요가 있다."

하지만 이 이론은 10년도 못 가서 흔적도 없이 사라지고 말았다. 2차 세계대전 중 죽거나 피신하지 않고 유럽에 남은 의사와 연구자에게는 비만보다 훨씬 시급하게 해결해야 할 문제가 한두 가지가 아니었다 (바우어는 1938년에 유럽을 떠나 피신했다). 한편 미국에서는 새로운 세대의

✦ 이 말은 1940년 노스웨스턴 대학교 의과대학의 내분비학자 휴고 로니가 쓴 교과서《비만과 여윈 상태Obesity and Leanness》에서 인용한 것이다.

의사와 영양학자가 전후의 공백을 메웠다. 이들은 뉴버그의 '도착된 식욕'이라는 논리를 매우 좋아했다. 아마 식탐과 나태에 대한 형벌이라는 선입견에 사로잡혀 있었기 때문일 것이다.

물론 이해할 만하지만 전후 의학계의 독일에 대한 반감 또한 확실히 이 문제에 도움이 되지 않았다. 2차 세계대전 후 미국에서 비만에 관한 책이나 논문을 쓴 권위자들은 독일 의학 문헌이 아예 존재하지 않는 것처럼 취급했다. 영양학, 대사, 내분비학, 유전학 등 비만에 관련된 분야를 개척했거나, 각 분야에서 대부분의 의미 있는 연구를 수행했던 독일과 오스트리아 출신 학자에게도 이런 사정은 마찬가지였다.(두드러진 예외가 독일인이었던 힐데 브루크로 그녀는 2차 세계대전 이전에 발표된 문헌을 폭넓게 고찰했다.) 1960년대 들어 심리학자들이 의학의 모든 분야를 휩쓸게 되자 비만은 공식적으로 섭식 장애가 되었다. 이 용어는 사실 '성격상의 결함'이란 말을 약간 친절하게 바꾼 것에 지나지 않았다. 이렇게 해서 지방 조직이 어떻게 조절되는지에 대해 비만 권위자들이 주의를 기울일 가능성은 사실상 없어지고 말았다.

하지만 전후에 몇몇 연구 지향적인 의사들이 간혹 같은 결론에 도달하기도 했다. 1960년대 내내 어린이 비만 분야에서 최고의 권위자였던 브루크는 지방 조직 조절의 문제야말로 비만의 원인일 가능성이 가장 높다고 끊임없이 주장하면서, 동료 의사들이 이 개념에 전혀 관심이 없다는 사실이 놀라울 뿐이라고 말했다. 심지어 장 메이어조차 1968년까지 "다양한 체형과 체지방량"이 "다양한 혈중 호르몬 농도"와 연관된다고 지적하면서 "상대적 또는 절대적 호르몬 농도"가 아주 약간만 변해도 어떤 사람에서는 비만의 원인이 되고 다른 사람에서는 별다른 노력을 하지 않고도 날씬한 몸매를 유지하는 원인이 될 수 있다고 주장했다. 폰 베르크만과 바우어가 생각했듯이 이 호르몬들의 농도가 지방 조직의 지방친화성을 결정할지도 모른다는 뜻이었다.(메이어는 폰 베르크만과 바우어의 주장에 전혀 주의를 기울이지 않았거나, 알고도 무시한 것 같다.)

2차 세계대전 후 전문가들 중 왜 우리가 살이 찌는가라는 문제에 가장 통찰력 있는 해석을 내놓은 사람이 호르몬과 호르몬 관련 질환에 정통한 전문가였다는 사실은 우연이 아닐 것이다. 1962년 터프츠 대학교의 에드윈 애스트우드는 내분비학회 이사장으로서 연례 학회에서 "비만이라는 유산The Heritage of Corpulence"이라는 제목으로 강연을 했다. 애스트우드는 과식이 비만의 원인이라는 개념을 공격했다(그는 이런 사고방식을 "과식 중심주의"라고 불렀다). 단순히 지방과 지방 조직에 초점을 맞추고 실질적인 증거에만 집중하며(항상 좋은 생각이다) 아무런 선입견을 갖지 않는다면(역시 좋은 생각이다) 비만을 어떻게 생각할 수 있는지에 관해 그의 강연만큼 논점을 정확히 짚은 것은 없다.

애스트우드의 첫 번째 논점은 쉽게 살이 찌거나 날씬한 몸매를 유지하는 경향은 의심할 여지없이 대부분 유전자에 의해 결정된다는 것이다. 그는 이 사실을 가리켜 세대에서 세대로 전해진다는 의미로 유산이라는 말을 썼다. 유전자가 키와 머리카락 색깔과 발 크기를 결정한다면 "왜 사람의 체형이 유전에 의해 결정되지 않겠는가?"

하지만 구체적으로 유전자가 어떻게 체형을 결정할까? 1962년 당시 생화학자와 생리학자들은 이미 체지방이 조절되는 원리를 정확히 규명해놓고 있었다. 애스트우드는 앞선 세대의 폰 베르크만이나 바우어, 브루크가 그랬듯 이 원리야말로 명백한 해답이라고 생각했다. 그는 지방 축적에 영향을 미치는 수많은 효소와 다양한 호르몬이 이미 모두 파악되었다고 지적했다. 어떤 것은 지방을 지방 조직에서 유리시키며,

어떤 것은 지방 조직 속에 축적시킨다. 궁극적으로 한 개인 또는 신체의 특정 부위에 저장되는 지방의 양은, 지방 조직의 이런 조절 과정 중 서로 경쟁적으로 작용하는 힘의 균형으로 결정된다는 것이다.

애스트우드는 이렇게 말했다. "이제 이런 (…) 조절 과정에서 어떤 부분이 잘못된다고 가정해봅시다."

> 지방의 유리 또는 연소(에너지로 사용됨) 과정이 약간 느려지거나, 지방의 축적 또는 생성 과정이 촉진된다고 생각해봅시다. 그러면 어떻게 됩니까? 음식이 부족하면 배가 고파집니다. 그리고 대부분의 신체 부위에서는 (지방이) 음식입니다. 약간만 이상이 생겨도 식욕이 엄청나게 늘어난다는 것은 쉽게 생각할 수 있겠지요. 제가 보기에 몸매가 날씬한 의사들은 허기가 비만한 사람들을 얼마나 심하고 엄청난 기세로 덮치는지 전혀 이해하지 못하는 것 같습니다.✦ (…)
>
> 이런 이론에 따른다면 왜 다이어트가 효과를 보는 일이 그토록 드문지, 왜 대부분의 비만한 사람이 다이어트 중에 그토록 비참해지는지 쉽게 설명할 수 있습니다. 우리의 동료인 정신과 의사들이 비만한 환자의 꿈 속 곳곳에 온갖 종류의 음식에 대한 집착이 스며들어 있음을 관찰하는 것도 무리가 아닙니다. 내면 깊은 곳에서 그토록 심한 굶주림에 시달린다면, 우리 중에도 음식에 관한 집착에 사로잡히지 않을 사람이 몇이나 있을까요? 허기란

✦ 1940년 휴고 로니 역시 자신의 지방친화성 가설을 비슷한 방식으로 설명했다. "비만한 사람의 지방 조직에 존재하는 (…) 어떤 이상으로 인해 이 조직들은 보다 빨리, 그리고 보통보다 낮은 역치에서 혈액 속의 포도당과 지방을 흡수하며 에너지가 필요할 때면 (…) 지방의 방출에 정상보다 훨씬 크게 저항한다. 이런 식으로 심한 허기를 느끼고 칼로리 섭취가 증가하고, 섭취한 음식의 많은 부분이 다시 활성화된 지방 조직 속으로 흡수된다. 전신적으로 비만해질 때까지 이런 과정이 계속 반복되는 것이다."

> 예로부터 전염병, 전쟁과 함께 가장 힘든 세 가지 고통의 하나로 꼽힐 만큼 끔찍한 고통입니다. 이런 신체적 고통에 비만이라는 정서적 스트레스, 날씬한 사람들의 조롱과 괴롭힘, 끊임없는 비난, 먹을 것을 절제하지 못하고 '의지력'이 부족하다는 선입견, 끊임없는 죄책감 같은 것이 더해지면 정신과 의사들이 그토록 강조하는 정서 장애가 충분히 생길 수 있는 것 아닐까요?

비만과 왜 우리가 살이 찌는지를 이해하려면, 먼저 애스트우드의 생각과 2차 세계대전으로 인해 제동이 걸리기 전에 당대의 비만 전문가들이 받아들이기 시작했던 개념을 이해해야 한다. 식탐(과식)과 나태(오래 앉아 있는 습관)는 때로는 사소하고 때로는 심한 조절 기능 장애로 인해 너무 많은 칼로리를 지방 조직 속에 저장하는 데 따르는 부작용일 뿐이다. 심하게 시달린 사람은 머지않아 정말로 정신과 의사를 만나야겠다는 충동을 느끼거나 실제로 찾아갈지도 모른다. 하지만 그런 정신적 고통은 우리를 살찌게 하는 정서 장애 때문이 아니라, 멈출 수 없는 비만과 허기 그리고 "의지력"이 부족해서 먹을 것을 절제하지 못한다는 비난과 선입견 때문이다.

11 지방을 조절하는 인자들

이제 소매를 걷어붙이고 시작해보자. 우선 어떤 생물학적 인자가 지방 조직 안에 있는 지방의 양을 조절하는지 알아야 한다. 구체적으로 식단이 어떻게 체지방량에 영향을 미치는지 알아야 현재 무엇을 잘못하고 있는지, 어떻게 바꿔야 할지 알 수 있다. 어떤 인자가 타고난 소인을 결정하는지(왜 어떤 사람은 쉽게 살이 찌고 어떤 사람은 날씬한 몸을 유지하는지), 그리고 우리가 선택할 수 있는 것, 즉 식단과 생활 습관 중 어떤 요소들을 변화시켜야 이런 소인에 영향을 미치거나 맞서 싸울 수 있는지를 알아야 한다.

이를 위해 먼저 기초적인 생물학과 내분비학을 모든 독자가 이해할 수 있도록 아주 천천히 설명할 것이다. 주의 깊게 읽는다면 누구나 왜 사람이 살이 찌는지, 거기서 벗어나려면 어떻게 해야 하는지 알 수 있을 것이다. 여기서 설명하는 과학적 사실은 1920년대부터 1980년대 사이에 연구를 통해 밝혀졌다. 특별히 논란이 될 만한 점은 전혀 없다.

이 연구를 수행한 사람들은 원리에 모두 동의했고, 지금도 동의한다. 지금쯤은 쟁점이 분명해졌기를 바라지만 문제는 비만에 관한 소위 '권위자들'이, 심리학자나 정신과 의사가 아닌 사람조차 살찌는 원인을 안다고 스스로 믿는다는 점이다. 그들은 과식과 오래 앉아 있는 습관 때문이라고 확신한다. 따라서 지방 조직이 어떻게 조절되는지에 관한 과학적 사실을 포함하여 이 주제에 관한 다른 어떤 사실에도 관심이 없다. 이런 사실들이 암시하는 바를 좋아하지 않기 때문에 아예 무시해버리거나 적극적으로 반박할 뿐이다. 그들이 머리를 모래 속에 처박은 듯한 태도를 취하든 말든, 지방 조직이 조절되는 원리를 아는 것은 매우 중요하다. 살이 찌느냐 날씬한 상태를 유지하느냐가 모두 여기에 달려 있다.

기본적인 사실—왜 사람은 살이 찌는가?

한 가지 간단한 질문에 답해보자. 애초에 지방은 왜 몸속에 저장될까? 무언가 이유가 있지 않을까? 물론 일부 지방은 단열 효과를 제공하여 몸을 따뜻하게 유지해주고, 일부는 푹신한 쿠션처럼 작용하여 자칫 다치기 쉬운 몸속의 장기들을 보호하지만, 그 밖의 지방은 왜 존재할까? 예를 들어 왜 배에 지방이 축적되는 것일까?

전문가들은 저장된 지방이 일종의 장기 예금 같은 역할을 한다고 설명한다. 절박하게 필요하지 않은 한 절대 건드리지 않는 은퇴 자금 같은 것이라고 말이다. 여분의 칼로리를 지방의 형태로 저장하고, 저장된 지방은 어느 날 칼로리 부족 상태가 되어(다이어트를 하거나, 운동을 하거나, 무인도에 표류하는 등) 방출될 때까지 지방 조직 속에 그대로 남는다는 개념이다. 물론 방출된 지방은 에너지로 사용된다.

하지만 이런 개념이 조금도 정확하지 않다는 사실은 이미 1930년

대부터 알려져 있다. 사실 지방은 지방 세포에서 끊임없이 흘러나와 온몸을 순환하며 에너지원으로 사용되고, 에너지원으로 사용되지 않은 지방은 다시 지방 세포 속으로 들어간다. 이런 과정은 음식을 먹거나 운동을 하는 것과 무관하게 계속 이어진다. 1948년 이런 사실이 과학적으로 상세히 입증된 후 이스라엘로 이주한 독일 생화학자로 지방 대사의 아버지라고 불리는 에른스트 베르트하이머는 이렇게 썼다. "지방의 방출과 축적은 동물의 영양 상태와 무관하게 연속적으로 일어난다."✦

하루 중 어느 시점을 보더라도 지방 세포에서 빠져나온 지방은 다른 세포들이 사용하는 에너지원 중 상당 부분을 차지한다. 우리 몸이 에너지원으로 탄수화물을 선호한다는 말은 전혀 사실이 아니다. 영양학자들이 그렇게 생각하고 말하기를 좋아하는 이유는 세포가 탄수화물을 지방보다 먼저 에너지원으로 사용하기 때문이다. 우리 몸은 이런 과정을 통해 식후 혈당이 너무 높아지지 않도록 조절한다. 대부분 그렇지만 탄수화물이 풍부한 식사를 하면 세포는 탄수화물이 풍부한 환경에 놓이기 때문에 지방보다 먼저 탄수화물을 에너지원으로 사용한다.

탄수화물과 지방이 모두 들어 있는 식사를 한다고 생각해보자. 소화된 지방은 바로 지방 세포로 운반되어 저장된다. 우리 몸이 즉각 처리해야 하는 탄수화물을 붙들고 씨름하는 동안 임시로 지방을 따로 관

✦ "동물의 영양 상태와 무관하게"라는 말은 지방 조직의 조절에 관한 전문적인 문헌에서 자주 등장한다. 장 메이어가 "심지어 반쯤 굶주렸을 때도"라고 썼듯이 이 말은 인간과 그 밖의 동물들이 소모한 것보다 더 많은 칼로리를 섭취하지 않을 때조차 칼로리를 지방으로 저장한다는 뜻이다. 앞에서 말했듯 이것만으로도 빈곤한 사회에서 굶주린 어린이의 어머니가 비만한 현상을 설명할 수 있다. 그러나 베르트하이머는 한 가지 점에서 자신의 논지를 과장했다. 그도 알고 있었던 것처럼 동물의 영양 상태는 방출과 축적의 균형, 즉 지방 조직 안팎으로 들어가고 나가는 지방 중 어느 쪽이 더 많은지에 실제로 영향을 미친다.

리하는 과정이라고 생각하면 된다. 탄수화물은 소화된 후 포도당의 형태로 혈액 속에 나타난다. '혈당'이라는 말 자체가 '혈액 속에 존재하는 포도당'이란 뜻이다.('과당'이라는 탄수화물은 좀 특별한데 나중에 따로 설명한다.) 우리 몸의 모든 세포는 이 포도당을 에너지원으로 사용하며 나중에 사용할 에너지로 비축하기도 하지만, 세포만의 힘으로는 거침없이 치솟는 혈당을 제대로 관리할 수 없기 때문에 도움이 필요하다.

바로 여기서 인슐린이라는 호르몬이 끼어든다. 인슐린은 다양한 역할을 수행하지만 혈당을 조절하는 작용이 가장 중요하다. 인슐린은 먹기 전부터 췌장에서 분비되기 시작한다. 사실 먹는 상상만 해도 분비가 자극된다. 파블로프가 밝혀낸 조건 반사가 일어나는 것이다. 이 과정은 의식하지 못하는 사이에 일어난다. 곧 음식이 들어오리라 예상하고 거기에 맞춰 준비 태세를 갖추는 것이다. 음식이 입속에 들어오면 더 많은 인슐린이 분비되고, 음식에서 유래한 포도당이 피 속으로 쏟아져 들어오면 훨씬 많은 인슐린이 분비된다.

인슐린은 몸속의 모든 세포에 신호를 보내 혈액 속에 있는 포도당을 더 빨리, 더 많이 흡수하라고 명령한다. 앞에서 설명했듯 세포는 흡수한 포도당 중 일부를 당장 필요한 에너지원으로 사용하고 나머지는 나중을 위해 저장한다. 근육 세포는 포도당을 '글리코겐'이라는 분자 형태로 저장한다. 간 세포는 일부는 글리코겐으로, 일부는 지방으로 전환시켜 저장한다. 지방 세포는 전부 지방으로 저장한다.

혈당이 떨어지기 시작하면 인슐린 수치도 떨어진다. 이때는 에너지원의 공급이 느슨해진 틈을 메우기 위해 지방 조직이 식사 때 저장해 두었던 지방을 점점 더 많이 방출한다. 이 지방 중 일부는 탄수화물에서 만들어진 것이고, 다른 일부는 음식에 포함된 지방에서 유래한 것이지만 일단 지방 세포에 저장된 후에는 이런 구분이 존재하지 않는다. 식사를 한 후 시간이 흐를수록 우리 몸에서 사용하는 에너지원에서 지방의 비중은 점점 높아지고 포도당의 비중은 낮아진다. 두세 시간에 한 번씩 깨어나 냉장고 문을 열지 않고 밤새껏 푹 잘 수 있는 이유는 지방 조직에서 방출된 지방이 다음 날 아침까지 세포에 충분한 에너지를 공급해 주기 때문이다.

따라서 지방 조직을 장기 예금이나 은퇴 자금에 비유하는 것보다는 지갑이라고 생각하는 편이 더 정확하다. 우리는 수시로 그 속에 지방을 집어넣고, 수시로 거기서 지방을 끄집어낸다. 식사를 마치면 아주 조금 체지방량이 증가하고(지방 세포에서 방출되는 지방보다 그 속에 축적되는 지방이 더 많으므로), 음식이 완전히 소화된 후에는 아주 조금 체지방량이 감소한다(반대 현상이 일어난다). 자는 동안에는 체지방량이 더욱 감소한다. 세월이 흘러도 항상 같은 몸매를 유지하는 이상적인 세계라면 깨어 있는 중에 식사 때마다 지방으로 저장된 칼로리와, 음식이 완전히 소화된 후 그리고 자는 동안 에너지원으로 사용되어 소모된 지방의 칼로리가 항상 정확히 일치할 것이다.

지방 세포가 에너지 완충 역할을 한다고 이해할 수도 있다. 식사 중에는 섭취한 칼로리 중 당장 쓰지 않을 부분을 저장해두었다가 필요할 때 다시 혈액 속으로 방출하는 것이다. 현금인출기에서 인출한 돈을 지갑 속에 넣어두었다가 필요할 때 꺼내 쓰는 것과 같다. 지방 저장량이 정해진 최소 수준으로 감소하면 다시 배가 고파지고 무언가를 먹어야겠다고 느낀다. 마치 지갑 속의 현금이 마음속으로 정해놓은 최소 액수 가까이 떨어지면 은행에서 돈을 찾아 다시 지갑을 채우는 것과 같다. 1960년대 초반 에른스트 베르트하이머의 뒤를 이어 지방 대사 분야에서 두각을 나타낸 스위스의 생리학자 알베르트 레놀트는 이 과정을 이렇게 표현했다. 지방 조직은 "모든 생물의 생존에 있어 가장 중요한 조절 기능 중 하나인 에너지 저장과 방출을 능동적으로 조절하는 주요 부위다".

하지만 지방이 하루 종일 지방 세포 안팎으로 들어갔다 나왔다 한다는 사실로, 세포가 받아들였다가 방출하는 지방의 종류와 받아들인 다음에 절대로 방출하지 않는 지방의 종류를 결정하는 기준을 설명하지는 못한다. 사실 이 결정은 매우 단순하다. 세포는 지방의 형태를 기준으로 어떻게 처리할 것인지를 결정한다. 우리 몸속에서 지방은 두 가지 형태로 존재하는데, 이 형태에 따라 전혀 다른 역할을 수행한다. 세포 안팎을 드나드는 지방은 '지방산'이라는 분자 형태를 취한다. 지방산은 에너지원으로 사용되는 형태이기도 하다. 한편 세포 속에 저장되는 지방은 '중성지방'이라는 분자 형태를 취한다. 중성지방은 세 분자의 지방산과 한 분자의 글리세롤이 결합한 형태다.

이렇게 역할을 분담하는 이유 또한 놀라울 정도로 간단하다. 중성지방은 분자 크기가 너무 커서 지방 세포의 세포막을 통과할 수 없다. 반면 지방산은 크기가 작아 세포막을 비교적 쉽게 통과할 수 있다. 수시로 지방 세포를 들락날락하다가 필요할 때는 에너지원으로 사용된다. 결국 중성지방은 지방이 지방 세포 속으로 들어가 향후 필요할 때를 대비하여 고정되는 형태라 할 수 있다. 중성지방은 지방 세포 내부에서 지방산으로부터 생성된다(전문 용어로 "에스테르화"라고 한다).

지방산이 지방 세포 속으로 들어가면(또는 지방 세포 속에서 처음부터 포도당으로 생성되기도 한다), 다른 두 분자의 지방산 및 한 분자의 글리세롤과 결합하여 중성지방이 되며, 중성지방은 크기가 너무 커서 지방 세

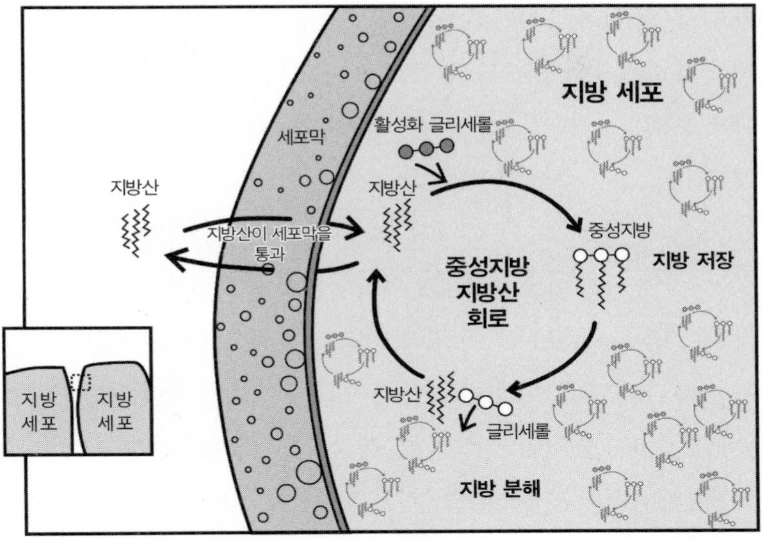

지방산은 크기가 작아 지방 세포의 세포막을 통해 안으로 들어가거나 밖으로 나올 수 있다. 그러나 지방 세포 안에서 지방산 분자들이 결합하여 중성지방이 되면 크기가 너무 커져서 세포막을 통과할 수 없다. 바로 이것이 우리가 몸속에 지방을 저장하는 방식이다.

포 밖으로 빠져나올 수 없다. 이제 지방 세포 속에 갇힌 세 분자의 지방산은 중성지방이 분해되지 않는 한 지방 세포를 빠져나가 혈액 속으로 들어갈 수 없다. 우리가 가구를 샀는데 너무 커서 방문을 통과할 수 없다고 해보자. 어떻게 해야 할까? 가구를 분해하여 방문을 통과한 후 방 안에서 다시 조립하면 된다. 이사를 가야 한다면 반대 과정을 수행하면 된다.

결국 지방산이 지방 세포로 흘러들어가 세포 속에서 결합하여 중성지방이 되는 과정을 촉진하는 것은 모두 지방을 몸속에 저장하고 체지방량을 증가시킨다. 반대로 중성지방을 지방산으로 분해하여 지방산이 지방 세포 밖으로 흘러나오는 과정을 촉진하는 것은 모두 체지방량을 감소시킨다. 단순하지 않은가? 반세기 전 에드윈 애스트우드가 지적했듯 이 과정에 작용하는 수많은 호르몬과 효소가 있으므로, 그중 하나라도 문제가 생긴다면 너무 많은 지방이 세포 속에 들어가 빠져나오지 못할 수도 있다는 사실을 이해하기가 어렵지 않을 것이다.

이 과정에서 가장 중심적인 역할을 하는 호르몬이 바로 인슐린이다. 이 사실은 애스트우드가 거의 50년 전에 지적한 이후 전혀 논란이 된 바 없다. 앞에서 말했듯 인슐린은 주로 음식 속에 들어 있는 탄수화물에 반응하여 분비되며, 가장 중요한 목적은 혈당을 조절하는 것이다.✦ 동시에 인슐린은 지방과 단백질의 저장과 사용을 전체적으로 조절하는 역할도 한다. 예를 들어 근육 세포가 다시 만들어지거나 복구될 때 필요한 단백질이 충분히 공급되도록 한다거나, 식사가 조금 늦어지더라도 신체 기능에 아무런 문제가 없도록 에너지원(글리코겐과 지방은 물론 단백질도)을 넉넉하게 저장하는 데도 관여하는 것이다. 향후 사용할 에너지원을 저장하는 장소 중 한 곳이 지방 조직이므로 인슐린은 "지방 대사의 주된 조절 인자"이기도 하다. 이 말은 혈중 인슐린 수치를 측정하는 기법을 직접 개발했으며 많은 관련 연구를 수행했던 솔로몬 버슨과 로절린 앨로가 1965년에 인슐린에 대해 기술하면서 처음 사용했다.(앨로는 나중에 이 연구로 노벨상을 수상했다. 버슨도 사망하지 않았다면 틀림없이 공동수상했을 것이다.)

인슐린은 주로 두 가지 효소를 통해 기능을 수행한다. 첫 번째는 난

✦ 단백질이 풍부한 음식을 먹을 때도 인슐린이 분비되지만 탄수화물을 섭취했을 때에 비해 훨씬 미미하다. 인슐린 분비는 대부분 섭취하는 음식의 탄수화물 함량에 좌우된다. 따라서 인슐린 분비는 탄수화물에 따라 결정된다고 해도 큰 문제는 없다.

소를 제거한 래트가 살이 찌는 현상을 설명할 때 언급했던 지질단백 지질분해 효소, 즉 LPL 효소다. LPL 효소는 다양한 세포의 세포막에서 바깥쪽으로 튀어나와 있는 효소로 혈액 속에 있는 지방을 세포 속으로 끌어들이는 역할을 한다. 근육 세포 표면에 존재하는 LPL 효소는 지방을 근육 속으로 끌어들여 에너지원을 공급한다. 지방 세포 표면에 존재하는 LPL 효소는 지방 세포에 더 많은 지방을 채운다. 혈액 속에 존재하는 중성지방을 지방산으로 분해한 후 지방 세포 속으로 끌어들이기도 한다. 여성 호르몬인 에스트로겐은 지방 세포에서 LPL 효소의 활성을 억제하여 지방 축적을 감소시킨다.

LPL 효소는 앞서 제기했던 질문, 즉 신체의 어느 부위에 언제 살이 찌는가라는 질문에 간단한 답을 제공한다. 왜 남성과 여성은 살이 찌는 패턴이 다른가? 성 호르몬이 LPL 효소에 미치는 영향도 다르고, LPL 효소의 분포도 다르기 때문이다. 남성은 복부 지방 조직에서 효소의 활성이 높은 반면, 허리 아래에 있는 지방 조직에서는 낮은 수준이다. 따라서 복부 지방이 쉽게 늘어난다. 남성이 나이가 들면서 허리 위쪽으로 살이 찌는 이유는 남성 호르몬인 테스토스테론의 분비가 줄어들기 때문이다. 테스토스테론은 복부 지방 세포에서 LPL 효소의 활성을 억제한다. 테스토스테론이 줄어들면 복부 지방 세포에서 효소의 활성이 증가하여 더 많은 지방이 복부에 저장된다.

여성은 허리 아래에 있는 지방 세포에서 LPL 효소의 활성이 높다. 따라서 복부보다 둔부와 허벅지에 살이 찌기 쉽다. 하지만 폐경 후에는 복부 지방 세포의 LPL 효소 활성이 남성만큼 증가하므로 복부에 살이 찌기 쉽다. 임신을 하면 둔부와 허벅지의 LPL 효소 활성이 증가한다. 나중에 아기를 낳아 젖을 먹일 때 필요한 칼로리를 이 부위에 저장하는 것이다. 허리 아래와 둔부에 지방을 많이 저장하면 자궁 내에서 아기가 자라면서 몸 앞쪽으로 쏠리는 무게와 균형을 유지하는 효과도 있다. 출산 후에는 허리 아래쪽의 LPL 효소 활성이 감소한다. 따라서 이 부분에 침착되었던 지방이 대부분 없어진다. 한편 출산 후에는 유방의 유선에서 LPL 효소 활성이 증가하여 모유를 생산하는 데 도움이 된다.

LPL 효소는 왜 열심히 운동을 해도 체지방이 감소하지 않느냐는 질문에도 훌륭한 답을 제공한다. 운동을 하면 지방 세포에서는 LPL 효소 활성이 감소하는 반면, 근육 세포에서는 증가한다. 따라서 지방 조직에서 방출된 지방을 근육에서 흡수하여 에너지원으로 사용한다. 체지방이 약간 감소하는 것이다. 여기까지는 좋다. 하지만 운동을 마치면 정반대의 상황이 벌어진다. 이제 근육 세포의 LPL 효소 활성은 뚝 떨어진다. 동시에 지방 세포의 LPL 효소 활성이 크게 증가하면서 운동 중에 방출했던 지방을 다시 흡수하여 저장한다. 따라서 다시 체지방량이 증가한다. 왜 운동을 하고 난 후에 배가 고파지는지도 같은 원리로 설명할 수 있다. 운동 후에는 근육이 단백질을 간절히 원한다. 근육이 재생성되거나 운동 중에 소모된 단백질을 저장하려고 하기 때문이다. 동시에 지방 조직 역시 지방을 활발하게 저장한다. 신체의 다른 부분에서는 근육과 지방 조직으로 빠져나가는 에너지를 보충하려고 하기 때문에 식욕이 증가한다.

인슐린은 지방 대사의 주된 조절 인자이므로 당연히 LPL 효소 활성의 주된 조절 인자이기도 하다. 인슐린은 지방 세포, 특히 복부 지방 세포의 LPL 효소를 활성화시킨다. 전문적인 용어로 LPL 효소 활성을 "상향 조정"한다. 인슐린이 많이 분비될수록 지방 세포의 LPL 효소가 활성화되고, 더 많은 지방이 혈액에서 지방 세포 속으로 들어가 저장된다. 한편 인슐린은 근육 세포의 LPL 효소 활성을 억제하여 지방산을 에너지원으로 사용하는 과정을 방해한다. 또한 근육 세포와 신체의 다른 세포에 지방산 대신 혈당을 에너지원으로 사용하라는 신호를 보낸다. 지방 세포에서 지방산이 방출되어도 인슐린 수치가 높다면 방출된 지방산은 근육으로 들어가 에너지원으로 이용되지 못한다. 결국 지방산은 다시 지방 조직으로 돌아간다.✦

또한 인슐린은 호르몬 감수성 지방가수분해효소HSL라는 효소에 영향을 미친다. 인슐린이 체지방량을 조절하는 데는 이 작용이 훨씬 더 중요할 수도 있다. LPL 효소가 지방 세포 속의 지방을 증가시킨다면 HSL 효소는 지방 세포 속의 지방을 감소시킨다. 즉, 지방 세포 속에서 중성지방을 지방산으로 분해하여 혈액으로 방출되기 쉬운 상태로 만든다. HSL 효소가 활성화될수록 더 많은 지방이 혈액 속에 방출되어 에너지원으로 사용될 수 있으며, 당연히 저장 지방은 줄어든다. 인슐린은 HSL 효소를 억제한다. 결국 지방 세포 속에서 중성지방의 분해를 막아 지방 세포의 지방산 방출을 최소화한다. HSL 효소의 활성을 억제하여 지방을 지방 세포 안에 가두어놓는 것은 아주 소량의 인슐린으로도 충분하다. 인슐린 수치가 조금만 올라가도 지방 세포 속에 지방이 축적된다는 뜻이다.

인슐린이 분비되면 근육 세포와 마찬가지로 지방 세포 역시 더 많은 포도당을 내부로 끌어들인다. 지방 세포의 포도당 대사량이 늘어나는 것이다. 이렇게 되면 지방 세포 속에서 포도당 대사의 부산물인 글

✦ 《윌리엄스 내분비학》 2008년 판에서는 전문 용어로 이렇게 설명한다. "인슐린은 지방 세포의 LPL 효소 활성을 자극하여 [다양한 신체 조직에서 중성지방의 구획화에] 영향을 미친다."

리세롤이 늘어나고, 글리세롤은 지방산과 결합하여 중성지방이 되므로 더 많은 지방이 저장된다. 우리 몸속에 있는 모든 지방 세포가 지방으로 가득 찬 경우 인슐린은 더 많은 지방을 저장할 공간을 확보하기 위해 새로운 지방 세포를 만들기도 한다. 인슐린은 간 세포에도 지방산을 대사하지 말고 중성지방을 합성하라는 신호를 보내, 더 많은 지방을 지방 조직으로 끌어들인다. 심지어 간과 지방 조직에서 직접 탄수화물을 지방산으로 전환시키기까지 한다(이 현상은 실험용 래트에서 입증되었으나 인간에서 얼마나 의미가 있는지는 아직 논란이 있다).

간단히 말해서 우리 논의의 맥락에서 인슐린의 모든 작용은 몸속의 지방 저장량을 증가시키고 에너지원으로서 사용을 감소시킨다. 인슐린은 우리를 살찌우는 호르몬이다.

155쪽의 사진에서 인슐린의 지방 축적 효과를 생생하게 볼 수 있다.(사진 출처 《내분비학Endocrinology》, 스티븐 너슬리Stephen Nussly, 새프런 화이트헤드Saffron Whitehead 공저. 다음 웹페이지에서 미 국립의학도서관이 온라인으로 제공한다. http://www.ncbi.nlm.nih.gov/bookshelf/br.fcgi?book=endocrin) 이 사진에는 “지방 조직에 대한 인슐린의 영향”이라는 설명이 붙어 있다.

사진 속의 여성은 17세 때 제1형 당뇨병이 발병했다. 이 사진은 그로부터 47년 후에 찍은 것이다. 그사이에 그녀는 허벅지의 동일한 부위 두 곳에 매일 성실하게 인슐린을 주사했다. 그 결과 양쪽 허벅지에 지방으로 가득 찬 멜론 크기의 혹이 생겼다. 이 혹들은 의심의 여지없이 그녀가 얼마나 많이 먹었는지와는 무관하게 오직 인슐린의 지방 축적, 즉 ‘지방 형성’ 효과로 생긴 것이다. 주목할 점은 이렇게 보기 흉한 지방 축적이 일어나는 데 수십 년이 걸렸다는 점이다. 사람들이 조금씩 살이 찌

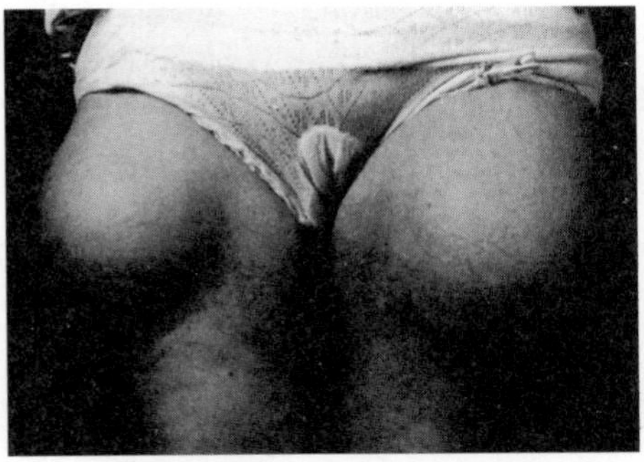

인슐린을 주사한 부위에 지방으로 된 혹이 생긴 당뇨병 환자.

는 것을 깨닫지 못하는 것처럼 그녀도 매년 무언가 달라진다고 알아차리기는 어려웠을 것이다.

전신적으로 인슐린 수치가 올라갈 때도 똑같은 일이 벌어진다. 당뇨병 환자들이 인슐린 치료를 시작한 후 종종 더 살이 찌는 것도 같은 이유에서다. 이 분야에 한 획을 그은 것으로 평가받는 교과서《조슬린 당뇨병학》에서는 "음식물 섭취와 무관한, 지방 조직에 대한 인슐린의 직접적인 지방 형성 효과" 때문이라고 설명한다. 2008년 〈뉴잉글랜드 의학학술지〉에 발표된 한 연구에서 집중적인 인슐린 치료를 받은 제2형 당뇨병 환자들은 3년 반 동안 체중이 평균 3.5킬로그램 증가했으며, 거의 3분의 1에서는 9킬로그램 이상 증가했다.

혈중 인슐린 수치는 주로 섭취한 탄수화물에 의해 결정되기 때문에(탄수화물의 양과 질이 모두 영향을 미친다), 몸속에 얼마나 많은 지방을 축적하는지 결정하는 것도 결국 탄수화물이다. 이때 일어나는 일련의 사건을 정리해보면 다음과 같다.

1. 탄수화물이 함유된 식사를 해야겠다고 생각한다.
2. 인슐린 분비가 시작된다.
3. 인슐린이 지방 세포에 신호를 보내 지방산 방출을 중지시키고(HSL 효소 억제에 의해), 혈액에서 더 많은 지방산을 흡수하도록 한다(LPL 효소를 통해).
4. (더 심한) 허기를 느낀다.
5. 먹기 시작한다.
6. 더 많은 인슐린이 분비된다.
7. 탄수화물이 소화되어 포도당 형태로 혈액 속에 흡수되면서 혈당이 올라간다.✦
8. 더 많은 인슐린이 분비된다.
9. 음식 속에 함유된 지방은 중성지방 형태로 지방 세포 속에 저장되며, 일부 탄수화물은 간에서 지방으로 전환된 후 역시 중성지방 형태로 지방 세포 속에 저장된다.
10. 지방 세포 속에 더 많은 지방이 축적되며, 전신적으로는 체지방량이 늘어난다.
11. 이 지방은 인슐린 수치가 떨어질 때까지 지방 세포 속에 머무른다.

여기서 다른 호르몬들은 살이 찌는 데 어떤 역할을 하느냐고 묻는다면 사실상 아무런 역할을 하지 않는다고 답할 수밖에 없다. 단 한 가지 중요한 예외를 빼고는 말이다.✦✦

호르몬이 어떤 일을 하는지 쉽게 이해하는 방법은 몸에 무언가 지

✦ 다시 한번 과당은 여기 포함되지 않는다는 사실을 짚고 넘어가자.

시를 내린다고 생각하는 것이다. 예를 들어 성장 호르몬은 성장과 발달, 성 호르몬은 생식, 아드레날린은 도망치거나 싸우라는 지침을 전달한다. 또한 호르몬은 이런 다양한 활동에 필요한 에너지원을 조달하기도 한다. 특히 지방 조직에 신호를 보내 지방산을 방출하여 에너지원을 확보하는 과정이 중요하다.

예를 들어보자. 위험이 닥치면 몸에서 아드레날린이 분비된다. 이 호르몬은 필요할 때 바로 도망치거나 싸울 수 있도록 몸을 준비시키는 역할을 한다. 하지만 돌진해오는 사자를 보고 도망칠 때 사자보다 더 빨리 또는 더 오래 달리는 데 필요한 에너지원을 당장 이용할 수 없다면 잡히고 말 것이다. 따라서 사자를 보자마자 몸속에서는 아드레날린이 분비되며, 이 아드레날린은 지방 조직에 신호를 보내 대량의 지방산을 혈액 속으로 방출시킨다. 이상적인 상황이라면 방출된 지방산이 사자에서 도망치는 데 필요한 모든 에너지를 공급해줄 것이다. 이런 의미에서 인슐린을 제외한 모든 호르몬은 지방 조직에서 지방을 방출시킨다고 할 수 있다. 적어도 일시적으로 우리를 날씬하게 만들어주는 것이다.

하지만 혈중 인슐린 수치가 높아진 상황이라면 다른 호르몬들이 지방 조직에서 지방을 방출시키기가 훨씬 어렵다. 인슐린 혼자서 다른 모든 호르몬의 효과를 능가하기 때문이다. 의아하게 들릴지도 모르지만 이는 매우 합리적이다. 인슐린 수치가 높다는 말은 곧 혈당이 높다는 말이다. 다시 말해 에너지원으로 사용할 수 있는 탄수화물이 많다는 뜻이므로 우리 몸은 굳이 지방산을 필요로 하지 않는다. 따라서 인슐린 이

✦✦ 1980년대 후반 발견된 아실화 자극단백질acylation stimulating protein이라는 호르몬도 있지만 거의 확실히 별로 중요하지 않다. 이 호르몬은 지방 조직 자체에서 분비되는데, 이 과정 역시 적어도 부분적으로 인슐린에 의해 조절된다.

외의 다른 호르몬들은 오직 인슐린 수치가 낮을 때만 지방 조직에서 지방을 방출시킨다.(이런 호르몬들은 HSL 효소를 자극하여 중성지방을 분해하지만 HSL 효소는 인슐린에 워낙 민감하기 때문에 다른 호르몬이 그 작용을 극복할 수 없다.)

오직 한 가지 의미 있는 예외는 코티솔이다. 코티솔은 스트레스를 받거나 불안할 때 분비되는 호르몬이다. 코티솔은 지방을 지방 조직에서 방출시키기도 하고, 지방 조직 속으로 밀어넣기도 한다. 지방을 밀어넣을 때는 인슐린처럼 LPL 효소를 자극하거나, '인슐린 저항성'이라는 상태를 유도하거나 악화시키는 방법을 사용한다(다음 장에 설명한다). 인슐린 저항성이 생기면 몸속에서 더 많은 인슐린이 분비되어 더 많은 지방을 저장하게 된다.

따라서 코티솔은 직접적(LPL 효소를 통해) 및 간접적(인슐린을 통해)으로 체지방량을 증가시킨다. 동시에 다른 호르몬과 마찬가지로 주로 HSL 효소를 자극하여 지방 세포에서 지방을 방출시키기도 한다. 결국 코티솔은 인슐린 수치가 높을 때는 우리를 더욱 살찌게 만들지만, 인슐린 수치가 낮을 때는 다른 호르몬들처럼 우리를 날씬하게 만든다. 스트레스를 받거나 불안하거나 우울하여 음식을 많이 먹을 때 어떤 사람은 살이 찌는 반면 다른 사람은 살이 빠지는 현상을 어쩌면 이런 사실로 설명할 수 있을지도 모른다.

여기서 요점은 40년 이상 우리가 알고 있었지만 무시했던 한 가지 사실이다. 날씬해지고 싶다면, 즉 지방 조직에서 지방을 방출시켜 에너지원으로 사용하고 싶다면 반드시 인슐린 수치를 낮추어야 한다. 나아가 아예 처음부터 인슐린이 더 적게 분비되도록 해야 한다. 앨로와 버슨은 이미 1965년에 지방 조직에서 지방을 방출시켜 에너지원으로 사용하려면 "인슐린 부족이라는 음성 자극만으로 충분하다"고 썼다. 인슐린 수치를 충분히 낮게 떨어뜨릴 수 있다면(인슐린 부족이라는 음성 자극), 몸속의 지방을 에너지원으로 사용할 수 있다. 인슐린 수치를 떨어뜨릴 수 없다면 몸속의 지방을 사용할 수 없다. 인슐린이 분비될 때 또는 혈중 인슐린 수치가 비정상적으로 높을 때, 지방 조직 속에 지방이 축적된다. 바로 이것이 과학이 들려주는 이야기다.

의미

지금까지 지방이 저장되고 에너지원으로 사용되는 과정을 설명했다. 깨어 있는 동안 우리는 식사를 하면서 지방을 몸속에 축적한다(탄수화물이 인슐린에 미치는 효과). 다음 식사 전까지 그리고 밤에 잠자는 동안에는 지방을 에너지원으로 사용한다. 이상적인 상황이라면 지방 축적 단계에서 축적된 지방과 지방 사용 단계에서 소모된 지방의 양이 정확히 일치할 것이다. 낮 동안 축적한 지방을 밤에 사용하는 주기적인 과정은 궁극적으로 인슐린이 통제한다. 우리 몸은 인슐린 수치가 올라가면 지방을 저장하고, 인슐린 수치가 내려가면 지방을 방출시켜 에너지원으로 사용한다.

종합하면 자연 상태보다 더 많은 인슐린을 분비하거나, 자연 상태보다 더 길게 인슐린 수치가 높아진 상태를 유지시키는 모든 것은 지방을 저장하는 시간을 연장하고 지방을 사용하는 시간을 단축한다. 더 많은 지방이 축적되고 더 적은 지방이 사용되는 불균형 상태 때문에 아주 적은 양의 에너지가 몸속에 축적된다(하루 20칼로리). 이런 일이 수십 년간 반복되면 비만이 생긴다.✦

지방을 저장하는 시간을 연장하고 에너지원으로 사용하는 시간을 단축함으로써 인슐린은 간접적으로 또 다른 효과를 나타낸다. 식사를 한 지 몇 시간이 지나면 혈당이 식사 전 수준으로 떨어지면서 지방산을 에너지원으로 사용한다고 했다. 하지만 인슐린은 지방 세포에서 지방산이 방출되는 것을 억제한다. 동시에 몸속의 다른 세포에 탄수화물을 에너지원으로 사용하라는 신호를 보낸다. 따라서 우리 몸은 다시 에너지 공급이 필요해진다.

인슐린이 계속 높은 상태를 유지하면 지방을 사용할 수 없다. 필요하다면 단백질도 에너지원 구실을 하지만, 인슐린이 높은 상태에서는 단백질도 사용할 수 없다. 인슐린이 단백질을 근육 속에 저장시키는 작용도 하기 때문이다. 그렇다고 간이나 근육 조직에 저장된 탄수화물을 꺼내 쓸 수도 없다. 이 경로 또한 인슐린이 막아버리기 때문이다.

이제 세포는 거의 굶는 상태가 되어 간절히 에너지가 필요하다. 이때 우리는 문자 그대로 허기를 느낀다. 더 빨리, 더 많이 무언가를 먹게 된다. 앞에서 말했듯이 우리를 살찌게 하는 모든 것은 그 과정에서 과식을 유도한다. 바로 이것이 인슐린의 작용이다.

한편 더 많은 지방이 저장되면서 몸은 더 커지고 이에 따라 에너지 요구량도 증가한다. 체지방량이 증가하면 지방을 지탱하기 위해 근육도 늘어난다.(이것 또한 부분적으로 인슐린의 작용이다. 인슐린은 필요에 따라 섭취한 단백질을 손상된 근육이나 장기를 복구하거나 근육량을 늘리는 데 사용하도록 하기 때문이다.) 따라서 살이 찔 때는 에너지 요구량이 증가하고 결국 식욕이 늘어난다. 특히 탄수화물에 대한 식욕이 늘어나는데 탄수화

✦ 1984년 프랑스의 탁월한 생리학자 자크 르 마녱Jacques Le Magnen은 이런 상황을 이렇게 설명했다. "비만해진 동물이나 인간이 살이 찌는 이유는 더 이상 살을 뺄 수 없기 때문이라는 말을 말장난으로 받아들여서는 안 된다."

물이야말로 인슐린 수치가 높아진 상태에서 세포가 에너지원으로 사용할 수 있는 유일한 영양소이기 때문이다. 결국 악순환이 끝없이 반복된다. 이런 악순환이야말로 반드시 피해야 한다. 하지만 살찌기 쉬운 사람일수록, 더 살이 찌게 만드는 탄수화물 함량이 높은 식품을 갈망하게 된다.

12 왜 어떤 사람은 살이 찌고 어떤 사람은 그렇지 않을까?

인슐린이 사람을 살찌게 만든다면 왜 특정한 사람만 살이 찔까? 어쨌든 모든 사람은 인슐린을 분비한다. 하지만 평생 날씬한 몸매를 유지하는 사람도 많지 않은가? 이것은 선천적인 요인, 즉 유전적 소인에 관한 질문이다. 후천적인 요인 또는 타고난 소인을 발현시키는 식단이나 생활습관에 대한 질문이 아니란 뜻이다. 그 답은 호르몬이 다른 아무것도 필요없이 단독으로 작용을 나타내는 것이 아니라는 데 있다. 인슐린도 예외가 아니다. 특정 조직이나 세포에 대한 호르몬의 작용은 세포 안팎의 수많은 인자에 따라 달라진다. 예를 들어 인슐린의 작용이 지질단백 지질분해 효소LPL와 호르몬 감수성 지방가수분해효소HSL 등에 따라 좌우되는 것과 같다.

이런 맥락에서 인슐린을 이해하는 방법 중 하나는, 전신적으로 에너지원들을 '구획화'하는 호르몬으로 바라보는 것이다. 식사를 하고 나면 인슐린과 LPL 효소 등 인슐린의 영향을 받는 다양한 효소들이 서로 다른 영양소를 어떤 조직에 어느 비율로 보낼 것인지, 얼마를 에너지원으로 쓰고 어느 정도를 저장할 것인지, 시간과 필요에 따라 그 비율을 어떻게 변화시킬 것인지 결정한다. 여기서 우리는 에너지원을 당장 사용할 것인지 저장할 것인지에 관심이 있다. 그러니 일단 가상의 에너지원 구획화 계기판을 머릿속에 그려보자. 계기판의 바늘이 어느 쪽으로 향할지 결정하는 것은 인슐린과 다양한 효소들이다. 이 계기판은 자동차의 연료 막대와 똑같이 생겼다. 다만 오른쪽에 있는 "F"라는 글자는 '가득(full)'이 아니라 'fat(지방)', 왼쪽의 "E"는 '텅 빈(empty)'이 아니라 '에너지(energy)'를 가리킨다.

바늘이 오른쪽(F)을 가리킨다면 인슐린이 섭취한 칼로리 중 지나치게 많은 부분을 지방으로 저장하는 쪽에 구획화했다는 뜻이다. 이때 사람은 쉽게 살이 찌고, 신체 활동에 필요한 에너지는 모자라는 상태가 되어 되도록 몸을 움직이지 않으려고 할 것이다. 즉, 바늘이 지방 저장 쪽으로 기울수록 더 많은 칼로리가 지방으로 저장되고 더 살이 찐다. 움직이지 않는 습관을 떨쳐버리고 운동을 하겠다고 비장한 각오를 해도 지방으로 저장되는 칼로리는 변함이 없으므로 결국 무언가를 더 먹어야 한다.✦ 계기판의 바늘이 완전히 오른쪽으로 기운 상태가 바로 병적 비만이다.

바늘이 반대 방향(E)을 가리키면 섭취한 칼로리 중 많은 부분이 에너지원으로 사용된다. 신체 활동이 증가하며, 지방으로 저장되는 칼로리

✦ 정확히 말하면 인슐린은 지방을 지방 조직 속에 저장하고, 계속 그곳에 머물도록 한다. 근육은 어쩔 수 없이 더 많은 탄수화물을 에너지원으로 사용해야 하므로 결국 저장해둔 글리코겐을 완전히 소모하는데, 이것만으로도 심한 허기를 느낄 수 있다. 결국 이런 사람들은 더 많이 먹고 덜 움직이게 된다. 그사이에도 지방 조직은 끊임없이 지방을 저장한다.

리는 거의 없다. 이런 사람은 누구나 바라듯 날씬하고 활동적이며, 먹는 것을 쉽게 절제한다. 바늘이 더 왼쪽으로 기울면 더 많은 에너지가 신체 활동에 쓰이고, 저장되는 에너지는 더 적어져 점점 살이 빠진다. 수척해 보일 정도로 마른 몸매를 지닌 마라톤 선수들이 여기 해당한다. 그들의 몸은 섭취한 칼로리를 대부분 에너지원으로 사용하고 저장하지 않는다. 문자 그대로 불타오르는 에너지를 지닌 것이다. 2차 세계대전 전에 대사를 연구했던 학자들이라면 이들이 신체 활동을 하려는 강력한 충동을 갖고 있다고 기술했을 것이다.

바늘의 방향을 결정하는 것은 무엇일까? 얼마나 많은 인슐린이 분비되느냐라고 생각할 수도 있겠지만 답은 그리 간단하지 않다. 인슐린 분비량이 어느 정도 관여할 가능성은 높다. 탄수화물 함량이 똑같은 음식, 심지어 동일한 음식을 먹더라도 어떤 사람은 더 많은 인슐린을 분비한다. 물론 이들은 살이 찌기 쉽고 활력이 떨어질 것이다. 높은 혈당은 매우 해롭기 때문에 몸은 분명 열심히 혈당을 조절하려고 하고, 필요하다면 언제라도 지방 세포 속에 지방을 가득 채운다.

하지만 또 다른 중요한 인자가 있다. 세포가 췌장에서 분비되는 인슐린에 얼마나 민감하게 반응하는지와, 얼마나 빨리 민감성을 잃어버리는지('인슐린 저항성')이다. 인슐린 저항성이라는 개념은 우리가 살이 찌는 이유는 물론 비만과 관련된 많은 질병을 이해하는 데 매우 중요하다. 인슐린 분비량이 많을수록 세포와 조직이 인슐린에 저항성을 갖기 쉽다. 인슐린에 저항성을 갖는다는 말은 똑같이 포도당을 처리하고 혈당을 조절하는 데 더 많은 인슐린이 필요하다는 뜻이다. 세포가 이미 많은 포도당을 받아들여 더 이상 포도당을 받아들이지 않기로 결정한다고 생각해보자(너무 많은 포도당은 세포에 해롭다). 이렇게 되면 인슐린이 분비되어도 혈액에서 세포 안으로 포도당을 옮기기가 더 어려워진다.

문제는 이런 상태를 인지한 췌장이 훨씬 더 많은 인슐린을 분비한다는 것이다. 그 결과 악순환의 고리가 형성된다. 예를 들어 쉽게 소화되는 탄수화물을 많이 먹어 인슐린이 아주 많이 분비된다면 적어도 단기적으로 세포, 특히 근육 세포는 인슐린의 효과에 저항한다. 이미 세포에 충분한 포도당이 들어왔기 때문이다. 세포가 인슐린 저항성을 나타내면 혈당을 조절하기 위해 더 많은 인슐린이 필요하기 때문에 췌장에서 더 많은 인슐린을 분비하는데, 이는 인슐린 저항성을 더욱 부추긴다. 이때 지방 세포가 인슐린 저항성을 나타내지 않는다면 인슐린의 작용으로 점점 더 많은 칼로리가 지방으로 저장되어 결국 살이 찌게 된다.

따라서 더 많은 인슐린이 분비되면 에너지원 구획화 계기판의 바늘은 지방 저장(F) 쪽으로 기운다. 하지만 인슐린 분비가 정상이라도 근육 조직이 상대적으로 빨리 인슐린 저항성을 띠게 된다면 같은 결과가 초래된다. 근육의 인슐린 저항성에 대한 반응으로 더 많은 인슐린이 분비되어 살이 찌게 된다는 뜻이다.

세 번째 인자는 세포가 인슐린에 다른 방식으로 반응하는 것이다. 지방 세포와 근육 세포와 간세포가 동시에, 똑같은 정도로, 똑같은 방식으로 인슐린 저항성을 나타내지는 않는다. 일부는 다른 세포보다 인슐린에 조금 더 민감할 수 있다. 똑같은 양의 인슐린이 분비되어도 조직에 따라 그 효과가 더 크거나 작게 나타날 수 있다는 뜻이다. 인슐린에 대한 조직의 반응은 사람마다 다르며, 같은 사람이라도 시간이 지나면서 달라질 수 있다.

인슐린에 민감한 조직일수록 인슐린이 분비되었을 때 더 많은 포도당을 흡수한다. 그 조직이 근육이라면 더 많은 포도당을 에너지원으로 사용하고, 더 많은 포도당을 글리코겐으로 저장한다. 지방이라면 더 많은 지방을 저장하고 더 적은 지방을 방출한다. 근육 세포는 인슐린에 매우 민감한데 지방 세포는 덜 민감하다면, 에너지원 구획화 계기판의 바늘은 에너지 사용(E) 쪽으로 기울 것이다. 근육은 섭취한 탄수화물에서 유래한 포도당 중 많은 부분을 흡수하여 에너지로 사용한다. 그 결과 날씬한 몸매를 유지하면서 신체적으로 활발해진다. 근육이 지방 세포에 비해 인슐린에 덜 민감하다면 섭취한 칼로리의 많은 부분이 지방 조직 속에 저장될 것이다. 그 결과 살이 찌고 되도록 움직이지 않게 된다.✦

또 다른 문제가 있다. 조직의 인슐린 감수성이 시간에 따라 변한다는 것이다(뒤에 설명하겠지만 무엇을 먹느냐에 따라서도 변한다). 나이가 들면 인슐린 저항성이 점점 커지는데, 이 현상은 거의 예외없이 근육에서 먼저 나타나고 지방 조직에서는 아예 나타나지 않거나 늦게야 나타난다. 일반적인 원칙은 지방 세포가 근육 세포에 비해 항상 인슐린에 더 민감하다는 것이다. 젊었을 때 에너지원 구획화 계기판의 바늘이 에너지 쪽으로 기울어 날씬하고 활동적이었던 사람이라도 나이가 들면서 근육 세포가 점점 인슐린에 저항성을 띠게 될 가능성이 높다. 따라서 더 많은 인슐린이 있어야만 반응을 나타내게 된다.

✦ 실험용 마우스를 조작하여 특정 조직이 인슐린 저항성을 띠게 할 수 있다. 보스턴에 있는 조슬린 당뇨센터Joslin Diabetes Center에서는 다양한 조직에 인슐린 '수용체'가 존재하지 않는 마우스를 만들어 그 효과를 연구했다. 인슐린 수용체가 없는 조직은 인슐린에 완전한 저항성을 나타낸다. 근육 세포에 인슐린 수용체가 없고 지방 세포에는 존재하는 마우스는 예상대로 비만 상태가 되었다. 포도당을 근육에서 에너지로 사용하지 않고 지방으로 저장하도록 구획화한 결과다. 지방 세포에 인슐린 수용체가 없는 마우스들은 배불리 먹은 후 더 많은 먹이를 억지로 먹여도 살이 찌지 않았으며 계속 날씬한 몸을 유지했다.

나이가 들수록 에너지원 구획화 계기판의 바늘이 오른쪽으로 기운다는 말은 점점 더 많은 칼로리가 지방으로 전환되고, 다른 조직에서 에너지원으로 사용되는 칼로리는 점점 줄어든다는 뜻이다. 그래서 중년에 접어들면 날씬한 몸매를 유지하기가 갈수록 힘들어진다. 또한 인슐린 저항성과 인슐린 수치 증가가 함께 진행되면서 대사 활동에서 다양한 문제가 생기기 시작한다. 혈압이 오르고, 중성지방 수치가 올라가면서 HDL 콜레스테롤('좋은 콜레스테롤') 수치는 낮아지며, 포도당 불내성이 생겨 혈당 조절이 점점 어려워지는 등의 문제가 생긴다. 동시에 지방 조직에서 점점 많은 에너지를 흡수하기 때문에 갈수록 몸을 움직이기 싫어진다.

우리는 보통 중년에 접어들면 대사 속도가 느려져서 살이 찐다고 생각하지만, 사실은 원인과 결과가 거꾸로일 가능성이 높다. 근육이 점점 인슐린에 저항성을 띠면서 더 많은 에너지가 지방 조직으로 흘러들어가고, 근육과 다른 장기의 세포가 사용할 에너지원이 계속 줄어들기 때문일 가능성이 더 높다. 이제 세포들은 더 적은 에너지를 생산한다. 이것이야말로 대사가 느려지는 현상의 정체다. '대사율'이 감소하는 것이다. 보통 살이 찌는 주범이라고들 하는 대사가 느려지는 현상은, 원인이 아니라 결과다. 대사가 느려져서 살이 찌는 것이 아니라, 살이 찌기 때문에 대사가 느려지는 것이다.

이 문제의 후천적인 측면, 즉 살기 위해 반드시 필요하지만 모든 것을 악화하는 원인이기도 한 식품에 관해 논하기 전에, 선천적인 요인 중에서 한 가지 더 짚고 넘어갈 것이 있다. 왜 오늘날의 어린이는, 어쩌면 태어나는 순간부터 이삼십 년 전 보다 더 살이 찌는 것일까? 이 또한 최근 대두된 비만의 유행이라는 현상에서 매우 중요한 측면이다. 지금은 역사상 그 어느 때보다도 비만인 어린이가 많은 시대다. 대부분의 연구에서 어린이들이 생후 6개월만 되면 이전에 비해 눈에 띌 정도로 살이 찐다고 보고된다. 이런 현상이 행동과 관련이 없다는 사실은 명백하다.

비만인 어린이는 비만인 부모에게서 태어나는 경향이 있다. 인슐린 분비, 인슐린에 반응하는 효소, 인슐린 저항성이 언제 어떻게 생기는지가 부분적으로 유전자에 의해 조절되기 때문이다. 몹시 걱정스러운 인자가 한 가지 더 있다. 자궁 속의 태아는 태반과 제대를 통해 모체에서 영양분을 공급받는다. 영양분은 엄마의 혈액 속에 존재하는 영양소의 수치에 비례한다. 즉, 엄마의 혈당 수치가 높을수록 자궁 속의 태아 역시 더 많은 포도당을 공급받게 된다.

태아의 췌장은 형성되고 발달하면서 당연히 쏟아져 들어오는 포도당에 반응하여 인슐린 분비 세포를 더 많이 만든다. 임신한 엄마의 혈당 수치가 높을수록 뱃속의 아기는 더 많은 인슐린 분비 세포를 발달시키고, 출산이 가까워질수록 더 많은 인슐린을 분비한다. 이런 아기들은 더 많은 지방을 가지고 태어나며, 나이가 들면서 인슐린을 과잉 분비하여 인슐린 저항성을 띠는 경향이 있다. 물론 나이가 들수록 살이 찔 가능성도 높다. 동물 연구에서 이런 소인은 중년에 도달한 후에야 나타나는 경우가 많았다. 이 결과를 사람에 적용해본다면, 젊은 나이에 전혀 그런 경향을 나타내지 않았더라도 중년에 접어들면 살이 찌도록 이미 자궁 속에서부터 설정된 사람들이 있다는 뜻이 된다. 비만인 산모, 당뇨병인 산모, 임신 중 체중이 지나치게 많이 늘어난 산모, 임신성 당뇨병이 생긴 산모가 몸집이 크고 체중이 무거운 아기를 낳는 이유는 거의 확실히 여기에 있다. 이 여성들은 혈당이 높고 인슐린 저항성을 나타내는 경향이 있다.

비만인 엄마가 비만인 아기를 낳고, 비만인 아기가 자라 비만인 엄마가 된다면 이 순환은 언제 끝이 날까? 이런 사실은 일단 비만의 유행이 시작되고 모두가 살이 찌기 시작하면 점점 더 많은 아이가 불과 생후 몇 개월부터 훨씬 더 비만해지도록 설정될 수 있다는 뜻이다. 이런 악순환이 현재 우리 눈앞에 펼쳐진 비만의 유행을 일으킨 원인이라는 점은 그리 놀랍지 않다. 살이 찌기 시작할 때 자신의 건강 말고도 고려해야 할 것이 더 있는 셈이다. 우리의 자녀, 어쩌면 자녀의 자녀까지 대가를 치러야 할지 모른다. 그리고 세대가 거듭될수록 이 문제는 점점 해결하기 어려워질 것이다.

13 우리는 무엇을 할 수 있는가?

살찌기 쉬운 체질을 갖고 태어난 것은 어쩔 도리가 없다. 하지만 앞에서 보았듯 유전적 소인을 촉발하는 것은 섭취하는 탄수화물의 양과 질이다. 체지방을 축적시키는 것은 인슐린의 작용이고, 인슐린 분비는 결국 탄수화물에 의해 결정된다. 탄수화물을 먹는다고 누구나 살이 찌는 것은 아니지만, 살찐 사람만 따진다면 주범은 탄수화물이다. 탄수화물을 적게 먹을수록 날씬해진다.

담배에 빗대어 생각해보자. 오래 세월 담배를 피운다고 누구나 폐암에 걸리는 것은 아니다. 남성은 여섯 명 중 한 명, 여성은 아홉 명 중 한 명만 폐암에 걸린다. 하지만 폐암에 걸린 사람만 따진다면 가장 흔한 원인은 흡연이다. 세상에 담배가 없다면 폐암은 훨씬 드문 병이 될 것이다. 옛날처럼 말이다. 마찬가지로 세상에 탄수화물과 설탕 함량이 높은 음식이 없다면 비만은 훨씬 드물 것이다.

탄수화물을 함유한 식품이라고 해서 똑같이 살이 찌는 것은 아니다. 이 점이 가장 중요하다. 가장 많이 살이 찌는 식품은 혈당과 인슐린 수치에 가장 큰 영향을 미치는 것들이다. 탄수화물 함량이 매우 높은 식품, 특히 빨리 소화되는 식품이 문제다. 정제된 밀가루로 만든 식품(빵, 시리얼, 파스타), 액상 탄수화물(맥주, 과일 주스, 청량음료), 전분 함량이 높은 식품(감자, 쌀, 옥수수) 등이 그렇다. 이런 음식을 먹으면 혈액 속의 포도당, 즉 혈당 수치가 삽시간에 치솟는다. 혈당이 치솟으면 인슐린도 치솟는다. 그러면 금방 살이 찐다. 이런 식품들이 거의 200년간 살찌는 주범으로 간주된 것도 우연이 아니다.✦

또한 이 음식들은 거의 예외없이 가장 싼 가격으로 칼로리를 제공한다. 바로 이것이 가난한 사람일수록 살이 찌는 역설의 이유다. 예나 지금이나 극빈층에서 오늘날 미국과 유럽만큼이나 많은 비만과 당뇨병 환자가 생기는 이유이기도 하다. 1960년대와 1970년대에 극빈층을 진료했던 의사들이 제시한 가설을 이제 우리는 과학으로 입증할 수 있다.

1974년 영국에서 태어나 자메이카에 귀화한 당뇨병 전문의 롤프 리처즈는 이렇게 썼다. "제3세계 국가 사람들은 대부분 탄수화물 섭취율이 높다. 동물성 단백질에 비해 쉽게 구할 수 있는 전분이 주된 칼로리 공급원이라는 사실이 체지방 생성 증가와 비만의 유행으로 이어지리라는 점은 쉽게 예상할 수 있다." 이들은 너무 많이 먹거나 움직이지 않아서 살이 찌는 것이 아니다. 주식으로 섭취하는 식품, 즉 식단의 대부분을 차지하는 전분과 정제된 곡물 그리고 설탕이 문자 그대로 살찌

✦ 다양한 식품을 섭취했을 때 혈당이 어떻게 변하는지 수치화한 것을 전문 용어로 '혈당 지수'라 한다. 혈당 지수는 인슐린 수치를 상당히 잘 반영한다. 혈당 지수가 높은 식품일수록 먹을 때 혈당이 더 많이 상승한다. 식단의 혈당 지수를 낮춰 인슐린 분비량과 체지방 축적을 최소화하는 개념을 설명한 책도 여러 권 나와 있다.

게 만드는 음식이라서 살이 찌는 것이다.

반면 시금치나 케일 등 녹색잎 채소에 들어 있는 탄수화물은 소화되지 않는 섬유소와 결합해 있다. 결국 소화되어 혈액 속으로 흡수되는 데 훨씬 긴 시간이 걸린다. 또한 이 채소들은 감자 등 전분이 풍부한 식품에 비해 중량 대비 수분 함량이 높고, 소화 가능한 탄수화물은 적게 들어 있다. 똑같은 양의 탄수화물을 섭취하려면 훨씬 많이 먹어야 할 뿐 아니라 탄수화물이 소화되는 데도 훨씬 긴 시간이 필요하다. 따라서 먹은 후에도 혈당 수치가 비교적 낮은 수준을 유지한다. 인슐린 반응 또한 훨씬 가볍게 일어나므로 지방 축적 효과가 덜하다. 하지만 사람에 따라 섭취한 탄수화물에 매우 민감하여 녹색잎 채소도 문제가 될 수 있다.

과일에 들어 있는 탄수화물은 어떨까? 비교적 쉽게 소화되기는 하지만 역시 높은 수분 함량에 의해 희석되기 때문에 전분과 비교하면 덜 농축되어 있다. 같은 중량의 사과와 감자를 비교한다면 감자를 먹을 때 혈당이 훨씬 높게 올라간다. 틀림없이 더 살이 찔 것이라고 추측할 수 있다. 그렇다고 해서 모든 사람이 과일을 마음껏 먹어도 살이 찌지 않는다는 뜻은 아니다.

비만의 기초를 상기해보자. 과일이 걱정스러운 이유는 과일의 단맛이 과당 때문이라는 데 있다. 과당은 탄수화물 중에서도 매우 독특하게 살이 찌게 만드는 작용이 있다. 비만의 유행을 가라앉히려는 시도가 실패를 거듭하면서 영양학자들과 보건 당국은 점점 절박한 심정이 되어 공격적으로 녹색 채소와 과일을 많이 먹으라고 권고한다. 과일은 특별히 가공하지 않아도 쉽게 섭취할 수 있고, 지방과 콜레스테롤이 함유되어 있지 않을 뿐 아니라 비타민(특히 비타민C)과 항산화물질이 풍부하다. 틀림없이 건강에 좋을 것이라고 생각하는 것이다. 그럴지도 모른다. 하지만 살찌기 쉬운 체질이라면 과일은 문제를 해결하기보다는 악화시킬 가능성이 높다.

최악의 음식은 당분 자체, 특히 자당(설탕)과 액상과당(고과당 옥수수 시럽)일 것이다. 보건 당국과 언론인은 비만 유행의 주범으로 액상과당을 주목하고 집중 공격을 퍼붓고 있다. 액상과당은 1978년에 도입되었지만 1980년대 중반에 이미 미국 내 대부분의 가당 음료에서 설탕을 완전 대체했다. 미국인들은 액상과당도 형태만 다를 뿐 결국 설탕이라는 사실을 몰랐기 때문에 총 설탕 섭취량(미 농무부에서는 '제로 칼로리' 인공감미료와 구분하기 위해 '칼로리를 지닌 감미료'라는 용어를 쓴다)은 단기간 내에 1인당 연간 약 120파운드(54킬로그램)에서 150파운드(68킬로그램)로 껑충 뛰어올랐다. 이 책에서 나는 두 가지를 모두 그냥 설탕이라고 지칭할 것이다. 사실상 동일한 물질이기 때문이다. 자당, 즉 우리가 커피에 넣고 시리얼 위에 뿌리는 흰색 과립 형태의 물질은 절반이 과당이고 절반이 포도당이다. 한편 액상과당은 주스, 음료수, 과일 요구르트에 넣는 가장 흔한 형태인 경우 55퍼센트가 과당(이 때문에 식품 업계에서 HFCS-55라고 부른다), 42퍼센트가 포도당, 3퍼센트는 기타 탄수화물이다.

과일의 단맛이 과당 때문이듯 이런 감미료에서도 단맛을 내는 물질은 바로 과당이다. 그리고 이런 감미료를 섭취했을 때 살이 찌는 원인도 바로 과당이라고 생각되므로, 과당이야말로 건강의 적이라 할 수 있을 것이다. 늦은 감이 있지만 미국심장협회를 비롯하여 여러 권위 있는 기관들 역시 최근 들어 과당을 문제 삼기 시작하면서 설탕과 액상과당이 비만은 물론 어쩌면 심장질환의 주범일지도 모른다고 경고하고 나섰다. 그 주된 근거는 이 감미료들이 '빈 칼로리', 즉 칼로리만 있을 뿐 비타민, 미네랄, 항산화물질이 들어 있지 않다는 것이다. 하지만 이런 생각은 요점을 놓친 것이다. 과당은 살이 찌게 만드는 것 외에도 건강에 나쁜 영향을 미친다. 이는 비타민이나 항산화물질이 들어 있지 않은 것과는 별로 관련이 없으며, 우리 몸에서 과당을 처리하는 방식과 관련이 있다. 대략 절반은 과당이고 나머지 절반은 포도당이라는 조합은 특히 우리를 빠르고 쉽게 살찌게 만든다.

전분에 들어 있는 탄수화물은 소화를 거쳐 결국 포도당의 형태로 혈액에 흡수된다. 혈당이 상승하고 인슐린이 분비되어 칼로리는 지방으로 저장된다. 설탕이나 액상과당을 섭취하면 그 속에 들어 있는 포도당의 많은 부분이 혈액에 흡수되어 혈당을 상승시킨다. 하지만 그 속에 들어 있는 과당은 거의 전부 간에서 대사된다. 대사에 필요한 효소들이 간에 있기 때문이다. 따라서 과당은 혈당과 인슐린 수치에 직접적인 영향을 미치지 않는다. 여기서 중요한 단어는 '직접적'이다. 장기적으로 보면 간접적으로 다양한 영향을 미친다.

인체, 특히 간은 현대적 식단에 함유된 수준의 과당 부하를 처리하도록 진화하지 않았다. 원래 과당이란 물질은 과일 속에 소량으로 존재할 뿐이었다. 예를 들어 한 컵의 블루베리 속에는 30칼로리 분량의 과당이 들어 있다.(나중에 설명하겠지만 일부 과일은 세대를 거듭하며 개량된 결과 과당 함량이 매우 높다.) 355밀리리터짜리 콜라 캔 하나에는 80칼로리에 해당하는 과당이 들어 있다. 사과 주스라면 85칼로리의 과당이 들어 있다. 이렇게 많은 양이 쏟아져 들어오면 간에서는 대부분의 과당을 지방으로 바꾸어 지방 조직으로 보내버린다. 생화학자들이 40년 전부터 과당을 가리켜 "지방 형성" 능력이 가장 높은 탄수화물이라고 했던 이유가 바로 여기에 있다. 우리 몸은 과당을 가장 쉽게 지방으로 전환시킨다. 한편 과당과 함께 몸속에 들어온 포도당은 혈당을 상승시키고 인슐린 분비를 자극하여 지방 세포에 유입되는 칼로리를 지방으로 저장할 만반의 준비를 갖춘다. 유입되는 칼로리에는 당연히 간에서 과당으로부터 생성된 지방도 포함된다.

식단을 통해 이런 당들을 많이 그리고 오래 섭취할수록, 우리 몸은 이것들을 지방으로 전환하는 데 능숙해진다. 영국의 생화학자이자 과당 전문가인 피터 메이스가 말했듯 "과당 대사 패턴"은 시간이 지나면서 변한다. 지방을 직접 간에 저장할 뿐 아니라('지방간 질환'), 간 세포의 저항성에 의해 촉발된 도미노 효과를 통해 근육 조직마저 인슐린 저항성을 띠게 되는 것이다. 따라서 과당이 혈당과 인슐린에 직접적인 영향을 미치지 않는다고 해도 시간이 지나면서(아마 몇 년 정도) 결국 인슐린 저항성을 유발하고 점점 더 많은 칼로리를 지방으로 저장하게 될 가능성이 높다. 에너지원 구획화 계기판의 바늘은 처음에 큰 변화가 없는 것 같아도 결국 지방 저장 쪽으로 기울게 된다.

이런 당들을 전혀 먹지 않는다면 계속 전분과 밀가루 위주의 식사를 하더라도 어쩌면 살이 찌거나 당뇨병에 걸리지 않을지도 모른다. 이런 사실로 세계에서 가장 가난한 인구 집단 중 일부는 탄수화물 위주의 식단을 섭취하면서도 살이 찌거나 당뇨병에 걸리지 않는 반면, 다른 집단은 그 정도로 운이 좋지 않다는 사실을 설명할 수 있을 것이다. 일본인이나 중국인처럼 그런 문제를 겪지 않는(최소한 과거에는 겪지 않았던) 인구 집단은 전통적으로 설탕을 거의 먹지 않았다. 최근 들어 살이 찌기 시작했다면, 그런 추세를 멈추고 한 걸음 더 나아가 되돌리고 싶다면 무엇보다 먼저 이런 당들을 끊어야 한다.

알코올은 특별하다. 우선 대부분 간에서 대사된다. 예를 들어 보드

카 한 잔에 들어 있는 칼로리의 약 80퍼센트는 바로 간으로 가서 약간의 에너지와 다량의 '구연산염'이라는 분자로 전환된다. 구연산염은 포도당에서 지방산을 만드는 과정의 에너지원이 된다. 따라서 알코올은 간에서 지방 생성을 증가시킨다. 아마도 이 때문에 알코올성 지방간 증후군이 생길 것이다. 또한 신체 다른 부위에도 지방을 저장시킬 가능성이 있다. 물론 이런 지방이 그대로 저장될지, 에너지원으로 사용될지는 알코올과 함께 다른 탄수화물을 먹거나 마시느냐에 달려 있을 수 있지만 대부분의 경우 알코올만 먹지는 않는다. 예를 들어 보통의 맥주 속에 들어 있는 칼로리의 약 3분의 2는 알코올 자체에서 유래하지만, 3분의 1 정도는 맥주 속에 들어 있는 정제 탄수화물인 엿당에서 유래한다. 맥주를 많이 마시면 특징적으로 배가 나오는 이유가 바로 여기에 있다.

14 비만의 불평등성

비만의 법칙이 알려주는 메시지는 매우 단순하다. 살이 찌기 쉬운 체질을 타고난 사람이 건강을 해치지 않으면서 날씬해지고 싶다면, 탄수화물을 제한하여 혈당과 인슐린 수치를 낮게 유지해야 한다. 여기서 명심할 것은 칼로리를 줄인다고 살이 빠지는 것이 아니라 살찌는 음식, 즉 탄수화물을 줄여야 살이 빠진다는 것이다. 일단 원하는 몸무게까지 살이 빠져도 이런 음식을 먹기 시작하면 다시 살이 찐다. 물론 담배를 피운다고 모두 폐암에 걸리지는 않듯이, 탄수화물을 먹는다고 해서 모두 살이 찌지는 않는다. 그렇다고 해도 탄수화물을 먹으면 살이 찌는 체질이라면, 탄수화물을 피해야 살이 빠지고 계속 날씬한 몸매를 유지할 수 있다는 사실은 변함이 없다.

불평등은 이것뿐만이 아니다. 이것이 최악의 불평등이라고 할 수도 없다. 무언가를 희생하지 않고 살이 빠지거나 빠진 몸무게를 유지할 수 없다는 사실도 비만의 법칙이 갖는 의미 중 하나다. 탄수화물이야말로 우리를 살찌게 하고 늘어난 몸무게를 유지시키는 주범이라고 말하기는 쉽다. 하지만 구체적인 식품들을 따져보면 파스타, 베이글, 빵, 감자튀김, 설탕, 맥주 등 우리가 너무나 좋아하고 그것 없이는 살 수 없다고 생각하는 것이 줄줄이 등장한다.

이것은 우연이 아니다. 동물 연구를 보면 동물들이 특히 좋아하는 먹이, 그래서 과식하기 쉬운 먹이는 세포에 가장 빨리 에너지를 공급하는 식품, 즉 쉽게 소화되는 탄수화물이다.

그리고 인간에게는 얼마나 허기를 느끼는가라는 또 다른 요소가 있다. 이 말은 마지막으로 식사를 한 지 얼마나 오래되었으며 그사이에 에너지를 얼마나 소비했는가라는 말을 달리 표현한 것이다. 식사와 식사 사이의 기간이 길수록, 그사이에 더 많은 에너지를 소비할수록 더 배가 고파진다. 배가 고플수록 음식은 더 맛있어진다. '와! 이거 맛이 기가 막힌걸. 배고파 죽을 뻔했네.' 파블로프는 100년도 더 전에 이렇게 썼다. "사람들은 흔히 '시장이 반찬이다'라고 하거니와, 이 말에는 충분한 근거가 있다."

인슐린은 우리가 음식을 먹기 시작하기 전에 이미 허기를 증가시킨다. 음식, 특히 탄수화물이 풍부한 음식과 단것은 생각하기만 해도 인슐린이 분비되며, 음식을 처음 한 입 베어 물면 불과 몇 초 사이에 인슐린 분비가 증가한다는 사실을 기억할 것이다. 이 과정은 음식물의 소화가 시작되기 전, 혈관 속에 포도당이 나타나기 전에 이미 진행된다. 이때 분비된 인슐린은 혈액 속의 다른 영양소, 특히 지방산을 다른 곳에 저장시켜 곧 쏟아져 들어올 포도당에 대비 태세를 갖추는 역할을 한다. 먹는 것을 떠올리기만 해도 배가 고파지고, 몇 입 먹는 동안 더욱 심해지는 이유가 여기에 있다. 프랑스에는 이런 속담도 있다. "식욕은 먹는 동안에 찾아온다L'appétit vient en mangeant."

프랑스 과학자 자크 르 마녱이 "허기의 대사적 배경"이라고 불렀던 이런 현상은 식사를 계속하는 동안 가라앉기 시작한다. 식욕이 충족되면서 음식의 맛에 대한 만족감 또한 줄어든다. 이제 인슐린은 뇌에 작용하여 식욕과 섭식 행동을 억제한다. 그래서 음식을 먹을 때는 처음 베어 무는 한 입이 마지막 한 입보다 항상 더 맛있다.(특히 맛있는 음식이나 즐거운 경험을 "마지막 한 입까지 맛있어요"라고 하지 않는가.) 이것이 살이 쪘든 날씬하든 많은 사람이 파스타나 베이글, 기타 탄수화물이 풍부한 음식을 그토록 좋아하는 데 대한 생리학적 설명이다. 이런 음식을 먹는다는 생각만으로도 몸에서는 인슐린이 분비된다. 인슐린은 삽시간에 혈액 속에 존재하는 영양소를 저장 공간으로 밀어넣어 허기를 유발하고, 이에 따라 우리는 처음 한 입을 너무나 맛있다고 느낀다. 어떤 음식에 대한 혈당과 인슐린의 반응이 클수록 더 맛있다고 느껴져 그 음식을 좋아하게 된다.

혈당과 인슐린 반응에 의해 음식을 더 맛있게 느끼는 현상은 거의 확실히 살찐 사람 또는 살찌기 쉬운 사람에게 더욱 과장된 형태로 나타난다. 그리고 그들은 살이 찔수록 점점 더 탄수화물이 풍부한 식품을 갈망하게 된다. 인슐린이 점점 더 효과적으로 지방과 단백질을 지방 조직과 근육 속에 저장하므로 이런 영양소들을 에너지원으로 쓸 수 없기 때문이다. 이렇게 되면 언젠가는 인슐린 저항성이 생길 수밖에 없다. 일단 인슐린 저항성이 생기면 하루 종일까지는 아니라도 많은 시간 동안 혈관 속에 더 많은 인슐린이 돌아다닌다. 하루 중 많은 시간 동안 오직 탄수화물에서 유래된 포도당만을 에너지원으로 사용할 수 있다는 뜻이다. 다시 한번 인슐린은 단백질과 지방과 심지어 글리코겐(탄수화물의 저장 형태)까지 나중을 위해 안전하게 저장된 상태로 유지시킨다는 사실을 기억하자. 인슐린은 세포에 혈당이 남아도니 에너지원으로 써야 한다고 끊임없이 속삭인다. 따라서 우리는 포도당을 갈망하게 된다. 사실은 전혀 그렇지 않다. 스테이크나 치즈 등 지방과 단백질만 먹는다고 해도 인슐린은 이 영양소들을 에너지원으로 사용하지 않고 저장해버린다. 그러니 아무리 배가 고파도 이런 음식만 먹기보다는 탄수화물이 풍부한 빵을 곁들여 먹고 싶은 것이다. 우리 몸 자체가 지방이나 단백질을 에너지원으로 사용하는 데는 조금도 관심이 없기 때문이다.

다시 한번 강조하지만 설탕은 특별한 경우다. 단것을 너무나 좋아하는 사람이나 자녀를 키워본 사람이라면 금방 이해할 것이다. 우선, 과당이 간에서 일으키는 독특한 대사 효과와 포도당이 일으키는 인슐린 자극 효과가 결합하는 것만으로도 살찌기 쉬운 사람에게 탐닉을 유발하기에 충분하다. 여기에 뇌에서 일으키는 효과가 더해진다. 프린스턴 대학교의 바틀리 호블이 수행한 연구에 따르면 설탕은 뇌에서 코카인, 알코올, 니코틴 및 기타 중독성 물질이 표적으로 삼는 부위, 즉 '보상 중추'를 자극한다. 사실 모든 식품이 어느 정도는 보상 중추를 자극한다. 보상 중추 자체가 종의 생존에 도움이 되는 행동(음식 섭취와 섹스)을 강화하도록 진화했기 때문이다. 하지만 설탕은 코카인이나 니코틴처럼 자연스러운 정도를 훨씬 넘는 신호를 보내는 것 같다. 동물 연구에 따르면 설탕과 액상과당은 약물과 똑같은 방식으로 중독을 유발한다. 생화학적인 이유 또한 상당히 비슷하다.✦

✦ 1952년 〈목장 관리 저널Journal of Range Management〉에 보고된 것처럼 심지어 소들도 평소 거들떠보지도 않던 먹이에 "설탕 코팅"을 하면 먹는다.

그렇다면 악순환은 어떻게 시작되는가? 우리를 살찌게 만드는 식품은 동시에 바로 그 식품을 갈망하게 만든다.(역시 흡연의 경우와 거의 같다. 담배는 폐암을 일으키는 동시에 담배를 갈망하게 만든다.) 살이 찌기 쉬운 음식일수록, 그 음식을 먹었을 때 살이 찌기 쉬운 사람일수록 갈망도 커진다. 이 악순환의 고리는 끊을 수 있다. 다만 이 갈망과 계속 싸워야 한다. 알코올 중독자가 술을 끊거나 흡연자가 담배를 끊는 것처럼 끊임없는 노력과 주의가 필요하다.

15 다이어트에 성공하거나 실패하는 이유

왜 살이 찌는가라는 질문에 간단히 대답한다면 탄수화물 때문이다. 단백질과 지방은 살찌지 않는다. 그렇다면 저지방 다이어트로 살을 뺀 사람은 어떻게 된 걸까? 저지방 다이어트는 결국 탄수화물 함량이 상대적으로 높아질 수밖에 없다. 그렇다면 이 방법을 선택한 사람은 모두 실패해야 하는 것 아닐까?

우리들 대부분은 《스키니 비치Skinny Bitch》나 《프랑스 여자는 살찌지 않는다French Women Don't Get Fat》를 읽고, 웨이트 워처스✦나 제니 크레이그✦✦에 가입하거나, 딘 오니시가 《먹으면서 살 빼는 법Eat More, Weigh Less》이라는 책에서 처방한 초저지방 다이어트를 따라 했더니 체중이

✦ 건강한 습관, 특히 체중 조절에 도움을 주기 위한 다양한 상품과 서비스를 제공하는 기업.(옮긴이)

✦✦ 체중 조절과 영양 관련 기업.(옮긴이)

크게 줄었다는 사람을 알고 있다. 잠시 후에 언급하겠지만 스탠퍼드 대학교의 'A TO Z 임상 시험' 같은 정식 연구를 통해 이런 다이어트 방법들의 효과를 검증해본 결과, 어떤 방법을 쓰든 일부 피험자는 실제로 체중이 상당히 많이 감소했다. 그렇다면 어떤 사람은 탄수화물을 먹으면 살이 찌고 끊으면 살이 빠지는 반면, 다른 사람은 지방을 피하는 것이 답이라는 뜻일까?

그렇지 않을 가능성이 높다. 그보다는 어떤 다이어트 방법을 썼더라도 성공했다면 명백한 지침이 있든 그렇지 않든 살찌게 만드는 탄수화물을 제한했기 때문일 가능성이 더 높다. 간단히 말해서 다이어트를 통해 살을 뺀 사람은 먹은 것 때문에 살이 빠진 것이 아니라 먹지 않은 것(살찌게 만드는 탄수화물) 때문에 살이 빠진 것이다.

다이어트든 운동 프로그램이든 진지한 체중 조절 방법을 실천했다면, 그 프로그램의 지침이 어떻든 먹는 것에 몇 가지 일관성 있는 변화가 따르게 마련이다. 가장 살찌기 쉬운 탄수화물들은 항상 빠지게 되어 있다. 이런 식품들이야말로 가장 쉽게 식단에서 뺄 수 있으며, 살을 빼려고 할 때 명백하게 부적절하기 때문이다. 예를 들어 다이어트를 시작하면 맥주를 끊게 되어 있다. 적어도 덜 마시거나, '라이트' 제품으로 바꾸기라도 한다. 칼로리 섭취가 줄었다고 생각할지도 모르지만, 사실은 탄수화물 섭취가 줄어든 것이다. 더 중요한 것은 그 탄수화물이 특히 살을 찌게 만드는 액상 정제 탄수화물이라는 점이다.

당연히 칼로리가 높은 청량음료도 끊고, 대신 물이나 다이어트 청량음료를 마실 것이다. 이렇게 함으로써 액상 탄수화물뿐만 아니라 청량음료의 단맛을 내는 과당 섭취도 피할 수 있다. 과일 주스도 마찬가지다. 어떤 다이어트 프로그램이든 과일 주스 대신 물을 마시는 것은 기본이다. 막대사탕, 디저트, 도넛, 시나몬롤도 금물이다. 이때도 우리는 칼로리를 줄인다고 생각한다. 하지만 지방 섭취도 줄어들지만 동시에 탄수화물, 특히 과당이 줄어든다. 딘 오니시에 의해 유명해진 초저지방 다이어트조차 설탕, 흰쌀, 흰 밀가루 등 모든 정제 탄수화물의 섭취를 제한한다.✦ 그리고 이것만으로도 모든 효과를 충분히 설명할 수 있다.

또한 다이어트를 시작하면 종종 감자와 쌀 등의 전분과 빵과 파스타 등의 정제 탄수화물 대신, 녹색 채소나 샐러드 또는 최소한 통곡식을 섭취한다. 지난 수십 년간 섬유소를 더 많이 섭취해야 하고, 에너지 밀도가 낮은 식품을 먹어야 한다고 수없이 들었기 때문이다.

식단에서 상당한 칼로리를 줄이려고 하면 탄수화물 섭취량 또한 줄어든다. 단순 산수에 불과한 이야기다. 예를 들어 섭취하는 칼로리를 절반으로 줄이면 탄수화물 섭취량도 절반으로 줄어든다. 식단의 칼로리 중 탄수화물이 가장 큰 비율을 차지하기 때문이다. 절대량으로 보아도 가장 많이 감소한다. 지방으로 섭취하는 칼로리를 줄이는 것이 목표라고 해도 지방만 줄여서는 기껏해야 하루 수백 칼로리도 줄이기 어렵다. 결국 탄수화물 섭취량을 낮추는 수밖에 없다. 칼로리 섭취를 낮추는 저지방 다이어트에서는 항상 탄수화물 섭취량이 같은 비율, 또는 더 높은 비율로 줄어든다.✦✦

간단히 말해서 어떤 식으로든 잘 알려진 다이어트 방법을 시도하거나, 현재 정의된 기준을 따라 "건강하게 먹자"고 결심할 때는 언제나 식단에서 살찌는 탄수화물을 줄이게 되며, 동시에 총 탄수화물 섭취량

✦ 1996년 오니시가 밝힌 이론적 근거는 이렇다. "단순 탄수화물은 신속하게 흡수되어 혈청 포도당을 급속히 상승시키므로 인슐린 반응을 유발한다. 인슐린은 칼로리가 중성지방으로 전환되는 과정을 가속화하며 (…) 콜레스테롤 합성을 촉진한다."

도 어느 정도 줄어든다. 다이어트에 성공을 거두었다면 거의 확실히 탄수화물을 줄인 덕분이다.(식품업계에서 저지방 식품을 만들 때는 정확히 반대 현상이 벌어진다. 이들은 지방과 그로 인한 칼로리를 약간 줄이는 대신 그 자리를 탄수화물로 대체한다. 예를 들어 저지방 요구르트는 지방을 빼는 대신 상당량의 액상과당을 첨가한다. 심장 건강에 좋은 저지방 간식을 먹으면서 살도 빠질 것이라고 기대하지만, 사실은 첨가된 탄수화물과 과당 때문에 더 살이 찐다.)

규칙적인 운동으로 살을 뺐다고 자신하는 사람에게도 똑같은 일이 벌어진다. 날씬한 몸매를 갖고자 일주일에 다섯 번씩 달리기나 수영 또는 에어로빅을 시작하는 사람 중에 식단을 바꾸지 않는 사람은 드물다. 대부분 맥주와 청량음료를 끊고, 단것을 줄이며, 심지어 전분 함량이 높은 음식 대신 녹색 채소를 먹기도 한다.

칼로리 제한 다이어트는 으레 실패한다(운동 프로그램도 마찬가지다). 그 이유는 살찌는 음식이 아니라 다른 음식을 제한했기 때문이다. 이런 다이어트는 대부분 장기적으로 인슐린과 지방 침착에 아무런 영향을 미치지 못하면서 에너지 생산과 몸을 구성하는 세포 및 조직을 재생하

✦✦ 다양한 다이어트 프로그램의 효과를 검증하기 위해 임상 시험을 수행하는 연구자들조차 이 사실을 인지하는 경우가 드물다. 체지방을 매주 약 1킬로그램 정도 줄이기 위해 일일 칼로리 섭취량을 2500에서 1500칼로리로 줄인다고 해보자. 섭취하는 식단의 영양소 함량은 단백질 20퍼센트, 지방 30퍼센트, 탄수화물 50퍼센트로 소위 권위자들이 이상적이라고 생각하는 수준이라고 가정한다. 이전의 칼로리 섭취량은 단백질 500칼로리, 지방 750칼로리, 탄수화물 1250칼로리였다. 이제 영양소들의 균형을 그대로 유지하면서 일일 칼로리 섭취량을 1500칼로리로 줄인다면, 단백질 300칼로리, 지방 450칼로리, 탄수화물 750칼로리가 된다. 줄어든 칼로리는 단백질 200칼로리, 지방 300칼로리, 탄수화물 500칼로리다. 이 상태에서 지방 섭취량을 훨씬 더 낮게, 예를 들어 총 칼로리의 25퍼센트로 낮추고 싶은 사람이 있다.(이 정도면 대부분의 사람이 견딜 수 있는 수준보다 훨씬 낮은 수치다.) 이제 그가 섭취하는 칼로리는 단백질 300칼로리, 지방 375칼로리, 탄수화물 825칼로리가 된다. 지방을 하루 375 칼로리 줄였지만, 탄수화물 역시 하루 425칼로리가 낮아졌다. 이때 단백질 섭취량을 늘린다면 탄수화물 섭취량은 더욱 낮아진다.

는 데 반드시 필요한 지방과 단백질을 제한한다. 지방 세포를 겨냥하지 않고 전신적으로 영양소와 에너지를 고갈시켜 몸을 거의 기아 상태로 몰고 가는 셈이다. 처음에 살이 빠진다고 해도 그 효과는 이처럼 반쯤 굶는 상태를 견딜 수 있을 동안만 유지될 뿐이다. 그런 상태를 견딘다고 해도 손상된 근육 세포가 어떻게든 단백질을 얻어서 근육을 재생하고 그 기능을 유지하듯이, 지방 세포 또한 잃어버린 지방을 어떻게든 보충하게 마련이다. 결국 다이어트를 시도한 사람은 깨어진 에너지 균형을 보상하기 위해 에너지 소비량을 줄일 수밖에 없다.

비만의 법칙이 궁극적으로 우리에게 가르쳐주는 사실은 체중 조절 계획이란 오직 우리를 살찌게 만드는 탄수화물을 식단에서 제거했을 때만 성공한다는 점이다. 그러지 않으면 항상 실패한다. 체중 조절 계획에서 반드시 실행해야 할 일은 기본적으로 지방 조직을 재조절하여 그 속에 과도하게 축적된 칼로리를 방출하는 것이다. 이런 목표에 도움이 되지 않는 변화는 어떤 것이든(특히 지방과 단백질 섭취량을 줄이는 것은) 우리 몸을 기아 상태(에너지 부족과, 근육을 재생하는 데 필요한 단백질 부족 상태)로 몰고 가며, 결국 허기로 인해 실패할 수밖에 없다.

16 살찌는 탄수화물 이야기

"오, 천국의 맛이여!" 남녀를 불문하고 모든 독자는 이렇게 외칠 것이다. "오, 천상의 맛이여! 하지만 그 교수는 얼마나 불쌍한 사람인가! 여기 단 한마디 말로 우리가 사랑해 마지않는 모든 것을 금지해버렸구나. 저 작은 흰 롤빵들 (…) 저 쿠키들 (…) 그리고 밀가루와 버터로, 밀가루와 설탕으로, 밀가루와 설탕과 달걀로 만든 수많은 다른 것을! 심지어 감자조차, 마카로니조차 남겨 놓지 않았구나! 그토록 즐거워 보였던 미식가들 중에 누가 이런 일을 생각이나 했겠는가?"

"내가 무슨 소릴 들은 거지?" 나는 아마 1년에 한 번쯤 지을까 말까 하는 가장 심각한 표정으로 외쳤다. "그렇다면 좋다. 먹어라! 지방을 마음껏 먹어라! 그래서 추해지고, 뚱뚱해지고, 천식으로 쌕쌕거리고, 마침내 너희들의 몸이 녹아 생긴 기름 속에 빠져 죽어라. 내 반드시 그 자리에 가서 그 꼴을 봐줄 테니."

_ 장 앙텔름 브리야사바랭, 1825년.

장 앙텔름 브리야사바랭은 1755년에 태어났다. 애초에 변호사가 되었다가 정치인으로 변신했다. 하지만 그의 열정은 언제나 자신이 "식탁의 쾌락들"이라고 불렀던 것, 즉 음식과 음료에 있었다. 1790년대에 그는 이 주제에 관한 생각을 글로 쓰기 시작했다. 그리고 1825년 12월 그 글들을 《미식 예찬The Physiology of Taste》이라는 책으로 묶어냈다. 그는 불과 2개월 뒤에 폐렴으로 사망했지만 《미식 예찬》은 아직도 꾸준히 팔린다. 이 책에서 가장 인상적인 구절은 이렇다. "당신이 먹은 것이 무엇인지 말해달라. 그러면 당신이 어떤 사람인지 말해주겠다."

브리야사바랭은 《미식 예찬》에 실린 30개의 장章, 소위 "성찰" 가운데 두 장을 비만에 할애해 한 장에서는 원인을, 다른 한 장에서는 예방법을 설명했다. 그는 30년간 저녁 식탁에서 "비만이 되어가는, 또는 이미 비만한" 사람들과 500번이 넘게 대화를 나누었는데 "뚱뚱한 사람들"은 너나 할 것 없이 빵과 밥, 파스타, 감자에 대한 무한한 애정을 고백했다고 썼다. 이를 통해 그는 비만의 근본 원인이 확실하다고 결론 내렸다. 첫째는 자연적으로 살찌기 쉬운 체질을 타고나는 것이다. "소화력이 왕성해서 다량의 지방을 만들어내는 사람들은 우리가 익히 아는 것처럼 기타 모든 조건이 동일하더라도 비만이 될 운명을 타고난 셈이다." 둘째는 "그들이 일상적인 영양의 기본으로 삼는 전분과 밀가루다". 그는 이렇게 덧붙였다. "전분은 설탕과 같이 섭취하면 훨씬 빠르고 확실하게 이런 효과를 낸다."

사정이 이러하니 물론 완치 방법 또한 명백하다. "동물에서 이미 명백히 밝혀졌듯 인간에서도 지방이 몸에 축적되는 것은 곡식과 전분 때문이므로, 항비만 식단은 가장 흔하고 가장 확실한 비만의 원인에 근거를 둔다. (···) 그 정확한 귀결로서 전분이나 밀가루로 된 것을 엄격하다 싶을 정도로 멀리한다면 체중이 줄어들 것이라 추론할 수 있다."

자꾸 중언부언하는 것 같지만 지금까지 설명한 것 중 새로운 사실은 거의 없다. 탄수화물이 비만의 원인이며 전분, 밀가루, 설탕을 끊는 것이야말로 확실한 치료이자 예방책이라는 생각 또한 마찬가지다. 1825년에 브리야사바랭이 책에 썼던 이런 생각은 지금까지 수없이 반복 및 재창조되면서 수많은 사람의 지지를 얻었다. 1960년대까지만 해도 우리의 부모와 조부모는 이를 전통적인 지혜로 받아들여 본능적으로 믿고 따랐다. 하지만 이후에 '들어온 칼로리와 나간 칼로리' 이론이 득세하자 이런 식단은 보건 당국에 의해 한때의 유행이자 위험하기조차 한 생각으로 폄하되었다. 1973년 미국의학협회는 "영양과 식단에 대한 괴상한 개념"이라고 표현했을 정도다.

이런 접근법을 통해 권위자들은 사람들이 탄수화물 제한 다이어트를 시도하지 못하도록 막고, 의사들이 이 다이어트법을 권고하거나 지지하지 못하도록 하는 데 확실한 성공을 거두었다. 정반대의 영양 성분으로 구성된 식단(지방 함량이 아주 낮고 탄수화물 함량은 높은)으로 유명해진 다이어트 의사 딘 오니시는 정확히 이런 맥락에서 건강에 좋지 않은 것을 무엇이든 사용해서 얼마든지 살을 뺄 수 있지만(예를 들어 담배나 코카인), 그렇다고 누구든 그렇게 해야 한다는 뜻은 아니라고 즐겨 말하곤 했다.

하지만 이것은 지난 세기에 다이어트와 영양 섭취에서 유행한 당혹스러운 흐름 중 하나일 뿐이다. 실제로 탄수화물이 살을 찌게 만든다는 생각은 지난 200년 중 대부분의 기간 동안 우리 곁에 있었다. 거의 100년 간격으로 출간된 두 편의 소설을 생각해보자. 1870년대 중반에 쓰여진 톨스토이의 《안나 카레니나》에서 안나의 연인 브론스키 백작은 중요한 경마 경주를 앞두고 탄수화물을 먹지 않는다. "크라스노예 셀로에서 경주가 열리던 날 브론스키는 평소보다 일찍 나타나 연대 장교 식당에서 비프스테이크를 먹었다. 일찌감치 목표 체중인 160파운드에 도달했기 때문에 엄격한 훈련을 할 필요는 없었지만, 그래도 살이 찌지 않도록 전분이 많은 음식과 디저트를 피했다." 1964년 솔 벨로의 소설《허조그》에서 주인공 허조그는 똑같은 논리로 막대사탕을 먹지 않는다. 다만 허조그는 "탄수화물을 먹으면 기껏 돈을 들여 산 새 옷이 맞지 않을 것이라고 생각"했을 뿐이다.

의사들 또한 이런 개념을 믿고 비만 환자에게 권고했다. 의사들이 이 개념을 믿지 않게 된 과정은 1960년대에 시작되어 1970년대 후반에 완결되었는데, 공교롭게도 현재의 비만과 당뇨병 유행이 시작된 시기와 일치한다. 대부분의 의사가 체중 감소를 위해 탄수화물을 피하는 것이 괴상한 개념이라고 믿게 되었다는 데 생각이 미치면, 나는 이 개념이 자리 잡은 역사를 처음부터 끝까지 파헤쳐 그것이 어디에서 왔으며 어디로 사라졌는지 모든 사람에게 이해시키고 싶다.

20세기 초까지 의사들은 보통 비만을 질병으로, 그것도 암처럼 완치가 불가능하지만 무언가를 시도해봐야 할 병으로 생각했다. 환자가 적게 먹고 운동을 많이 하도록 유도하는 것은 생각해볼 수 있는 수많은 치료법 중 하나일 뿐이었다.

1869년판《의학의 실제The Practice of Medicine》에서 영국의 의사 토머스 태너는 오랜 세월에 걸쳐 의사들이 비만 환자에게 처방했던 "어처구니없는" 치료법을 긴 목록으로 정리했다. 그 속에는 비현실적인 치료법("경정맥 사혈"이나 "항문에 거머리를 집어넣는다" 등)부터 오늘날 통념으로 여겨지는 "소화가 잘 되는 음식을 가볍게 먹는다"라든지 "매일 오랜 시간 동안 걷거나 말을 탄다" 등의 방법이 총망라되어 있다. 태너는 이렇게 썼다. "이 모든 계획은 아무리 참을성 있게 실천해도 원하던 목표를 달성하지 못한다. 단순히 먹고 마시는 것을 절제하는 것도 똑같다고 해야 할 것이다." 하지만 태너는 탄수화물을 절제하는 것이 효과를 볼 수 있는 한 가지 방법이며, 어쩌면 유일한 방법이라고 굳게 믿었다. "녹말질[전분]과 식물성 식품은 쉽게 살이 찌며, 달콤한 것[즉, 설탕]은 특히 그렇다."

비슷한 때 프랑스의 의사이자 퇴역 군의관인 장프랑수아 당셀은 브리야사바랭과 똑같은 결론에 이르렀다. 1844년 그는 비만에 대한 생각을 프랑스과학아카데미에 발표하고, 나중에 《비만, 즉 과도한 비대증 Obesity, or Excessive Corpulence》이라는 책으로 펴냈다. 이 책은 1864년에 영어로 번역되었다. 당셀은 "주로 고기만" 먹고, "다른 음식은 아주 소량만" 먹을 수 있었던 환자는 "단 한 명의 예외도 없이" 비만을 완치할 수 있었다고 주장했다.

당셀은 의사들이 비만을 불치병이라고 믿는 이유는 치료식이라고 처방하는 식단이 정확히 비만을 일으키는 것이기 때문이라고 지적했다.(내가 이 책에서 주장하는 바와 같다.) "의학 문헌의 저자들은 비만이 생기는 가장 중요한 이유가 음식이라고 주장한다. 고기를 먹지 못하게 하고 시금치, 수영sorrel, 샐러드, 과일 등 물이 많은 채소를 권고하며, 음료로는 물만 마시라고 한다. 되도록 적게 먹으라고도 한다. 여기서 나는 수백 년간 이어져온 통념과는 반대로, 고기처럼 속이 든든한 음식은 살이 찌지 않으며 수분이 많은 채소와 물만큼 살찌는 음식은 없다고 단언하는 바이다."

주로 고기로 구성된 식단에 대한 당셀의 신념은 당시에 이미 동물의 지방은 단백질이 아니라 지방과 녹말과 설탕을 섭취해서 생성된다고 정확히 간파했던 독일의 화학자 유스투스 리비히의 연구를 근거로 했다. 당셀은 이렇게 썼다. "고기가 아닌 모든 음식, 탄소와 수소가 풍부한 모든 음식[즉, 탄수화물]은 분명 지방을 만드는 경향을 갖고 있다.

비만을 완치하기 위한 합리적인 치료법은 오직 이런 원칙 위에서만 성립할 수 있다." 또한 당셀은 이미 브리야사바랭이 주장했고 이후 많은 사람이 주장한 것처럼 육식 동물은 절대로 살이 찌지 않는 반면, 오직 식물만 먹고 사는 초식 동물은 살이 찌는 경우가 많다고 지적했다. "예를 들어 어마어마한 지방 때문에 거대한 몸집을 자랑하는 하마는 쌀, 좁쌀, 사탕수수 등 오로지 채소류만 먹는다."

이 식단은 영국 의사인 윌리엄 하비가 1856년 파리를 방문했다가 전설적인 생리학자 클로드 베르나르의 당뇨병 강의를 듣고 난 후 새롭게 선보였다. 하비에 따르면 베르나르는 간에서 설탕과 전분 속에 들어 있는 탄수화물인 포도당을 어떻게 분비하는지 설명한 후 당뇨병에서 비정상적으로 상승하는 것이 바로 혈중 포도당 수치라고 지적했다. 강의를 듣고 하비는 당시 잘 알려져 있던 사실에 생각이 미쳤다. 당과 전분이 함유되지 않은 식단을 섭취하면 당뇨병 환자의 소변에 당이 나오지 않는다는 사실이었다. 그는 동일한 식단이 체중 감량식으로도 효과가 있을지 모른다는 가정을 세웠다. "또한 특정 동물을 살찌울 때 달콤한 먹이[설탕]와 녹말질 먹이[전분]를 사용하고, 당뇨병 환자는 전신적으로 지방이 급속히 없어진다는 사실을 연결시키자 당뇨병의 원인은 다양하지만 어쩌면 과도한 비만이 근본 원인일지도 모른다는 생각과, 순수한 동물성 식단이 당뇨병에 유용하다면 당이나 전분을 함유하지 않은 식물성 식품과 동물성 식품을 조합해도 부적절한 지방 생성을 멈출 수 있으리란 생각이 떠올랐다."

1862년 8월 하비는 새로 개발한 식단을 런던의 비만한 장의사 윌리엄 밴팅에게 처방했다(앞에서 살을 빼기 위해 조정을 했던 바로 그 사람이다). 이듬해 5월까지 밴팅은 몸무게를 거의 15킬로그램 줄였고, 결국

22.5킬로그램을 뺀 후에 자신의 경험을 16쪽으로 정리하여 《비만에 관한 편지》라는 저서까지 출간했다. 처절했지만 모두 수포로 돌아간 온갖 살빼기 작전 그리고 고기, 생선, 야생동물 외에는 소량의 과일과 토스트만 먹으며 전혀 힘들이지 않고 성공을 거둔 사연을 적은 책이었다.(특이하게도 밴팅의 식단에는 상당량의 알코올이 들어 있었다. 그는 매일 네댓 잔의 와인은 물론 아침마다 리큐어 한 잔, 저녁에는 진이나 위스키 또는 브랜디를 큰 잔으로 한 잔씩 마셨다.)

밴팅은 이렇게 썼다. "과거 내 식단의 주 메뉴는 빵, 버터, 우유, 설탕, 맥주, 감자 등 내 생각에 무해한 음식들이었다. 오랜 세월 그런 것을 마음껏 먹었다. 하지만 탁월한 나의 주치의는 이런 음식에 살찌기 쉬운 전분과 당분이 들어 있기 때문에 피해야 한다고 말했다. 처음 그 말을 들었을 때는 먹을 것이 하나도 없는 것 같았지만, 친절한 나의 친구는 먹을 것이 얼마든지 있다는 사실을 보여주었다. 나는 매우 기쁜 마음으로 계획을 제대로 시도해보리라 마음먹었고, 불과 며칠 만에 엄청난 효과를 보았다."

《비만에 관한 편지》는 즉시 베스트셀러가 되었고 다양한 언어로 번역되었다. 1864년 가을에는 프랑스 황제 나폴레옹 3세조차 "밴팅의 방식을 시도해보고 대단한 효과를 보았다는 소리를 여기저기서 들었다". 밴팅은 공을 하비에게 돌렸지만 영어(그리고 스웨덴어) 사전에 '다이어트하다'라는 뜻의 동사로 등재된 것은 밴팅의 이름이었다. 의학계에서 욕을 얻어먹은 것 역시 밴팅이었다. 영국 의학 학술지 〈랜싯〉은 이렇게 썼다. "우리는 밴팅 씨는 물론 그와 비슷한 생각을 하는 모든 사람에게 다시는 의학 문헌에 끼어들지 말고 자기 일이나 똑바로 할 것을 권고하는 바이다."

하지만 1886년 베를린에서 열린 내과 학회에서 인기 다이어트 방법을 다루는 시간에, 비만 환자를 치료하는 데 신뢰성 있게 사용할 수 있는 세 가지 방법 중 하나로 밴팅의 식단이 소개되었다. 나머지 두 가지는 유명한 독일 의사들이 밴팅의 식단을 약간 변경한 것으로 하나는 훨씬 많은 지방을 처방했고, 다른 하나는 당셀의 연구를 근거로 마실 것을 줄이고, 지방을 제거한 고기를 섭취하며, 운동을 하는 방법이었다. 두 가지 방법 모두 고기 섭취는 제한하지 않고, 전분과 당분을 거의 전적으로 금지했다.

1957년 힐데 브루크는 이런 역사를 상기시키면서 수십 년이 지났어도 비만 치료는 크게 변하지 않았다고 지적했다. “식단으로 비만을 조절하는 데 있어 큰 발전은 소위 ‘강한 식품’이라는 고기가 지방을 생성하지 않으며, 빵이나 사탕 등 무해한 식품이 비만을 일으킨다는 사실이 알려진 것이다.”

지난 40년간 권위자들이 이 개념을 잊을 만하면 나타나고 끈질기게 반복되는 한때의 유행으로 치부해버렸기 때문에, 우리는 당시에 이 개념이 얼마나 널리 받아들여졌는지 상상하기조차 어렵다. 여기서 1960년대에 이르기까지 의학 문헌에서 인용한 체중 조절에 관한 조언들을 몇 가지만 예로 들어보자.

북아메리카 현대의학의 선구자로 알려진 윌리엄 오슬러는 1901년판《의학의 이론과 실제The Principles and Practice of Medicine》에서 비만인 여성들에게 “너무 많은 음식을 먹지 말고 특히 전분과 당분을 피할 것”을 권고한다.

1907년 제임스 프렌치는《임상의학 교과서A Text-book of the Practice

of Medicine》에서 이렇게 말한다. "비만에서 보는 영양과잉은 부분적으로 음식을 통해 섭취한 지방 때문이지만, 훨씬 큰 역할을 하는 것은 탄수화물이다."

1925년 런던 세인트토머스 병원 의과대학의 H. 가디너힐은 〈랜싯〉에 자신의 탄수화물 제한식을 이렇게 설명했다. "모든 형태의 빵 속에는 45퍼센트에서 65퍼센트에 이르는 다량의 탄수화물이 함유되어 있으며, 토스트에서 이 비율은 60퍼센트에 이르기도 한다. 따라서 당연히 피해야 한다."

1943년에서 1952년 사이에 스탠퍼드 대학교 의과대학, 하버드 대학교 의과대학, 시카고의 어린이 메모리얼 병원, 코넬 대학교 의과대학과 그 부속 병원인 뉴욕병원의 의사들은 각기 따로 비만 치료 식단을 발표했다. 네 가지 식단은 사실상 동일했다. 시카고에서 발표한 식단의 "일반적인 원칙들"은 다음과 같다.

1. 설탕, 꿀, 시럽, 잼, 젤리, 사탕을 먹지 말 것.
2. 설탕에 절인 과일 통조림을 먹지 말 것.
3. 케이크, 쿠키, 파이, 푸딩, 아이스크림, 얼음과자를 먹지 말 것.
4. 그레이비, 크림 소스 등 옥수수 전분이나 밀가루가 첨가된 음식을 먹지 말 것.
5. 감자, 고구마, 마카로니, 스파게티, 국수, 말린 콩이나 완두콩을 먹지 말 것.
6. 버터, 돼지 기름, 오일, 버터 대용품을 사용하여 튀긴 음식을 먹지 말 것.
7. 코카콜라, 진저에일, 청량음료, 루트 비어 등의 음료수를 마시지 말 것.
8. 본 식단에서 허용하지 않는 음식을 먹지 말 것. 다른 음식도 본 식단에서

허용한 양만큼만 먹을 것.

1951년 출간된 교과서《임상 내분비학The Practice of Endocrinology》에 실린 비만 식단은 아래와 같다. 이 책은 유명한 영국 의사 일곱 명이 편집자로 참여했으며 책임 편집을 맡은 레이먼드 그린은 아마도 20세기에 가장 영향력 있는 영국 내분비학자일 것이다(소설가 그레이엄 그린의 형이기도 하다).

피해야 할 음식들

1. 빵과 기타 밀가루로 만든 모든 것.
2. 아침 식사용 시리얼을 비롯한 모든 시리얼과 우유 푸딩.
3. 감자 및 기타 모든 흰뿌리 채소류.
4. 설탕이 많이 함유된 음식.
5. 모든 과자류.

다음 식품은 원하는 만큼 섭취해도 좋다.

1. 고기, 생선, 가금류.
2. 모든 녹색 채소류.
3. 달걀 및 기타 동물의 알.
4. 치즈.
5. 바나나와 포도를 제외한 과일. 단, 설탕을 넣지 않았거나 사카린으로 단맛을 낸 것만 허용한다.

이런 지침은 한때 모든 사람의 상식이었다. 얼마나 사람들의 뇌리에 깊게 뿌리내렸던지 2차 세계대전 막바지에 미 해군이 태평양을 가로질러 서쪽으로 항해를 시작했을 때, 공식 기관지인 〈미군 가이드〉에서 뉴기니 북동쪽 캐롤라인제도에서는 "원주민의 주식이 빵나무 열매, 타로 토란, 얌, 고구마, 칡 등 전분이 많은 채소류"이므로 "허리 치수를 유지하는 데 어려움을 겪을 수 있다"고 병사들에게 경고했을 정도다.

1946년 육아서의 성서 격인 벤저민 스포크 박사의 《유아 및 어린이 돌보기Baby and Child Care》 제1판에는 이런 권고문이 씌어 있었다. "대부분의 경우 체중 증가량은 맛이 평이하고 전분 함량이 높은 식품(시리얼, 빵, 감자) 섭취량에 달려 있다." 이 문장은 이후 50년간 이 책이 다섯 번 개정되면서 약 5000만 부가 판매될 때까지 계속 등장했다.

1963년 스탠리 데이비슨 경과 레지널드 패스모어는 영국 임상 의사들이 한 세대에 걸쳐 영양학적 지식의 권위 있는 출처로 삼았던 《인간 영양학 및 식이요법Human Nutrition and Dietetics》을 출간하면서 이렇게 썼다. "대중적으로 잘 알려진 '체중 조절 요법'은 하나같이 식이성 탄수화물을 제한하는 것이다. (…) 탄수화물이 풍부하게 함유된 식품을 너무 즐기는 것이야말로 비만의 가장 흔한 원인이다. 그런 음식의 섭취를 대폭 줄여야 한다." 같은 해에 패스모어는 〈영국영양학학술지〉에 공저자로 발표한 논문의 서두에서 이렇게 선언했다. "모든 여성은 탄수화물을 먹으면 살이 찐다는 사실을 안다. 이는 상식에 속하며 영양학자 중에도 반박하고 나설 사람은 거의 없다."

이와 비슷한 때에 의사들은 이미 탄수화물 제한 식단의 효과를 입증하고 그 결과와 자신들의 임상 경험을 보고하기 시작했다. 최초의 보고자는 1936년 코펜하겐 스테노 메모리얼 병원의 페르 한센이었다. 연구 결과는 명백했다. 다양한 탄수화물 제한 식단을 섭취한 환자들은 하나같이 허기를 느끼지 않고도 상당한 체중을 감량할 수 있었다.

이 분야의 선구적인 연구는 1940년대 후반 델라웨어주에 있는 듀폰사에서 수행되었다. 이 회사 산업의학 부문 책임자인 조지 게르먼은 이렇게 설명했다. "과체중인 직원들에게 먹는 양을 줄이고, 섭취하는 칼로리를 계산하고, 식사에 함유된 지방과 탄수화물을 제한하고, 운동을 더 하라고 격려했습니다. 하지만 이런 방법은 한 가지도 성공을 거두지 못했죠." 게르먼은 동료인 앨프리드 페닝턴에게 이 문제를 조사하도록 했다. 페닝턴은 스무 명의 과체중 직원에게 대부분 고기로 구성된 식단을 처방했다. 이들은 하루에 2400칼로리 미만을 섭취한 경우가 거의 없었는데도 매주 평균 약 1킬로그램씩 살이 빠졌다. 사실 섭취한 칼로리는 일평균 3000칼로리로 오늘날 흔히 처방되는 반쯤 굶는 식단의 거의 두 배에 이른다. 페닝턴은 이렇게 썼다. "주목할 것은 끼니 사이에 허기를 느끼지 않고 신체적 활력과 만족감이 향상되었다는 점이다." 듀폰 연구의 피험자들에게 허용된 탄수화물 섭취량은 매끼 80칼로리 이하였다. "몇몇 사람은 이 정도만 탄수화물을 섭취해도 체중이 줄지 않았다. 하지만 단백질과 지방을 [무제한] 섭취해도 탄수화물만 먹지 않으면 체중을 줄일 수 있었다."

페닝턴의 결론은 1950년대 들어 미시간 주립대학교 영양학과장인 마거릿 올슨과 그의 제자로 코넬 대학교에 있던 샬럿 영에 의해 다시 확인되었다. 올슨은 과체중인 학생들에게 전통적으로 사용하던 반쯤 굶는 식단을 처방하자 거의 체중이 줄지 않았으며 "하루 종일 '활력'이 없다고 했다. (…) [그리고] 항상 배고픔을 느낀 나머지 풀이 죽어 있었다"고 보고했다. 하지만 이들이 탄수화물만 하루 수백 칼로리 수준으로 줄이고 단백질과 지방은 풍부하게 섭취하자 매주 평균 1.5킬로그램씩 살이 빠졌으며 "만족감과 건강한 느낌이 든다고 보고했다. 식사와 식사 사이의 허기는 전혀 문제가 되지 않았다."

1970년대 들어서도 비슷한 보고가 잇따랐다. 어떤 의사들은 탄수화물과 함께 지방과 단백질 섭취량도 제한했으며(대개 하루 600칼로리에서 2100칼로리 사이를 처방했다), 어떤 의사들은 "마음대로 먹는 식단", 즉 고기와 생선과 가금류 등 단백질과 지방을 원하는 만큼 먹고 탄수화물만 극히 적은 양으로 제한하는 식단을 처방했다. 탄수화물은 녹색 채소조차 허용하지 않는 의사들도 있었다. 또 다른 의사들은 하루 400칼로리 정도를 허용했다. 이런 연구는 미국, 영국, 캐나다, 쿠바, 프랑스, 독일, 스웨덴, 스위스 등지의 병원과 대학에서 널리 수행되었다. 식단을 처방받은 사람들은 비만인 성인 남녀와 어린이 등 다양했지만 결과는 언제나 같았다. 이런 식단을 섭취한 사람은 아무런 노력을 기울이지 않고도 살이 빠졌으며, 그 과정에서 거의 허기를 느끼지 않았다.

1960년대 중반이 되자 비만이라는 주제만 다루는 학회가 정기적으로 열리기 시작했다. 수많은 학회에서 식이요법에 관한 강연이 마련되었는데, 예외없이 탄수화물 제한 식단의 독특한 효과를 다루었다.✦ 1967년에서 1974년 사이에 이 학회들 중 다섯 건이 미국과 유럽에서 개최되었다. 가장 큰 학회는 1973년 10월 메릴랜드주 베데스다의 미국립보건원에서 열렸다. 식이요법 강연의 연자는 코넬 대학교의 샬럿 영이었다.

✦ 이 학회들은 칼로리 제한 식단을 논의하지 않았다. 의사들이 거의 모든 경우에 칼로리 제한 식단은 실패한다는 사실을 이미 알고 있었던 것이다. 완전한 단식의 효능에 관해서는 때때로 논의했는데, 이 방법은 오직 환자가 단식을 계속하는 동안만 성공적이었다.

영은 듀폰사에서 진행된 페닝턴의 연구와 미시간 주립대학교의 올슨 연구를 포함해 살찌는 탄수화물에 대한 100년간의 역사를 검토했다. 그리고 비만한 젊은 남성에게 1800칼로리의 식단을 처방한 자신의 연구에 대해서도 설명했다. 다양한 식단에 함유된 단백질의 양은 모두 동일했다. 하지만 어떤 식단에는 사실상 탄수화물이 전혀 들어 있지 않고 많은 양의 지방이 함유되어 있었던 반면, 다른 식단에는 탄수화물이 수백 칼로리 정도 들어 있고 지방 함유량은 적었다. "체중 감소, 체지방 감소, 체지방 감소 대비 체중 감소 백분율은 모두 식단에 함유된 탄수화물의 양에 역상관관계가 있었습니다." 다시 말해 탄수화물을 적게 섭취하고 지방을 많이 섭취한 남성일수록 체중과 체지방량이 더 많이 감소했다는 뜻이다. 이 책의 2부에서 예측한 것과 정확히 일치하는 결과다. 더욱이 이런 탄수화물 제한 식단은 "허기, 심한 피로감, 체중 감소, 장기적 체중 감량의 적합성, 향후 체중 조절 등으로 측정했을 때 매우 뛰어난 임상 결과를 보여주었다".

이쯤에서 독자들은 세계 각지에서 수행된 연구 결과와 그보다 훨씬 전에 상세한 내용이 밝혀진 지방 대사의 과학적 기초를 고려할 때, 의학계와 공중보건 당국이 눈이 번쩍 뜨이는 깨달음을 얻었으리라 생각할지도 모르겠다. 어쩌면 살찌기 쉬운 체질을 타고난 사람에게 적어도 가장 살찌기 쉬운 식품, 즉 쉽게 소화되는 정제 탄수화물과 설탕을 피하라고 알려주기 위해 대대적인 캠페인을 벌이지 않았을까? 실제 벌어진 일은 전혀 딴판이었다.

1960년대에 이미 비만은 섭식 장애로 인식되었다. 따라서 지방 조절에 관한 과학적 사실들은 비만과 큰 관련이 없는 것으로 여겨졌다(아

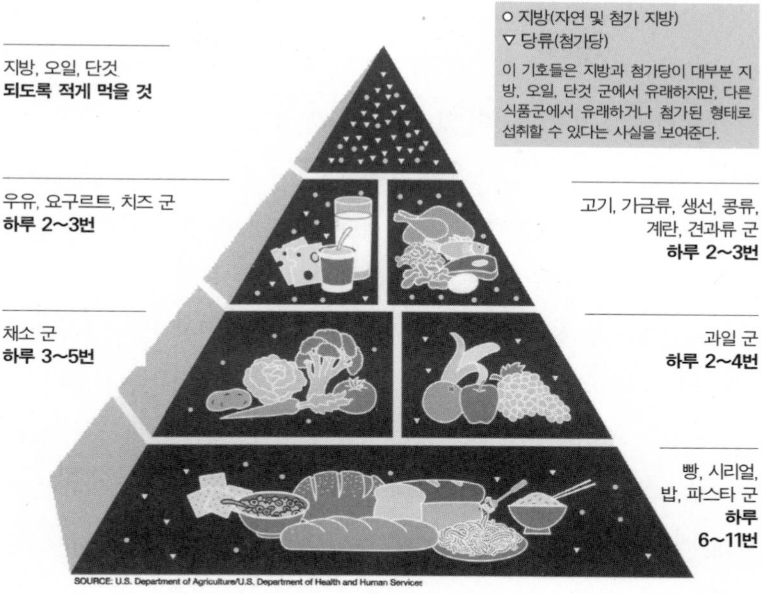

직도 그렇다). 비만의 기초 지식은 생리학, 내분비학, 생화학 학술지를 통해 논의되었지만, 그 결과가 의학 학술지나 비만에 관한 문헌 쪽으로 좀처럼 넘어가지 못했다. 1963년에 〈미국의학협회학술지〉에 실린 긴 논문처럼 어쩌다 의학 영역으로 넘어가더라도 무시되기 일쑤였다. 비만의 치료법이 살찐 사람도 음식을 많이 먹을 수 있고, 심지어 원하는 만큼 먹을 수 있다는 개념에서 출발한다는 것을 기꺼이 받아들이는 의사는 거의 없었다. 살찐 사람이 애초에 살이 찐 이유는 너무 많이 먹었기 때문이라는, 널리 인정되고 명백해 보이는 개념과 완전히 상반되었던 것이다.

그것으로 끝이 아니었다. 보건 공무원들은 그전부터 이미 식이성 지방이 심장병의 주범이며, 탄수화물은 "심장 건강에 좋은" 음식이라고 믿고 있었다. 유명한 미 농무부의 '건강 식단 피라미드'에 지방과 오일이 "조금만 먹어야 하는" 식품으로 맨 위에 올라 있는 이유다. 고기 역시 상당량의 지방이 들어 있다는 이유로 꼭대기 바로 아래 위치하며(생선과 가금류는 지방 함량이 적지만 고기와 같이 취급한다. 심지어 지방을 제거한 고기도 예외를 두지 않는다), 지방이 들어 있지 않은 탄수화물은 가장 살찌기 쉬운 식품임에도 가장 건강에 좋다고 생각되는 맨 아래에 있다.

탄수화물이 "심장 건강에 좋은" 식품이라는 믿음은 1960년대에 시작되었다. 탄수화물이 우리를 살찌게 만든다는 개념과 양립할 수 없는 믿음이었다. 식이성 지방이 심장발작을 일으킨다고 믿는 한, 설사 살을 뺄 수 있다고 해도 탄수화물 대신 지방이 많이 함유된 식품을 먹으라는 것은 죽으란 소리나 마찬가지일 것이다. 의사들과 영양학자들은 탄수화물 제한 식단을 공격하기 시작했다. 당시에는 제대로 검증해본 적도 없으며, 나중에 검증에 나선 뒤에도 확인된 적이 없는(곧 설명할 것이다) 심장병에 대한 이론을 무턱대고 믿었던 것이다. 그들이 믿은 이유는 자신들이 존경하는 사람들이 믿는다는 것이었으며, 존경하는 사람들이 믿은 이유 역시 그들이 존경하는 다른 사람들이 믿는다는 것이었다.

이 사실을 가장 확실히 보여주는 예로 1965년 〈뉴욕타임스〉에 실린 기사를 들 수 있다. 공교롭게도 같은 해에 미국생리학회에서 무려 800쪽에 걸쳐 앞 장에서 설명한 지방 대사의 과학만을 다룬 《생리학 편람Handbook of Physiology》을 출간했다. 이 책의 결론은 정곡을 찌른다. "탄수화물은 인슐린 분비를 일으키고, 인슐린은 지방 축적을 일으킨다." 그러나 "영양학자들 새로운 식단을 비난하다-낮은 탄수화물 섭취의 위험성"이라는 제목으로 〈뉴욕타임스〉에 실린 기사는 대중에게 탄수화물 제한 식단을 처방하는 것은 "대학살과 다름없는 일"이라는 하버드 대학교 장 메이어의 주장을 인용했다.

대학살.

메이어의 논리는 무엇이었을까? 글쎄, 우선 〈뉴욕타임스〉에서 설명하듯이, "어떤 사람도 먹을 것을 줄이거나 운동을 통해 과잉 칼로리를 해결하지 않고 살을 뺄 수 없다는 것은 의학적 기정사실이다". 앞에서 이것이 의학적 기정사실이 아니란 점을 살펴보았지만 1965년 당시의 영양학자들은 알지 못했다. 아직도 대부분의 영양학자가 알지 못한다. 두 번째로 이런 식단은 탄수화물을 제한하기 때문에 결국 더 많은 지방 섭취를 허용할 수밖에 없다. 메이어가 대학살 운운한 것은 바로 이런 식단의 지방 함량이 높다는 점 때문이었다.

탄수화물 제한 식단은 지금도 똑같은 취급을 받는다. 식이성 지방, 특히 포화지방이 심장병을 일으킨다는 믿음은 바로 탄수화물이 심장병을 예방한다는 개념으로 연결되었다. 1980년대 초 지난 40년간 영양 분야에서 가장 영향력 있는 언론인이었던 〈뉴욕타임스〉의 제인 브로디는 "우리는 탄수화물을 더 많이 먹어야 한다"면서, 전분과 빵을 다이어트 식품으로 적극 추켜세웠다. "파스타를 먹는 것은 바야흐로 유행의 물결을 타고 있을 뿐 아니라 살을 빼는 데도 도움이 된다." 1983년 "영국 보건 교육을 위한 영양 지침 제안서"를 작성한 영국의 권위자들은 "체중 조절의 방편으로 모든 탄수화물 섭취를 제한하라고 했던 과거 영국의 영양 권고안이 이제는 현대적 개념과 상충한다"는 대목에 대해 해명해야 했다.

이 논리가 가장 우스꽝스러운 꼴에 처한 것은(이것으로 끝나기만을 바랄 뿐이다) 1995년 미국심장협회에서 지방 함량만 낮다면 모든 것을 먹어도 괜찮다(심지어 사탕과 설탕까지도)는 의미의 소책자를 발간한 일이다.

"지방, 포화지방산 및 식이성 콜레스테롤의 양과 종류를 조절하려면, 다른 식품군에 속하는 간식을 선택하면 된다. 예컨대 (…) 저지방 쿠키, 저지방 크래커 (…) 소금을 뿌리지 않은 프레첼, 하드 캔디✦, 검 드롭✦✦, 설탕, 시럽, 꿀, 잼, 젤리, 마멀레이드✦✦✦ 등이다."

이런 충고와 저탄수화물 체중 감소 식단을 피해야 한다는 생각은, 벌써 50년째 귀에 못이 박이도록 들어온 대로 식이성 지방이 정말 심장병을 일으킨다면 합리적일지도 모른다. 그러나 식이성 지방에 관한 강박관념이 잘못되었다는 증거는 예나 지금이나 차고 넘친다. 이런 생각이야말로 건강 관련 전문가들이 의미 있는 연구를 해보기도 전에 무언가를 잘 안다고 생각한 나머지 먼저 자신을 속이고, 나아가 모든 사람을 속인 또 하나의 예가 될 것이다. 다음 장에서는 인간이라는 종의 역사를 살펴보면서 살찌는 탄수화물(전분, 밀가루, 설탕으로 만든 음식들)만을 피하는 식단이, 설사 그 대신 상당한 양의 지방과 고기를 먹게 된다고 해도 건강에 나쁜지 나쁘지 않은지 알아보자. 이어지는 장에서는 최신 의학 연구들이 건강한 식단의 본질에 대해 어떤 이야기를 들려주는지 살펴볼 것이다.

✦ 설탕을 조려 만든 과자.(옮긴이)

✦✦ 젤리 모양의 설탕 과자.(옮긴이)

✦✦✦ 설탕과 감귤류를 껍질째 넣어 조린 일종의 잼.(옮긴이)

17 고기냐 채소냐

1919년 뉴욕의 심장 전문의였던 블레이크 도널드슨은 과체중이거나 비만인 환자에게 대부분 고기로 구성된 식단을 처방하기 시작했다. 도널드슨은 이들을 "뚱뚱한 심장병 환자들"이라고 불렀다. 심지어 100년 전에도 심장 발작을 걱정해야 할 가장 중요한 집단이라는 사실이 명백했던 것이다. 그는 인근 자연사박물관에 가서 인류학자들에게 선사시대 조상들이 무엇을 먹고 살았는지 물어보았다. 그가 얻은 답은 "사냥할 수 있었던 가장 살찐 동물의 고기"에 아주 소량의 덩이뿌리와 장과류漿果類를 곁들여 먹었다는 것이었다. 도널드슨은 기름진 고기야말로 "어떤 체중 감소 식단에서든 필수적인 요소"라 생각하고, 고기를 하루 세 번 약 250그램씩 먹고 덩이뿌리와 장과류 대신 소량의 과일이나 감자를 곁들인 식단을 처방하기 시작했다. 그는 40년 후에 은퇴할 때까지 이 식단으로 1만 7000명에 이르는 환자의 체중 문제를 성공적으로 치

료했다(적어도 그렇게 주장했다).✦

도널드슨이 시대를 앞서 갔을 수도, 그렇지 않을 수도 있겠지만 우리가 진화 과정에서 먹게 된 음식들을 계속 먹어야 하는지에 관한 논쟁은 아직까지도 치열하다. 기본 개념은 어떤 식품이 인간의 식단에 오래 존재했을수록 우리가 그 식품에 잘 적응했을 것이므로 건강에 이롭다는 것이다. 반대로 인간에게 새로운 식품, 비교적 최근에야 대량으로 섭취하기 시작한 식품은 적응할 시간이 충분치 않았으므로 해가 될 가능성이 높다는 것이다.

이런 논리는 만성 질환 예방에 관한 거의 모든 공중보건 권고안에 내재되어 있다. 명시적으로 드러난 최초의 문헌은 1980년대에 영국의 역학자인 제프리 로즈가 쓴 두 편의 논문이다. 〈예방의 전략Strategy of Prevention〉과 〈병든 개인과 병든 집단Sick Individuals and Sick Populations〉은 지금도 공중보건 분야에서 가장 영향력 있는 논문에 속한다. 여기서 로즈는 보건 당국에서 만성 질환을 예방하기 위해 권고할 수 있는 유일한 조치는 "비자연적 요소들"을 제거하고, "'생물학적 정상', 즉 (…) 우리가 유전적으로 적응되었을 것이라고 생각되는 조건"을 회복하는 것이라고 주장했다. "이런 정상화 조치는 안전할 것이라고 추정할 수 있으며, 따라서 이로울 것이라는 합리적인 추정을 근거로 이 조치들을 옹호할 준비가 되어 있어야 한다."

✦ 1940년대 후반 앨프레드 페닝턴이 듀폰사의 중역들을 대부분 고기로 구성된 식단으로 치료한 것은 도널드슨의 식단을 참고로 한 것이다. 페닝턴의 연구는 뉴욕의 산과 의사인 허먼 탤러Herman Taller가 《칼로리는 중요하지 않다Calories Don't Count》라는 책을 쓰는 계기가 되었다. 역사상 가장 논쟁적인 다이어트 서적이라 할 이 책은 탄수화물과 탄수화물 제한 식단에 관한 수많은 논쟁을 불러일으켰다. 이 논쟁은 지금도 진행 중이다.

여기서 "우리가 유전적으로 적응되었을 것이라고 생각되는 조건"이 과연 무엇이냐는 문제가 자연스럽게 제기된다. 알고 보면 1919년에 도널드슨이 가정한 것은 오늘날에도 여전히 통념으로 자리잡고 있다. 우리의 유전자는 1만 2000년 전 농경이 도입되기 전, 우리 조상이 수렵 채집인으로 살았던 250만 년 동안에 대부분 결정되었다는 생각이다. 이 시기는 엄밀히 따지면 구석기시대이지만, 어쨌든 최초로 돌로 만든 도구를 사용하기 시작했다는 의미로 보통 석기시대라고 부른다. 인간은 지구상에 존재한 이후 99.5퍼센트가 넘는 시간을 이런 상태로 살았다. 농부로 살았던 시간이 600세대, 산업화된 시대에서 살았던 시간이 10세대인 반면, 수렵 채집인으로 살았던 시간은 10만 세대가 넘는다.

우리 종의 역사에서 마지막 0.5퍼센트에 불과한 농경시대가 유전 구성에 의미 있는 영향을 거의 미치지 못했을 것이라는 데는 논란의 여지가 없다. 중요한 것은 인류가 농경시대 이전 즉 250만 년에 이르는 석기시대에 무엇을 먹었는가이다. 이 질문에 확실히 답하기는 어렵다. 인류가 기록 수단을 발명하기 전이기 때문이다. 최선의 방법은 영양 인류학자들이 1980년대 중반에 시도한 대로 현존하는 수렵 채집 사회의 생활이 석기시대 우리 조상이 영위했던 생활과 비슷하다고 가정하고 연구하는 것이다.

2000년, 미국과 오스트레일리아 연구자들은 20세기가 시작된 후에도 상당히 오랫동안 존속하여 인류학자들이 식단을 연구할 수 있었던 수렵 채집인 집단 229개의 식단을 분석, 발표했다.⁺⁺ 이것은 아직까지도 현대 수렵 채집인의 식단이라는 주제에 관해 가장 종합적인 연구

⁺⁺ 로렌 코데인Loren Cordain 등의 연구('참고문헌'을 볼 것).

로 알려져 있으므로, 로즈가 말한 "우리가 유전적으로 적응되었을 것이라고 생각되는" 식단의 특성을 드러낸다고 볼 수 있다. 이 연구의 결론 중 네 가지 항목이 '우리를 날씬하게 만들어주는 식단(즉 살찌는 탄수화물이 들어 있지 않은 식단)이 건강한 식단인가'라는 질문과 관련이 있다.

첫째, 수렵 채집인들은 "생태학적으로 가능하다면 언제 어디서든" 동물성 식품을 "대량" 섭취했다. 229개 인구집단 중 20퍼센트는 거의 전적으로 사냥이나 낚시를 통해서만 식량을 조달했다. 총 칼로리의 85퍼센트 이상을 고기나 생선으로 섭취했으며, 일부에서는 이 비율이 100퍼센트였다. 이것으로 우리가 과일, 야채, 곡식을 전혀 섭취하지 않아도 생존 가능하다는 사실을 알 수 있다. 수렵 채집 사회 중 칼로리의 절반 이상을 식물성 식품으로 섭취하는 집단은 14퍼센트에 불과했다. 오로지 채식만 하는 집단은 하나도 없었다. 모두 합쳐 평균을 내보면 이들은 총 칼로리의 약 3분의 2를 동물성 식품에서, 3분의 1을 식물성 식품에서 얻었다.

두 번째 교훈은 식단의 지방 및 단백질 함량에 관한 것이다. 지난 50년간 우리는 끊임없이 저지방 식단을 섭취해야 한다고 들었고(미 농무부의 건강 식단 피라미드를 보라), 항상 그렇게 하려고 노력했다. 평균적으로 우리는 총 칼로리의 15퍼센트를 단백질, 33퍼센트를 지방, 나머지(50퍼센트가 넘는다)를 탄수화물로 섭취한다. 하지만 현대 수렵 채집인의 식단은 전혀 달랐다. 따라서 석기시대 조상도 전혀 다른 음식을 먹었을 가능성이 높다. 그들의 식단은 단백질이 높거나 매우 높은 수준이었으며(총 칼로리의 19~35퍼센트), 지방 역시 높거나 매우 높은 수준이었다(총 칼로리의 28~58퍼센트). 일부 집단은 유럽인과 교역을 시작하여 설탕과 밀가루를 먹기 전의 이누이트족처럼, 총 칼로리의 무려 80퍼센트를 지방으로 섭취했다.

수렵 채집인은 사냥할 수 있는 것 중 가장 살찐 동물을 선호했다. 동물의 신체 부위 중에서도 내장과 골수 등 지방 함량이 가장 높은 부위를 좋아하여 사냥한 동물의 "사실상 모든" 지방을 먹어치웠다. 우리가 슈퍼마켓에서 사거나 식당에서 주문하는 지방을 제거한 살코기와 사뭇 다른, 기름진 부위와 내장을 좋아했다.✦

세 번째, 이들의 식단은 "서구의 정상적인 기준"으로 볼 때 탄수화물 함량이 낮아 평균적으로 섭취하는 에너지의 22~40퍼센트에 불과했다. 이렇게 된 한 가지 이유는 구할 수만 있다면 언제나 고기를 선호했다는 점이다. 또 한 가지 이유는 식용 야생 식물은 오늘날 우리가 섭취하는 곡물 가루로 만든 식품이나 전분에 비해 "상대적으로 탄수화물 함량이 낮다"는 점이다. 이들이 채집한 식물성 식품은(씨앗류, 견과류, 덩이뿌리, 덩이줄기, 구근류, "잡다한 식물의 부위들"과 과일) 하나같이 오늘날 영양학의 개념으로 혈당 지수가 낮은 것들이다. 다시 말해 혈당을 아주 천천히 상승시키기 때문에 인슐린 반응 또한 느리고 상승폭이 작다. 수렵 채집인은 상대적으로 적은 탄수화물을 섭취할 뿐 아니라, 탄수화물을 섭취하더라도 소화되지 않는 섬유질과 단단히 결합된 상태로 섭취한다. 이런 식품은 대부분 소화시키기가 매우 어렵고, 따라서 아주 천천히 소화된다. 간단히 말해서, 이들이 섭취하는 탄수화물은 살이 찌지 않는다.(조리법의 발명에 관해 오늘날 진지하게 논의되는 주장이 한 가지 있다. 애초에 덩이줄기와 다른 식물성 식품들을 먹을 수 있는 상태로 만들기 위해 조리법이 생겨

✦ 육식동물도 일반적으로 동일한 행동을 나타낸다. 예를 들어 사자는 사냥감을 잡으면 기름진 내장만 먹어치우고 '지방이 거의 없는 살코기'는 청소동물의 몫으로 남겨둔다.

났다는 것이다. 고기를 불에 구워 먹기 시작한 것은 훨씬 나중의 일이다.)

이 연구 결과 한 가지 확실한 것은 수렵 채집인의 식단이 쉽게 소화되는 전분과 곡식(옥수수, 감자, 쌀, 밀, 콩)을 비롯해 탄수화물 함량이 높은 오늘날의 권장 식단과 크게 다르다는 점이다. 사실 탄수화물이 풍부한 식품은 아주 최근에 인류의 식단에 추가되었다. 많은 식품이 불과 지난 몇백 년 사이에 등장했는데, 이 정도의 시간은 인류가 이 혹성에 발붙이고 살아온 250만 년이라는 세월에 비하면 찰나에 불과하다. 옥수수와 감자는 신대륙의 채소로 콜럼버스 이후에야 유럽을 거쳐 아시아로 전파되었다. 기계를 이용해 밀을 빻고, 설탕을 정제한 것은 19세기 후반에야 가능했다. 200년 전만 해도 설탕 섭취량은 현재의 5분의 1에 불과했다.

과일조차 석기시대는 물론 현존하는 수렵 채집인이 섭취하는 야생종과 전혀 다르다. 게다가 이제는 많은 과일을 연중 내내 섭취할 수 있다. 원래 과일이란 온대기후라면 늦여름에서 가을까지, 1년 중 불과 몇 개월 동안만 맛볼 수 있는 것이었다. 오늘날 영양학자들은 과일을 많이 먹는 것이 건강한 식단의 필수적인 부분이라고 생각한다. 서구식 식단의 한 가지 문제가 상대적으로 과일을 덜 먹는 것이라는 주장도 널리 퍼져 있다. 하지만 우리가 유실수를 재배하기 시작한 것은 불과 몇백 년 전이다. 오늘날 즐겨 먹는 후지 사과, 바틀릿 종의 배, 네이블 오렌지 등은 야생종에 비해 즙이 많고 당도가 높게 육종된 것으로 훨씬 살찌기 쉽다는 점을 생각해볼 필요가 있다.

2000년에 수행된 이 연구에서 가장 중요한 점은 전형적인 서구식 식단에서 60퍼센트가 넘는 칼로리를 차지하는 현대적 식품들(정제된 곡식, 온갖 음료, 식물성 오일과 드레싱, 설탕과 단것)이 "전형적인 수렵 채집인의 식단에는 사실상 존재하지 않는 에너지 공급원"이라는 사실이다. 우리의 유전적 구성이 건강한 식단과 조금이라도 관련이 있다면, 쉽게 소화되는 전분, 정제 탄수화물(밀가루와 백미), 설탕을 먹으면 살이 찌는 이유는 인류라는 종이 그런 것을 먹도록 진화하지 않았기 때문일 가능성이 높다. 적어도 우리가 오늘날 섭취하는 것처럼 이런 식품을 대량으로 먹도록 진화하지 않은 것만은 확실하다. 그렇다면 이런 것들이 들어 있지 않은 식단이 건강에 더 좋을 것이라는 점은 너무나 명백하다. 250만 년 동안 조상들이 그랬던 것처럼 우리의 건강한 식단에도 고기, 생선, 가금류 등 단백질과 지방이 풍부한 식품이 반드시 들어가야 한다.

이런 진화적 주장을 뒤집어 생각해보자. 고립된 채 살아가며 전통적인 식단을 섭취하다가, 어느 순간 외부와 교류하면서 현대 서구 사회의 식품을 받아들였던 인구집단의 경험을 살펴보는 것이다. 공중보건 전문가들은 이런 과정을 "영양전이"라고 부른다. 그리고 영양전이에는 예외 없이 집단 전체에서 질병 양상의 변화가 동반되었다. 식단이 바뀐 것만으로 소위 서구병이라 불리는 만성 질환이 만연했던 것이다. 구체적으로 비만, 당뇨병, 심장병, 고혈압과 뇌졸중, 암, 알츠하이머병과 기타 치매, 충치, 잇몸 질환, 충수돌기염, 궤양, 게실염, 담석, 치질, 정맥류, 변비 같은 병이다. 이런 질병은 서구식 식단을 섭취하면서 현대적 생활습관에 따라 사는 사회에서 매우 흔하지만, 그렇지 않은 사회에서는 아예 없거나 매우 드물다. 그리고 전통 사회가 교역에 의해서든 이민에 의해서든, 자발적으로든 노예 무역처럼 강요된 것이든 서구식 식단과 생활습관을 받아들이면 이내 이런 질병이 나타났다.

만성 질환과 현대적 식단 및 생활습관 사이의 연관성이 처음 주목을 받은 것은 19세기 중반 프랑스 의사인 스타니슬라스 탕슈가 "암은 정신 이상과 마찬가지로 문명의 진보와 함께 증가하는 것 같다"고 지적한 때였다. 오늘날 마이클 폴란이 지적하듯 이 연관성은 식단과 건강에 관해 반박할 수 없는 하나의 사실로 굳어진 듯하다. 서구식 식단을 섭취하면 서구식 질병, 즉 비만, 당뇨병, 심장병, 암이 뒤따른다.✦ 이것은 공중보건 전문가들이 이 모든 질병, 심지어 암조차 그 원인에는 불운이나 유전자의 문제뿐만 아니라 식단과 생활습관이 작용한다고 믿는 중요한 이유 중 하나다.

보다 현대적인 근거가 필요하다고 느낀다면 유방암을 생각해보자. 일본에서 유방암은 상대적으로 드물다. 적어도 미국 여성처럼 유행 수준이 아니라는 것은 분명하다. 하지만 미국으로 이민을 간 일본인 집단은 불과 두 세대 만에 유방암 발생률이 그 지역의 다른 인종 집단과 똑같아진다. 미국식 식단과 생활습관에 유방암을 일으키는 무언가가 있다는 뜻이다. 그게 뭘까? 일본식 식단과 생활습관에 유방암을 막아주는 무언가가 있다고 할 수 있을 것이다. 1960년대까지도 유방암이라는 병이 사실상 존재하지 않았던 이누이트족이나 피마족을 비롯하여 수많은 인구집단에서도 비슷한 경향이 관찰된다. 모든 인구집단에서 유방암의 발생 빈도는 전통적인 식단을 섭취하던 시절에는 매우 낮았다가 서구

✦ 1997년 세계보건기구 산하 국제암연구기구International Agency for Cancer Research의 설립자이자 대표인 존 히긴슨John Higginson은 50년 전 남아프리카공화국으로 파견되었던 경험을 예로 들어 유럽이나 북미에서 의사로 수련받은 후 서구화되지 않은 사회로 가서 일하는 것을 "문화 충격"이라고 표현했다. 그는 이런 의사들이 "질병의 양상과 발생 원인이 (…) 다른 곳에서 익히 보아왔던 것과 사뭇 다르다. 더욱이 그런 차이는 예상했던 것처럼 전염병에 국한되는 것이 아니라 암이나 심장병 같은 만성 질환에서도 나타난다."는 점을 알게 된다고 썼다.

화되면서 크게 증가했다.

이 사실은 논란의 여지가 없다. 서구적 질환에 관한 거의 모든 연구에서 한결같이 나타나는 현상이다. 대장암은 나이지리아보다 코네티컷 시골 지역에 열 배나 더 많다. 알츠하이머병은 일본에 사는 일본인보다 일본계 미국인 집단에서 훨씬 더 흔하다. 아프리카 시골 지역에 비해 아프리카계 미국인에서 두 배나 더 많다. 서구적 질병의 목록에서 아무 병이나 골라 같은 연령 집단에서 도시와 시골 또는 서구화된 사회와 그렇지 않은 사회의 유병률을 비교하면 도시화, 서구화된 지역의 유병률이 항상 훨씬 높다.

이런 현상을 두고 주류 영양학자들과 공중보건 전문가들은 모든 것이 현대 서구식 식단과 생활습관 탓이라고 주장하기 시작했다. 서구식 식단은 너무 많은 고기, 가공 식품, 설탕으로 범벅이 된 데다 엄청나게 칼로리가 높고 야채와 과일과 통곡식은 거의 들어 있지 않다고 규정했다. 서구식 생활습관은 하루 종일 앉아 있는 것이라고 규정했다. 고기를 멀리하고, 가공 식품과 설탕을 피하고, 식물성 식품 위주로 더 적게, 최소한 너무 많이 먹지는 않으면서 과일 섭취량을 늘리고, 운동을 열심히 하면 모든 병을 예방하고 더 오래 살 수 있다는 것이다.

이런 사고방식의 문제는 기본적으로 서구식 식단에 관한 모든 것이 나쁘다는 가정을 바탕에 깔고, 그것을 근거로 삼아 모든 것을 비난한 후 자기들은 할 일을 다 했다고 믿는 것이다. 이런 태도를 보면 13세기 프랑스 남서부의 도시 베지에에서 이단자를 쓸어버리겠다며 당당하게 길을 나섰던 종교 재판관들이 떠오른다. 어떤 방법으로도 이단자와 가톨릭 신자를 구분할 수 없다는 사실을 깨닫고 그들은 이런 명령을 내린다. "다 죽여라. 하느님께서 가려내시리라." 그들은 실제로 그렇게 했다.

서구식 식단의 어떤 측면은 건강에 나쁘지만 나머지는 전부 괜찮거나 심지어 건강에 이롭다면 어쩔 텐가? 굳이 따지자면 폐암도 분명 서구적 질병이다. 하지만 폐암에 대해서는 서구식 식단과 앉아 있는 습관을 비난하지 않는다. 오직 담배가 문제라고 생각할 뿐이다. 그 이유는 폐암이 비흡연자보다 흡연자에게 훨씬 흔하다는 사실을 알기 때문이다.

범죄 수사를 할 때는 용의자의 명단을 좁혀가야 한다. 우리도 그렇게 해보자. 많은 연구가 이루어진 비서구 인구집단 가운데는 고기만 먹거나 고기와 생선만 먹고 과일과 채소는 아예 먹지 않는 집단도 꽤 있다. 앞서 예로 든 이누이트족이 그렇고, 마사이족도 마찬가지다. 이들은 암은 물론 심장병, 당뇨병, 비만이 아예 없거나 매우 드물다. 고기를 먹는 것이 이 질병들의 원인이 아니며, 이 질병들을 예방하기 위해 반드시 과일과 야채를 많이 먹어야 하는 것은 아니라는 뜻이다. 100년 전 서구 사회와 비서구 사회에서 암 발생률이 크게 다르다는 점을 활발하게 연구하기 시작했을 때에도 서구인은 고기를 많이 먹어서 암에 걸리고, 고립된 인구집단들은 대부분 식물성 식품을 섭취하기 때문에 암이 예방된다는 가정이 제기된 바 있다. 그 가정은 지금 받아들여지지 않는 것과 똑같은 이유로 당시에도 받아들여지지 않았다. 채식만 하는 사회에서 왜 암이 많은지 설명할 수 없었던 것이다. 예를 들어 1899년 어떤 영국 의사가 기술했듯이 인도의 힌두교 신자들은 "미식을 혐오"하지만 암 환자는 얼마든지 있고, 이누이트족, 마사이족, 대평원에 사는 북미 원주민은 명백하게 육식을 위주로 하지만 암 환자가 드물다.[5]

폴란이 지적하듯 분명 인간은 거의 고기만 먹는 것부터 거의 완전한 채식에 이르기까지, 다양한 비서구식 식단에 적응할 수 있다. 이 인구집단들에서 하나같이 서구적 질병이 비교적 드물다면 고기를 거의 먹지 않고 채소와 과일을 많이 먹는 일부 집단만 추려낼 것이 아니라, 모든 인구집단의 식단이 서구식 식단과 어떻게 다른지 알아보는 것이 합리적이다. 사실 해답은 수렵 채집인(이들도 서구적 질병을 거의 앓지 않는다)의 식단에서 완전히 빠져 있는 식품들에 있다. 바로 "정제된 곡식, 유제품, 음료들, 식물성 오일과 드레싱, 설탕과 단것"이다.

《당뇨병, 관상동맥 혈전증, 설탕병Diabetes, Coronary Thrombosis and the Saccharine Disease》(1966년)이라는 책을 공동 저술한 토머스 "피터" 클리브와 조지 캠벨을 비롯하여 1950년대와 1960년대에 그 증거를 찾아나선 연구자들은 고립된 인구집단이 서구의 식품 중 설탕과 흰 밀가루를 가장 먼저 먹기 시작했다고 지적했다. 그 이유는 전 세계에 걸쳐 수송된 교역 품목 중 이 두 가지가 쥐와 벌레가 먹어 치우거나 망쳐놓는 일이 가장 드물기 때문이다. 물개와 카리부, 고래 고기를 먹고 살던 이누이트족도 설탕과 밀가루(크래커와 빵)를 가장 먼저 먹기 시작했다. 얼마 안 있어 서구적 질병이 뒤따랐다. 케냐의 농경 부족 키쿠유족도 설탕과 밀가루를 먹기 시작하자 이 병들이 나타났다. 돼지고기와 코코넛, 생선을 먹고 살던 남태평양 제도 사람들 역시 설탕과 밀가루를 먹기 시작하자 이 병들이 나타났다. 마사이족 또한 식단에 설탕과 밀가루를 받아들이거나 도시로 이주하여 이 음식들을 먹기 시작하자 이 병들이 나타났다. 심지어 미식을 혐오하는 채식주의자인 인도의 힌두교 신자들조차 설탕과 밀가루를 먹었다. 그렇다면 설탕과 밀가루가 이 질병들의 원인일 가능

✦ 1910년 컬럼비아 대학교의 병리학자 아이작 레빈Isaac Levin은 북미 원주민에서 육식 가설은 "성립하기 어렵다"고 썼다. "이들은 대식가이며, (질소가 풍부한 식품, 즉 고기를) 종종 너무 많이 먹는다." 하지만 레빈 자신이 미국 서부와 중서부 지방 보호구역에 근무하는 인디언행정국 의사들을 조사하여 확인한 결과 암이 거의 발생하지 않았다.

성이 높다고 생각하는 것이 옳지 않을까?

내게는 이런 생각이 완벽하게 이치에 맞는 것 같다. 당신도 그러길 바란다. 하지만 이런 생각은 '살찌는 탄수화물'과 '탄수화물 제한 식단'이라는 생각이 거부된 것과 똑같은 이유로 거부되었다. 미국의 영양학자들이 선호하는 가설, 즉 식이성 지방이 심장병을 일으킨다는 생각과 상충했던 것이다. 이들은 설탕과 밀가루가 문제라는 증거의 역사적, 지리적 깊이를 전혀 이해하지 못한다.

이제 우리는 식이성 지방이 정말로 심장병을 일으키는가라는 질문을 다시 살펴볼 필요가 있다. 식이성 지방이 원인이 아니라면 진짜 원인은 무엇일까? 다음 장에서는 심장병은 물론 당뇨병, 암, 그 밖에 우리가 정말로 두려워하는 서구적 질병들의 식이성 원인이 무엇인가라는 질문에 관해 최신 연구를 통해 밝혀진 사실들을 살펴볼 것이다.

18 건강한 식단의 본질

탄수화물은 우리를 살찌게 만들기 때문에 살이 찌지 않으려면 탄수화물이 풍부한 식품을 피하는 것이 최선이며, 어쩌면 유일한 방법일 것이다. 이미 살이 많이 찐 사람이라면 다시 날씬해질 수 있는 최선의, 어쩌면 유일한 방법이다. 논리는 명확하다. 하지만 의사들은 이런 식단이 건강에 해를 끼치며 위험하고 실행하기도 어렵다고 주장한다.

탄수화물 제한 식단에 반대하는 주장은 크게 세 가지다. 세 가지 모두 1960년대부터 지금까지 끊임없이 반복되는 이야기다.

1) 탄수화물 제한 식단은 사기다. 적게 먹거나 운동을 하지 않고도 체중을 줄일 수 있다는 생각은 열역학법칙에 어긋나며, 들어온 칼로리와 나간 칼로리라는 대전제에도 맞지 않는다.
2) 탄수화물 제한 식단은 탄수화물이라는 주요 영양소를 완전히 제한하기 때문에 균형을 잃은 것이다. 건강한 식단의 첫 번째 원칙은 모든 주

요 식품군을 골고루 섭취하는 균형 잡힌 식단에 있다.

3) 탄수화물 제한 식단은 필연적으로 고지방 식단이 되며, 특히 포화지방 함량이 높기 때문에 콜레스테롤 수치가 높아져 심장병을 유발한다.

지금부터 이 주장들이 얼마나 타당한지 차근차근 살펴보자.

사기라는 주장

긴 말이 필요 없을 듯하다. 탄수화물 제한 식단이 속아넘어가기 쉬운 대중을 상대로 한 속임수라는 믿음은 아주 일찍부터 제기되었다. 먹고 싶은 만큼 실컷 먹고도 살이 빠진다고? 그건 불가능하지.

그러나 앞에서 우리는 탄수화물을 제한했을 때 어떤 일이 일어나는지, 식이성 지방과 단백질로 섭취하는 칼로리와 무관하게 왜 체중과 특히 체지방이 줄어드는지 살펴보았다. 그리고 물리 법칙은 이런 현상과 아무런 관련이 없다는 사실을 알게 되었다.

불균형 식단이라는 주장

전분, 정제 탄수화물, 설탕이 우리를 살찌게 만드는 것이 사실이라면 불균형 식단이라는 주장은 성립하지 않는다. 이런 탄수화물을 피하는 것이 문제를 해결하는 합리적인 방법이기 때문이다. 담배는 폐암, 폐기종, 심장병을 일으키기 때문에 끊어야 한다고 말할 때 의사들은 담배 없는 삶이 덜 만족스러운지 어떤지에 대해서는 전혀 신경 쓰지 않는다. 그저 사람들이 건강하기를 바랄 뿐이다. 담배를 피우지 못해서 느끼는 허전함 따위는 시간이 지나면서 자연스럽게 극복할 것이라고 믿는다. 탄수화물이 우리를 살찌게 만들고 수많은 만성 질환을 일으킨다면 여기에도 똑같은 논리를 적용해야 마땅하다.

모든 칼로리를 똑같이 줄인다면, 또는 흔히 듣는 조언에 따라 지방을 통해 섭취하는 칼로리만 선별적으로 줄인다면, 결과적으로 살을 찌지 않게 만드는 지방과 단백질은 적게 먹고 탄수화물을 더 많이 먹게 될 것이다. 이런 식단은 효과가 없을 뿐 아니라 하루 종일 허기에 시달리게 된다. 탄수화물만 제한한다면 먹고 싶을 때 언제든 단백질과 지방을 먹을 수 있다. 이 영양소들은 지방 축적을 일으키지 않기 때문이다. 이미 1936년에 덴마크의 의사 페르 한센은 탄수화물 제한 식단의 가장 큰 장점을 이렇게 지적했다. 배고픔을 느끼지 않고 살을 뺄 수 있다면, 언제까지나 반쯤 굶주린 상태를 유지하는 것보다 그런 방식으로 먹는 편이 꾸준히 실행할 가능성이 더 높지 않을까?

살찌는 탄수화물을 제한한 식단에 비타민, 미네랄, 아미노산 등의 필수 영양소가 부족하다는 주장도 맞지 않는다. 첫째, 이 식단은 살찌는 음식을 피하라는 것이지 녹색 잎채소나 샐러드를 피하라는 것이 아니다. 이것만으로도 비타민이나 미네랄이 부족하지 않을까 하는 일말의 불안감이 해소될 것이다. 더욱이 전분, 정제 탄수화물, 설탕 등 피해야 할 탄수화물 속에는 원래부터 필수 영양소가 거의 들어 있지 않다.✦

체중을 줄이려면 반드시 칼로리 섭취를 줄여야 한다고 믿더라도 탄수화물은 가장 먼저 줄여야 할 식품 제1순위다. 통념을 굳게 믿고 섭취하는 모든 칼로리를 3분의 1로 줄인다면, 모든 필수 영양소 역시 3분의 1로 줄어든다. 그러나 1960년대와 1970년대에 영국 영양학자 존 여

✦ 예외가 있다면 정제 후에 일부 영양소를 다시 첨가한, 소위 "강화" 식품이다. 예를 들어 제빵 기업들은 밀가루를 칼로리 외에는 영양학적 가치가 거의 남지 않을 때까지 정제한 후 나중에 엽산과 비타민B군 중 하나인 니아신을 첨가한다.

드킨이 주장한 것처럼 설탕, 밀가루, 감자, 맥주만 피하고 고기, 달걀, 녹색 잎채소를 무제한 허용하는 식단에는 모든 필수 영양소가 고스란히 남을 뿐 아니라 심지어 더 많은 양을 섭취하게 될 수도 있다. 몸에 좋은 음식을 줄이지 않고 더 많이 먹게 되기 때문이다.

동물성 식품 속에 포화지방이 들어 있기 때문에 건강에 나쁘다는 주장이 최초로 제기된 것은 1960년대였다. 이후 지금까지 영양학자들은 고기 속에 생명 활동에 필요한 모든 아미노산,✦ 모든 필수 지방산, 13종의 필수 비타민 중 12종이 놀랄 만큼 많이 들어 있다는 사실을 애써 언급하지 않는다. 하지만 틀림없는 사실이다. 특히 고기 속에는 비타민A와 E, 비타민B군 전체가 농축되어 있다. 비타민B12와 D는 오직 동물성 식품에만 들어 있다(물론 비타민D는 규칙적으로 햇빛을 쬐면 충분한 양이 체내에서 합성된다).

비타민C는 동물성 식품에 비교적 적게 들어 있다. 하지만 살찌는 탄수화물을 많이 섭취할수록 비타민C도 더 많이 필요한 것 같다. 비타민B에서는 이런 사실이 확실히 입증되어 있다. 세포는 포도당을 대사하기 위해 비타민B군을 이용한다. 탄수화물을 많이 섭취할수록 더 많은 포도당을 대사해야 하기 때문에(지방산 대신), 식품을 통해 더 많은 비타민B를 섭취해야 하는 것이다.

비타민C는 포도당과 똑같은 방식으로 세포 속으로 들어간다. 혈당이 높을수록 더 많은 포도당이 세포 속으로 들어가기 때문에 비타민

✦ 컬럼비아 대학교의 영양 인류학자 마빈 해리스Marvin Harris의 설명에 따르면 밀만 먹어도 몸무게가 약 80킬로그램인 남성이 필요한 모든 단백질과 아미노산을 섭취할 수 있다. 하지만 그렇게 하려면 하루에 약 1.5킬로그램의 밀을 먹어 치워야 한다. 똑같은 양의 단백질을 고기를 통해 섭취한다면 약 300그램이면 충분하다.

C는 세포 속에 들어가기 어려워진다. 또한 인슐린은 비타민C가 콩팥에서 재흡수되는 과정을 억제한다. 따라서 탄수화물을 많이 먹을수록 비타민C가 콩팥에서 재흡수되지 못하고 소변으로 빠져나가 비타민C 부족 상태가 된다. 탄수화물을 섭취하지 않는다면 동물성 식품을 통해 필요한 모든 비타민C를 섭취할 수 있다.

이런 설명은 진화적인 관점에서도 합리적이다. 먼 옛날 적도에서 멀리 떨어진 곳에 사는 사람들은 기나긴 겨울 동안 사냥으로 잡은 것 말고는 아무것도 먹지 못했다. 심지어 빙하 시대에는 이런 시기가 몇 년씩 지속되었을 것이다. 이들이 매일 필요한 비타민C를 섭취하기 위해 오렌지 주스나 신선한 채소를 먹었을 리 없다. 사실상 탄수화물을 섭취하지 않는 고립된 수렵 채집인 집단이 녹색 채소나 과일을 먹지 않고도 번성했다는 사실 역시 같은 논리로 설명할 수 있다.

탄수화물은 건강한 인간의 식단에 반드시 필요한 영양소는 아니다. 탄수화물 제한 식단을 지지하는 사람들이 흔히 말하듯 필수 탄수화물 같은 것은 없다. 영양학자들은 흔히 건강한 식단에 120~130그램 정도의 탄수화물이 필요하다고 말한다. 하지만 이 말은 탄수화물이 풍부한 식단을 섭취했을 때 뇌와 중추신경계가 에너지원으로 이용하는 양(하루 120~130그램)과 실제로 섭취해야 하는 양을 혼동한 것이다.

탄수화물을 섭취하지 않으면 뇌와 중추신경계는 '케톤체'라는 분자들을 에너지원으로 이용한다. 케톤체는 섭취한 지방과, 탄수화물을 먹지 않은 덕에 인슐린 수치가 낮아져 지방 조직에서 유리된 지방과, 심지어 일부 아미노산을 원료로 삼아 간에서 합성된다. 탄수화물을 섭취하지 않으면 뇌는 필요한 에너지의 약 4분의 3 정도를 케톤체를 통해 얻는다. 엄격한 탄수화물 제한 식단을 '케톤체 생성' 식단이라고 부르는 이유다. 나머지 에너지는 글리세롤에서 얻는다. 글리세롤 역시 중성지방이 분해되면서 지방 조직에서 유리되는 한편, 간에서 단백질을 통해 섭취한 아미노산을 이용하여 포도당을 합성할 때 만들어지기도 한다. 살찌는 탄수화물이 들어 있지 않은 식단에도 지방과 단백질은 풍부하게 존재한다. 뇌가 사용할 에너지가 부족해지는 일 따위는 벌어지지 않는다.

몸속에 있는 지방이 에너지원으로 사용될 때(모든 사람이 원하는 바다), 간에서는 언제나 이 지방 중 일부가 케톤체로 전환되고 뇌는 이 케톤체를 에너지원으로 사용한다. 아주 자연스러운 과정이다. 끼니를 거르거나, 저녁 식사 후 다음 날 아침 식사를 할 때까지의 기간 동안 우리 몸은 낮 동안 저장해둔 지방 덕분에 생명을 유지한다. 밤이 깊을수록 지방 조직에서 점점 많은 지방이 유리되고, 간은 이 지방을 부지런히 케톤체로 전환시킨다. 아침이 되면 몸은 소위 '케톤증' 상태가 된다. 이 말은 곧 뇌가 케톤체를 주된 에너지원으로 사용한다는 뜻이다.✦ 이 상태는 탄수화물을 하루 60그램 미만으로 제한한 식단을 섭취했을 때 몸에서 일어나는 현상과 본질적으로 같다. 연구자들은 뇌와 중추신경계가 포도당보다 케톤체를 에너지원으로 사용할 때 더 효율적으로 작동한다고 보고한 바 있다.

이렇게 가벼운 케톤증은 탄수화물을 먹지 않았을 때 정상적인 인

✦ 영양학자들은 종종 케톤증을 "병적인" 상태라고 이야기한다. 당뇨병이 제대로 조절되지 않았을 때 생기는 케톤산증과 케톤증을 혼동하기 때문이다. 케톤증은 자연스러운 상태고, 케톤산증은 그렇지 않다. 당뇨병성 케톤산증에서 케톤 수치는 보통 200mg/dl 이상이지만 아침 식사를 하기 직전 몸속의 케톤 수치는 5mg/dl에 불과하다. 탄수화물을 매우 엄격하게 제한했을 때 케톤 수치는 5~20mg/dl 정도다.

간의 대사 상태로 생각할 수 있다. 인류는 존재한 이래 99.9퍼센트의 시간 동안 탄수화물들을 먹지 않고 살았다. 논란의 여지는 있지만 케톤증은 자연적인 상태일 뿐 아니라, 특별히 건강에 좋은 상태일지도 모른다. 이런 결론을 뒷받침하는 한 가지 증거는 1930년대 이후 의학계에서 난치성 어린이 뇌전증을 치료하는 데 케톤체 생성 식단을 사용해왔고, 심지어 이를 통해 뇌전증이 완치된 경우도 있다는 점이다. 최근에는 케톤체 생성 식단으로 성인의 뇌졸중은 물론 암을 치료하는 연구도 시도되고 있다. 나중에 살펴보겠지만 언뜻 생각하는 것처럼 터무니없는 시도는 결코 아니다.

심장병을 일으킨다는 주장

이 부분이야말로 탄수화물 제한 식단의 위험과 이익을 논할 때 방 안의 코끼리 같은 존재다. 영양학자들은 탄수화물을 제한한다는 개념이 처음 소개되었을 때 무척 화를 냈다. 뒷받침하는 근거들이 황당하다고 믿었기 때문이다. 하지만 그들이 화를 풀지 않고, 어떤 증거를 제시해도 고집스럽게 마음을 열지 않는 가장 큰 이유는 바로 심장병 때문이다. 탄수화물 제한 식단의 논리를 받아들인다면 브로콜리, 통밀빵, 감자 등 '심장에 좋은' 탄수화물 대신 고기, 버터, 달걀, 어쩌면 치즈까지 심장에 나쁘다고 생각되는 음식을 먹게 된다고 믿는 것이다. 이 식품들은 포화지방이 많이 들어 있어 콜레스테롤, 특히 '나쁜' 콜레스테롤로 알려진 저밀도 지단백질LDL 콜레스테롤 수치를 상승시키고 결국 심장 발작과 조기 사망 위험을 높인다고 여겨진다. 장 메이어가 대량 학살 운운했던 것도 이런 추론 때문이었다. 현재까지 대부분의 의사와 의학 단체가 탄수화물 제한 식단을 무모하다고 생각하는 이유이기도 하다. 하지만 그들이 틀렸다고 주장할 만한 근거가 충분하다.

첫 번째로 의문을 제기할 부분은 살찌는 탄수화물을 제한하여 우리를 날씬하게 만들어주는 식단이 동시에 심장병을 일으킬 것이라는 생각 자체다. 메이어의 대량 학살 주장을 떠올려보자. 탄수화물을 덜 먹는다면 그 칼로리를 대부분 지방으로 섭취하게 된다는 것이다. 물론 그렇다. 단백질은 현대적 식단에서 아주 좁은 범위(총 칼로리의 15~25퍼센트) 내로 유지되는 경향이 있는 반면, 지방과 탄수화물은 서로 대체하는 경향이 있다. 한쪽을 덜 먹으면 반드시 다른 한쪽을 더 먹게 된다. 한쪽이 심장병을 일으킨다면, 다른 한쪽은 거의 자동적으로 심장병을 예방한다. 바로 이것이 탄수화물이 '심장에 좋다'고 믿는 이유다(심지어 빵, 파스타, 감자, 설탕까지도). 권위자들이 지방을 먹으면 동맥이 지방으로 인해 막힌다고 생각한 이래 우리는 계속 탄수화물을 더 먹어야 한다는 말을 들어왔다.

이 논리는 비만과 심장병의 관계가 잘 입증되어 있다는 것만 빼고 포화지방이 나쁘다는 근거와는 거의 상관이 없다. 블레이크 도널드슨의 "뚱뚱한 심장병 환자"를 기억하는가? 배가 나온 중년 남성은 심장 발작 위험이 높다. 이 사실은 언제나 의문의 여지가 없었다. 적어도 허리 위쪽에 축적된 지방과 심장병은 밀접한 관련이 있다.(살이 찔수록 거의 모든 만성 질환에 걸릴 가능성이 높아진다.) 의사들이 과체중인 환자에게 조금이라도 좋으니 살을 빼라고 채근하는 이유가 여기에 있다. 조금이라도 살을 빼면 심장 발작 위험이 현저히 낮아진다.

이제 한번 생각해보자. 탄수화물이 우리를 살찌게 만든다면(실제로 그렇다) 그리고 지방 또는 포화지방이 전문가들의 말대로 심장병을 일으킨다면, 무언가 모순이 생긴다. 자연스럽게 살을 뺄 수 있는 식단이 동시에 심장병을 일으킨다는 말이 되는 것이다. 날씬해지면 심장병 위험이 높아지나? 아니다. 그 반대라야 맞다.

이런 모순 때문에 결국 둘 중 하나를 선택해야 한다. 탄수화물이 우리를 살찌게 만든다는 말과 식이성 지방이 심장병을 일으킨다는 말이 동시에 참일 수는 없다. 탄수화물, 특히 쉽게 소화되는 탄수화물과 설탕이 우리를 살찌게 만든다는 것이 사실이라면, 바로 그것들이 심장병을 일으키는 주범이다. 식이성 지방과 포화지방에 관한 강박관념은 크게 잘못된 것이다.

포화지방이 심장병을 일으킨다고 주장하는 보건 전문가들은 식이성 지방이 비만의 주범이기도 하다고 주장함으로써, 자연스럽게 살을 뺄 수 있는 식단이 동시에 심장병을 일으킨다는 모순을 극복하려고 노력해왔다. 그들은 지방이 영양소 중 가장 에너지 밀도가 높으므로 지방을 먹으면 살이 찐다고 주장한다. 단백질과 탄수화물이 1그램당 4칼로리에 불과한 반면, 지방의 에너지는 1그램당 9칼로리나 된다. 이렇게 에너지 밀도가 높으므로 지방을 먹으면 속기 쉽다는 것이다. 예를 들어 오후에 간식을 통해 10그램의 지방을 먹는다면 10그램의 단백질이나 탄수화물을 먹을 때보다 50칼로리나 더 섭취하게 된다. 하지만 우리 몸은 그 속에 어떤 영양소가 들어 있고 그것이 몇 칼로리나 되는지보다 그저 10그램을 먹었다고 생각한다는 것이다.

나는 사람들이 이렇게 단순하게 생각한다는 것이 놀랍다. 한번 생각해보라. 수억 년의 세월을 거쳐 진화해온 생물이, 섭취한 음식의 중량이나 위장 내 공간을 얼마나 차지하는지에 의해서만 그 속에 얼마나 많은 에너지와 필수 영양소가 들어 있는지 판단한단 말인가? 이런 말은 믿기 힘들 뿐 아니라 실제 실험에 의해서도 끊임없이 반박되었다. 심지어 1960년대에조차 지방 함량이 높은 탄수화물 제한 식단을 섭취한 사람들은 몸무게가 느는 것이 아니라 오히려 줄어든다는 사실이 거듭 확인되었다. 그런데도 1970년대 들어 공식적으로 식이성 지방이 악당이라는 낙인이 찍혔으며, 보건 전문가들은 포화지방이 우리의 동맥을 틀어막고 모든 식이성 지방이 우리를 살찌게 만든다고 주장하기 시작했다.

1984년에는 이런 저지방 교리가 공식적으로 확정되었다. 미국 국립심폐혈액연구원에서 저지방 식단이 "관상동맥 질환에 현저한 예방 효과가 있다"는 사실을 미국인들에게 확신시키기 위해 "대대적인 보건 캠페인"을 시작했던 것이다. 흥미로운 사실은 실제로 연구원 직원들은 식이성 지방과 심장병의 관련성을 '식이성 지방과 비만'이라는 개념만큼이나 확신하지 못했다는 점이다. 당시 콜레스테롤과 심장병 분야에서 최고의 전문가로 손꼽히던 연구원의 낸시 언스트와 연구원장을 역임한 로버트 레비는 이렇게 설명했다.

> 저지방 식단이 혈중 콜레스테롤 수치를 감소시킨다는 몇 가지 지표가 있다. 이런 감소 효과가 식단의 지방 함량을 낮추는 데 수반된 다른 변화와 무관하게 독립적으로 일어난다는 확실한 증거는 없다. (…) 하지만 1그램의 단백질이나 탄수화물이 약 4칼로리를 제공하는 데 비해 1그램의 지방은 약 9칼로리를 제공하기 때문에 미국인의 식단에서 지방이 가장 중요한 칼로리 공급원이라는 사실은 확실히 말할 수 있을 것이다. 체중을 줄이거나 유지하려는 노력이 반드시 식단의 지방 함량에 초점을 맞추어야만 한다는 것은 명백하다.

이후 미국이라는 국가 전체가 지방을 적게 먹어야 하고 포화지방 섭취를 줄여야 한다는 말이 끊임없이 반복되었고, 사람들은 실제로 그렇게 했다. 적어도 다들 그렇게 하려고 노력한 것만은 분명하다. 미 농무부 통계에 따르면 포화지방 섭취량은 꾸준히 낮아졌다. 그럼에도 미국인들은 날씬해지기는커녕 갈수록 살이 쪘다.

더욱이 지방과 포화지방 섭취량이 줄었는데도 예측과 달리 심장병 발생률은 조금도 줄지 않았다. 이 사실은 수많은 연구를 통해 입증되었다. 최근 발표된 것으로는 2009년 11월 미국 질병관리본부의 엘레나 쿠클리나 팀에서 〈미국의학협회학술지〉에 발표한 연구를 들 수 있다. 저자들은 국가 전체적으로 포화지방 섭취를 피하고 매년 콜레스테롤 저하제에 수십 억 달러를 쏟아붓는 추세로 예상하듯이 미국인 중 LDL 콜레스테롤 수치가 높은 사람의 숫자가 최근 들어 꾸준히 감소하고 있지만, 심장 발작 발생 건수는 줄지 않았다는 사실에 주목했다.

공식적으로 저지방 고탄수화물 식단을 권장했는데도 국가 전체적으로 체중과 심장질환이 동시에 감소하기는커녕 비만과 당뇨병이 유행했다면(두 가지 모두 심장병 위험을 높인다), 그런 권고안의 근거에 의문을 제기하는 것이 합리적인 태도가 아닐까? 하지만 사람들은 오래 간직해 온 믿음이 틀렸다는 증거를 마주할 때 보통 그런 식으로 생각하지 않는다. 우리는 인지 부조화에 그렇게 이성적으로 대처하는 존재가 아니다. 연구 기관과 정부는 더욱 그렇다.

여기서는 우선 비만과 심장병 사이에 분명한 관련성이 있고, 공교롭게도 지방과 포화지방을 적게 먹고 탄수화물 섭취를 늘리라는 권고와 거의 때를 같이 해서 비만 및 당뇨병 유행이 시작되었다는 사실을 기억하자. 이런 사실은 지방과 포화지방을 정말 조심해야 한다는 말을 의심해봐야 할 충분한 이유가 된다.

포화지방이 건강에 나쁘다는 믿음을 의심해야 할 또 다른 이유는 이 믿음을 뒷받침해줄 실험적 증거가 놀랄 정도로 드물다는 점이다. 믿기 어려울 것이다. 포화지방이 소리 없는 살인자라는 소리를 얼마나 자주 들었던가? 하지만 1984년 미 국립심폐혈액연구원에서 대대적인 보건 캠페인을 전개한 뒤로 대중을 대상으로 한 권고안과 실제 과학적인 증거는 서로 다른 방향으로 나아가기 시작했다. 당시 연구원의 전문가들이 지방과 심장병의 관련성에 확신을 갖지 못한 것도 당연하다. 포화지방을 적게 먹으면 심장병이 줄어든다는 생각을 검증하기 위해 10년간 엄청난 규모의 임상 시험에 1억 1500만 달러를 퍼붓고도 단 한 건의 심장 발작도 예방하지 못했던 것이다.✦

이 정도 결과가 나왔으면 그런 개념을 완전히 포기해야 마땅했겠지만 연구원은 콜레스테롤 저하제의 이익을 검증하는 데에도 이미 1억 5000만 달러를 지출한 뒤였다. 두 번째 연구는 성공을 거두었다. 여기 고무된 연구원의 행정가들은 그중 한 명인 베이즐 리프킨드가 나중에 묘사했듯이 엄청난 도박을 감행했다. 콜레스테롤을 낮추는 저지방 식단이 심장병을 예방한다는 사실을 입증하기 위해 20년간 어마어마한 연구비를 쏟아붓기로 한 것이다. 리프킨드의 설명에 따르면 당시까지 이 연구는 실패를 거듭하고 있었다. 여력이 있다 해도 재시도하기에 비용이 너무 많이 들고, 시간도 10년 이상이 소요될 터였다. 하지만 일단

✦ 이 임상 시험의 제목은 "다중 위험인자 중재 연구Multiple Risk Factor Intervention Trial"다. 포화지방을 적게 먹는 것도 이 연구에서 검증한 다양한 중재 방법 중 하나였다. 1982년 연구 결과가 발표되었을 때의 실망감은 당시 〈월스트리트저널〉 기사 제목에 잘 드러난다. "심장 발작 연구, 붕괴하다Heart Attacks, a Test Collapses."

약물로 콜레스테롤 수치를 낮추면 생명을 구할 수 있다는 강력한 증거를 손에 쥐고 나니, 저지방 식단으로 콜레스테롤 수치를 낮추는 방법 역시 상당히 유망해 보였다. 리프킨드는 이렇게 말했다. "어차피 완벽한 건 없습니다. 확실한 데이터라는 건 얻을 수 없으니 얻을 수 있는 것만으로 최선을 다해보는 거죠."

야망은 감탄스러웠을지 몰라도 결과는 실망스러웠다. 콜레스테롤 저하제가 심장 발작을 예방할 수 있으며 일부에서는 수명을 연장해주기도 하는 것 같다는(적어도 심장 발작 위험이 특히 높은 사람에서) 연구 결과는 속속 보고되었지만, 저지방 또는 저포화지방 식단 역시 동일한 효과를 나타낸다는 사실은 끝내 입증되지 않았다.

여기서 한 가지 문제를 짚고 넘어가야 한다. 전문가든 아니든 사람들은(나도 마찬가지다) 진심으로 믿는 어떤 문제에 관한 증거를 검토할 때 보고 싶은 것만 보는 경향이 있다는 점이다. 이것은 인간의 본성이다. 하지만 인간의 본성이 신뢰할 수 있는 결론을 이끌어내는 것은 아니다. 적어도 의학 분야에서는 이런 문제를 피하기 위해 1990년대 중반에 편향되지 않은 문헌 고찰을 구체적인 목표로 하는 국제 기구가 출범했다. 코크란연합이라는 이 기구는 현재 어떤 중재 전략(식단, 수술적 치료, 진단 기법 등)이 실제로 원하는 효과를 내는지 판단하는 데 가장 신뢰할 수 있는 출처로 널리 인정된다.

2001년 코크란연합에서 지방 또는 포화지방 섭취를 줄이는 것의 이익을 평가했다. 1950년대까지 거슬러 올라가며 조사했지만, 식단의 지방 함량을 변화시키면 심장 발작이나 조기 사망을 예방할 수 있는지 신뢰성 있게 판단할 수 있을 정도로 잘 수행된 임상 시험은 모든 의학 문헌을 통틀어 27건밖에 없었다. 그나마 많은 임상 시험이 이런 식단이

다른 질병(유방암, 고혈압, 용종, 담석 등)에 미치는 영향을 조사하던 중에 피험자들이 심장발작을 겪거나 사망했는지를 함께 보고한 것이었다. 그러니 근거가 전혀 확실하지 않은 셈이다.

코크란연합의 결론은 이렇다. "수십 년의 연구를 통해 수많은 사람을 무작위 배정했음에도 총지방, 포화지방, 단일불포화지방 또는 다불포화지방 함량이 심혈관 이환율 및 사망률[즉, 질병과 사망]에 미치는 영향에 대한 근거는 여전히 제한적이고 불확실하다."

코크란연합 분석 이후 사상 최대 규모이자 가장 많은 비용이 들어간 식단 관련 임상 시험 결과가 발표되었다. 바로 2장에서 언급한 '여성건강계획'이다. 이 시험에서는 여성을 대상으로 지방과 포화지방 섭취량을 줄이는 것의 이익과 위험을 검증했다. 이전까지 임상 시험에 여성이 참여한 일은 거의 없었다. 이 임상 시험이 연구비를 받을 수 있었던 이유는 보건계의 권위자들이 지방을 덜 먹으면 심장병이 예방된다는 말에 대해 공공연하게 의심을 품었기 때문이 아니라, 임상 시험에 여성을 참여시킨 적이 드물었고 이에 따라 여성의 건강도 남성만큼 진지하게 생각해야 한다는 압력을 받았기 때문이다. 이 시험에는 4만 9000명의 중년 여성이 참여했는데, 그중 2만 명이 무작위 배정에 의해 고기 섭취를 줄이고 채소, 신선한 과일, 통곡식 섭취를 늘리는 저지방 저포화지방 식단을 섭취했다. 총 지방 섭취량과 총 포화지방 섭취량을 모두 25퍼센트씩 줄인 식단이었다. 6년 후 측정한 총 콜레스테롤 및 LDL 콜레스테롤 수치는 뭐든지 원하는 대로 먹었던 2만 9000명의 여성에 비해 낮았지만 아주 근소한 차이였다. 최종 보고서에서 언급한 대로 저지방 식단은 심장병, 뇌졸중, 유방암, 대장암, 심지어 지방 축적에 있어서도 전혀 유익한 효과를 나타내지 않았다. 총지방과 포화지방 섭취량을 줄

이고, 기름진 음식 대신 과일과 채소와 통곡식을 먹었는데도 전혀 유익한 효과가 관찰되지 않았다는 뜻이다.✦

1984년 보건 전문가들이 동원한 맹목적이고, 최선을 강요하며, 요행에 기대는 이런 논리는, 당시에는 대단하고 합리적인 것처럼 보였을지 몰라도 무수한 문제를 안고 있었다. 분명한 사실은 그들이 대중의 건강을 최우선으로 생각하며 조언을 했을지 몰라도 실상은 도움이 되기보다 해를 끼치고 말았다는 점이다. 의도하지 않은 결과가 나타난 셈이다. 사람들은 지방을 줄이고 탄수화물을 더 많이 먹으라는 말에 따랐지만 심장병을 예방하고 날씬한 몸매를 갖게 된 것이 아니라 어느 때보다 많은 심장병과 급격히 늘어나는 비만 및 당뇨병에 시달리고 있다.

눈에 덜 띄지만 중요한 문제도 있다. 관련된 모든 주체(연구자, 의사, 공중보건 권위자, 보건 단체)가 관련 과학이 발전하기 시작한 초창기, 즉 아는 것이 가장 적었던 시기에 어떤 믿음을 갖게 된 후 반대 증거가 아무리 많이 나타나도 그 믿음을 버리려고 하지 않는다는 점이다. 여성건강계획 같은 임상 시험을 통해 (적어도 여성에서는) 지방과 포화지방을 적게 먹어도 유익한 효과가 없다는 사실이 밝혀져도 권위자들은 그간 잘못 생각했다고 인정하지 않는다. 그렇게 했다가는 대중은 물론 스스로도 자신을 신뢰할 수 없게 될지 모르기 때문이다(사실은 그래야 마땅하다). 대신 연구에 무언가 문제가 있으며, 따라서 그 결과는 무시해도 좋다고 주

✦ 2009년 9월 세계보건기구 산하 식량농업기구Food and Agricultural Organization는 식이성 지방과 심장병에 관한 데이터를 재평가했다. 보고서는 이렇게 언급했다. "[관찰 연구들과] 무작위 배정 대조군 연구를 통해 얻어진 증거는 식이성 지방이 CHD[관상동맥 질환] 위험에 미치는 영향을 판단하거나 입증하기에 충분하거나 신뢰할 만하지 못하다."

장한다.

바로 이것이 포화지방을 둘러싸고 벌어진 일이다. 포화지방이 콜레스테롤 수치를 올려 동맥을 막아버린다는 생각은 30여 년 동안 사람들의 뇌리를 떠나지 않았다. 근거는 그 시절에도 부실했지만 지금도 여전히 부실하다. 그러나 이 믿음은 통념이라는 체계 속에 봉인되었고 지금도 여전히 봉인되어 있다. 그 이유는 단순하기 짝이 없다. LDL 수치와 총 콜레스테롤 수치가 콜레스테롤 저하제, 특히 스타틴(현재 제약산업계에 연간 수십 억 달러를 벌어다 준다)에 의해 가장 확실히 변하는 두 가지 위험인자라는 것이다. 이 약물들은 심장 발작을 예방하며 때로는 생명을 구할 수 있다. 이 대목에서 1984년처럼 맹목적 비약이 끼어든다. 콜레스테롤(특히 LDL 콜레스테롤) 수치를 낮추는 어떤 약물이 심장병을 예방한다면 콜레스테롤(특히 LDL 콜레스테롤) 수치를 낮추는 식단 역시 심장병을 예방하고, 그 수치를 높이는 식단은 틀림없이 심장병의 원인이라는 것이다. 포화지방은 총 콜레스테롤과 LDL 콜레스테롤 수치를 높인다. 따라서 포화지방은 심장병을 일으키고, 포화지방 제한 식단은 심장병을 예방한다.

하지만 이런 논리는 결정적인 결함을 갖고 있다. 우선 약물의 작용과 식단의 작용은 전혀 다른 별개의 문제다. 식단의 영양소 함량을 변화시키면 우리 몸 구석구석에 수많은 영향을 미치며, 콜레스테롤 저하제와 마찬가지로 심장병의 다양한 위험인자에도 다양한 영향을 미친다. 식단에 함유된 특정 지방이 다른 지방이나 탄수화물보다 LDL 콜레스테롤을 더 높인다고 해서 반드시 심장병 위험을 증가시킨다거나, 다른 방식으로 건강에 나쁘다고 할 수는 없다.

이 논리의 또 한 가지 오류는 인과성에 있다. 스타틴이라는 약물이

LDL 콜레스테롤 수치를 낮추고 동시에 심장병을 예방한다고 해서, 그 약물의 심장병 예방 효과가 반드시 LDL 수치를 낮추기 때문이라고 말할 수는 없다. 아스피린을 생각해보자. 아스피린은 두통을 가라앉히고 동시에 심장병을 예방한다. 하지만 누구도 아스피린이 두통을 가라앉히기 때문에 심장병을 예방한다고는 말하지 않는다. 스타틴과 마찬가지로 아스피린도 다른 많은 작용이 있으며, 이렇게 다른 작용 중 어느 하나가 심장 발작을 예방할 수도 있다.

식단에 함유된 지방과 탄수화물의 모든 효과와 1970년대 이후 과학이 발전하면서 분명히 밝혀진 심장병의 모든 위험인자를 생각해보면 완전히 다른 이야기가 펼쳐진다.

중성지방부터 시작해보자. 중성지방 역시 심장병의 위험인자 중 하나다. 혈액 속에서 중성지방은 콜레스테롤을 운반하는 지단백질 입자에 함께 실려 운반된다. 혈액 속을 순환하는 중성지방 수치가 높을수록 심장 발작 가능성도 높아진다. 이 점에는 논란의 여지가 없다. 하지만 중성지방 수치를 올리는 것은 지방이 아니라 음식을 통해 섭취한 탄수화물이다. 포화지방이든 아니든 지방은 아무런 관계가 없다.

식단에 함유된 포화지방을 탄수화물로 대체하면 어떻게 될까? 예를 들어 달걀과 베이컨 대신 콘플레이크와 저지방 우유와 바나나를 먹는다면 LDL 콜레스테롤 수치는 낮아질지 모르지만 중성지방 수치가 올라간다. LDL 콜레스테롤 수치가 낮아지는 것이 좋은 일일지 아닐지 모르지만(이렇게 애매한 표현을 쓰는 이유는 곧 설명할 것이다), 중성지방 수치가 올라가는 것은 확실히 나쁘다. 이 사실은 1960년대 초반부터 잘 알려져 있다.

HDL 콜레스테롤('좋은 콜레스테롤') 수치가 낮은 것도 심장병의 위험인자 중 하나다. HDL 콜레스테롤 수치가 낮은 사람은 총 콜레스테롤이 높거나 LDL 콜레스테롤이 높은 사람보다 심장 발작 위험이 훨씬 높다. 여성의 경우 HDL 수치는 향후 심장병 위험을 예측하는 데 너무나 좋은 지표이기 때문에 사실상 유일한 위험인자라고 해도 좋을 정도다. 예외적으로 오래 사는(95세나 100세 이상) 사람들과 관련된 유전자를 찾는 연구에서 너무나 뚜렷하게 드러난 몇 안 되는 유전자 중 하나가 바로 HDL 콜레스테롤 수치를 높이는 유전자였다.

지방 대신, 심지어 포화지방 대신 탄수화물을 섭취하면 HDL 콜레스테롤이 낮아진다. 심장 발작 위험이 높아진다는 뜻이다. 적어도 HDL이라는 위험인자로 봤을 때는 그렇다. 앞에서 예로 든 것처럼 아침 식사로 달걀과 베이컨 대신 시리얼과 저지방 우유와 바나나를 먹는다면 HDL 콜레스테롤, 즉 '좋은' 콜레스테롤은 낮아지고 심장 발작 위험은 높아진다. 현재 시리얼과 저지방 우유와 바나나를 먹는 사람이 달걀과 베이컨으로 바꾼다면 HDL 콜레스테롤은 높아지고 심장 발작 위험은 낮아진다. 역시 1970년대부터 알려진 사실이다.

총 콜레스테롤과 LDL 콜레스테롤과 체중을 줄이려면 포화지방을 덜 먹고 탄수화물을 더 먹어야 한다는 조언은, HDL 콜레스테롤을 높이는 방법과 정반대다. 다시 한번 강조하지만 심장병을 예측하는 데는 HDL이 훨씬 좋은 지표다. 그간 우리는 운동을 하고 체중을 줄이고 심지어 적당량의 알코올을 섭취하면 HDL을 높일 수 있다고 들어왔지만, 탄수화물 대신 지방을 섭취해도 똑같은 목표를 달성할 수 있다는 말은 듣지 못했다. 체중을 줄이면 HDL이 상승하는 이유는 체중이 줄었다는 사실 자체가(저칼로리 식단을 섭취했든 그렇지 않든) 탄수화물, 특히 정말로 살찌기 쉬운 탄수화물을 적게 먹었다는 뜻이기 때문이다. 인슐린 수치가 낮아지고, 체중이 줄고, HDL 수치가 높아진 것은 모두 탄수화물 섭취량이 변했기 때문이다.

심장병을 피하려면 저지방 고탄수화물 식단을 섭취해야 한다고 주장하는 영양학자나 공중보건 전문가라도 고탄수화물 식단이 HDL 콜레스테롤을 낮춰 심장병 위험을 증가시킨다는 사실은 인정할 것이다. 사실 이 효과는 너무나 뚜렷해서 최근 연구자들은 HDL을 이용하여 임상 시험 참여자의 탄수화물 섭취량을 측정하기도 한다. 최근 〈뉴잉글랜드의학학술지〉에서 설명한 것처럼 HDL 콜레스테롤은 "식이성 탄수화물의 생체 표지자"이다.✦ 다시 말해서 HDL이 높다면 탄수화물을 적게 먹은 것이다. HDL이 낮다면 탄수화물을 많이 먹었을 가능성이 높다.

흔히 설명하듯 LDL 콜레스테롤과 총 콜레스테롤만 생각할 것이 아니라 HDL 콜레스테롤과 심장병의 관계에도 주목한다면 붉은 살코기, 달걀과 베이컨, 심지어 라드✦✦와 버터 등 살찌기 쉬운 탄수화물 대신 선택할 수 있는 이런 식품들의 위험과 이익을 보다 분명히 알 수 있다. 우선 이런 식품 속에 들어 있는 지방이 모두 포화지방이 아니란 사실을 알아야 한다. 동물성 지방 속에는 식물성 지방과 마찬가지로 포화지방과 불포화지방이 함께 들어 있으며, 이들은 LDL과 HDL 콜레스테롤에 각기 다른 영향을 미친다.

✦ 2장에서 설명했던 하버드 대학교와 페닝턴생의학연구소에서 수행한 칼로리 제한 다이어트에 관한 연구로, 프랭크 색스Frank Sacks가 주도했다. 함께 실린 논평에서 〈뉴잉글랜드의학술지〉는 HDL이 "식이성 탄수화물의 생체 표지자"라는 개념을 이렇게 설명했다. "지방 대신 동일한 칼로리의 탄수화물을 섭취하면 고밀도 지단백질(HDL) 콜레스테롤 수치는 예측 가능한 양상으로 감소한다."

✦✦ 요리용으로 정제한 돼지 비계, 돈지.(옮긴이)

오랫동안 사람 잡는 지방의 대명사로 여겨졌던 라드를 예로 들어 보자. 예전에는 제과점과 패스트푸드점에서 라드를 대량으로 사용했다. 그러다 건강에 안 좋다는 비난이 빗발쳐 인공적으로 합성된 트랜스 지방으로 바꾸었는데, 이제는 영양학계에서 트랜스 지방이 심장병의 원인일 가능성이 높다고 결론이 난 상태다. 어쨌든 라드의 지방 조성은 다른 식품과 마찬가지로 미 농무부 홈페이지의 표준 참조 영양소 데이터베이스에서 쉽게 찾아볼 수 있다. 우선 라드 속 지방의 거의 절반(47퍼센트)이 거의 항상 '좋은' 지방으로 생각되는 단일불포화지방이다. 단일불포화지방은 HDL 콜레스테롤을 높이고 동시에 LDL 콜레스테롤을 낮춘다. 의사들에 따르면 두 가지 효과 모두 건강에 좋다. 이 단일불포화지방의 90퍼센트는 지중해 식단을 지지하는 사람들이 그토록 추켜세우는 올리브기름에 들어 있는 것과 동일한 올레산이다. 라드에 들어 있는 지방의 40퍼센트 남짓이 포화지방인 것은 사실이지만, 그중 3분의 1은 초콜릿에 들어 있는 것과 동일한 스테아르산이다. 스테아르산 역시 '좋은' 지방으로 간주된다. HDL 수치를 올리고 LDL 수치는 크게 변화시키지 않기 때문이다(좋은 효과 하나, 중립 효과 하나). 나머지 지방(약 12퍼센트)은 다불포화지방으로 LDL 콜레스테롤을 낮추고 HDL 수치는 크게 변화시키지 않는다(역시 좋은 효과 하나, 중립 효과 하나).

종합하면 라드에 들어 있는 지방의 70퍼센트 이상이 동일한 칼로리의 탄수화물을 섭취하는 것보다 콜레스테롤 수치를 개선시킬 것이다. 나머지 30퍼센트는 LDL 콜레스테롤을 높이지만(나쁜 효과) 동시에 HDL도 높인다(좋은 효과). 믿기 어려울지 모르지만 식단에서 탄수화물을 같은 양의 라드로 바꾼다면 심장 발작을 일으킬 위험이 줄어든다는 뜻이다. 더 건강해진다. 탄수화물 대신 붉은 살코기, 베이컨과 달걀, 아니 사실상 모든 동물성 식품을 섭취해도 마찬가지다. 버터는 드문 예외에 속한다. 콜레스테롤 수치를 개선시킨다고 확실히 말할 수 있는 지방은 절반에 불과하기 때문이다. 나머지 절반은 LDL을 높이지만 HDL도 높인다.

이제 임상 시험들을 살펴볼 차례다. 피험자들이 살찌는 탄수화물 대신 지방, 심지어 포화지방 함량이 높은 동물성 식품을 섭취한 임상 시험이 실제로 있었다. 지난 10년간 탄수화물 함량이 매우 낮고 지방과 단백질 함량이 높은 식단(의사 로버트 앳킨스의 1972년 베스트셀러 책《앳킨스 박사의 식단 혁명Dr. Atkin's Diet Revolution》으로 유명해진 앳킨스 식단이 대표적이다)과, 미국심장협회나 영국심장재단에서 권고하는 저지방 저칼로리 식단을 비교하는 임상 시험이 드물지 않게 시행되었다.

이런 임상 시험은 고지방 고포화지방 식단이 체중과 심장병 및 당뇨병 위험인자에 미치는 영향에 대한 최고의 연구들이다. 피험자들은 보통 지방과 단백질(고기, 생선, 가금류)을 원하는 만큼 먹고 탄수화물은 피하도록(하루 50~60그램 이하, 칼로리로는 200~240칼로리) 교육받는다. 그리고 일정 기간 후 총 칼로리와 지방 및 포화지방 섭취를 줄인 피험자들과 비교한다. 지방과 단백질을 마음껏 먹은 피험자들에게는 다음과 같은 변화가 일어났다.

1) 적어도 저칼로리 식단을 섭취한 피험자들과 비슷한 정도로 체중이 감소했다.
2) HDL 콜레스테롤 수치가 높아졌다.
3) 중성지방 수치가 낮아졌다.

4) 혈압이 낮아졌다.

5) 총 콜레스테롤 수치는 거의 그대로였다.

6) LDL 콜레스테롤 수치가 약간 높아졌다.

7) 심장 발작 위험이 유의하게 감소했다.

이런 임상 시험 중 하나를 자세히 들여다보자. 정부에서 200만 달러의 연구비를 지원한 이 시험은 스탠퍼드 대학교에서 수행하여 2007년 〈미국의학협회학술지〉에 결과를 보고했다. "A TO Z 체중 감소 연구A TO Z Weight Loss Study"로 알려진 이 시험은 다음 네 가지 식단을 비교했다.

1. 앳킨스 식단Atkins diet – 탄수화물은 처음 2~3개월간 하루 20그램, 이후 50그램을 섭취, 단백질과 지방은 원하는 만큼 섭취.
2. 전통 식단(LEARN 식단[생활습관Lifestyle, 운동Exercise, 태도Attitudes, 관계Relationships, 영양Nutrition의 영어 머리글자를 딴 것]이라고도 함) – 칼로리를 제한한다. 총 칼로리의 55~60퍼센트를 탄수화물로 섭취하고, 지방은 30퍼센트 미만, 포화지방은 10퍼센트 미만으로 줄인다. 규칙적인 운동을 적극 권장한다.
3. 오니시 식단Ornish diet – 지방을 총 칼로리의 10퍼센트 미만으로 줄이고 명상과 운동을 한다.
4. 존 다이어트Zone diet – 총 칼로리의 30퍼센트를 단백질, 40퍼센트를 탄수화물, 30퍼센트를 지방으로 섭취한다.

아래 표에 각 식단을 시작하고 1년 후 피험자들의 체중과 심장병

집단	체중	LDL	중성지방	HDL	BP✦
앳킨스	-9.9lb(4.5kg)	+0.8	-29.3	+4.9	-4.4
전통 식단	-5.5lb(2.5kg)	+0.6	-14.6	-2.8	-2.2
오니시	-5.3lb(2.4kg)	-3.8	-14.9	0	-0.7
존	-3.3lb(1.5kg)	0	-4.2	+2.2	-2.1

위험인자가 어떻게 되었는지 정리했다.

앳킨스 식단에 배정된 피험자들은 원하는 만큼 먹으라는 지침을 듣고 붉은 살코기를 실컷 먹었다. 당연히 그 속에 함유된 포화지방을 섭취했지만 다른 식단에 배정된 피험자들보다 체중이 더 줄었고, 중성지방도 더 많이 감소했으며(좋은 효과), HDL 콜레스테롤은 더 많이 상승했고(좋은 효과), 혈압도 더 많이 떨어졌다(좋은 효과).✦✦

스탠퍼드 대학교 연구자들은 시험 결과를 이렇게 해석했다.

> 탄수화물 함량이 낮고 총지방과 포화지방 함량이 높은 체중 감량 식단은 혈중 지질 수치와 심혈관 질환 위험에 나쁜 영향을 미칠 것이라는 우려가 많았다. 하지만 이런 우려는 최근 수행된 여러 건의 체중 감량 식단 임상 시험에서 전혀 입증되지 않았다. 현행 연구와 마찬가지로 최근 수행된 연구들에서도 중성지방, HDL-C[HDL 콜레스테롤], 혈압 및 인슐린 저항성

✦ 이완기 혈압.

✦✦ 앳킨스 식단에 배정된 피험자들의 체중이 겨우 4.5킬로그램밖에 줄지 않았다는 사실은 특별할 것이 없다. 임상 시험이 진행되면서 점점 원래의 식습관으로 돌아가 상당량의 탄수화물을 섭취했기 때문이다. 이들의 체중은 탄수화물 섭취량과 정확히 같은 방향으로 움직였다. 시험을 시작하고 3개월 후 평균 4킬로그램 정도 체중이 줄었으며, 하루 평균 240~250칼로리의 탄수화물을 섭취한다고 보고했다. 6개월이 지나자 체중 감소는 5.5킬로그램에 이르렀고 탄수화물 섭취량은 450칼로리였다. 12개월째의 체중 감소폭은 4.5킬로그램이었으며 탄수화물 섭취량은 550칼로리였다.

측정치들은 초저탄수화물 섭취군과 유의한 차이가 없거나 오히려 좋은 편이었다.

이 연구를 이끈 핵심 인물은 스탠퍼드예방연구센터 영양학 연구분과 과장인 크리스토퍼 가드너였다. 가드너는 현재 유튜브에서도 볼 수 있는 "체중 감량 식단들의 치열한 경쟁-어떤 식단이 승리를 거두고 있는가?"라는 제목의 강연에서 이 연구 결과를 설명했다. 우선 그는 25년간 채식을 했다고 인정했다. 그리고 앳킨스 식단처럼 고기와 포화지방이 풍부한 식단이 위험할 수 있다는 사실을 입증하고 싶어서 연구를 시작했다고 고백했다. 마지막으로 탄수화물 함량이 매우 낮고 고기가 풍부한 앳킨스 식단이 승리를 거두었을 때 그 사실을 인정하기가 "쓰디쓴 알약을 삼키는 것 같았다"고 회상했다.

"나쁜 콜레스테롤"의 문제 — LDL을 다시 생각한다

이런 임상 시험만으로도 고지방 또는 고포화지방 식단을 섭취하면 심장병이 생긴다는 생각을 다시 돌아보게 될 것이다. 그런데 대부분의 시험에서 다루지 않았지만 심사숙고해볼 가치가 있는 몇 가지 다른 요소도 있다. 첫 번째가 LDL 콜레스테롤이다. LDL의 문제는 심장질환의 과학이 1970년대 이래 어떻게 전개되어 왔는지를 다시 한번 보여준다.

사람들이 LDL의 해악에 대해 처음 듣기 시작한 것은 의사들과 건강 관련 기자들이 LDL을 가리켜 "나쁜 콜레스테롤"이라고 지칭하기 시작한 때였다. 이런 말이 나온 이유는 콜레스테롤이 동맥 속에 쌓여 플라크, 즉 동맥경화반을 생성한다고 믿었기 때문이다. 하지만 LDL 콜레스테롤, 즉 저밀도 지단백질은 사실 콜레스테롤이 아니다. 혈액 속에서 콜레스테롤(및 중성지방)을 필요한 곳으로 운반해주는 입자일 뿐이다. "나쁜 콜레스테롤"이라는 용어가 문제인 이유는 이제 학자들이 심장병의 원인은 LDL이 운반하는 콜레스테롤이 아니라 LDL 입자 자체, 그리고 LDL과 비슷한 다른 입자들이라고 주장하기 때문이다. 콜레스테롤은 무고한 구경꾼처럼 여겨진다.

문제를 더욱 복잡하게 만드는 것은 LDL 입자라고 해서 모두 해로운 것 같지는 않다는 점이다. 동맥경화를 일으키거나 악화시키는 물질을 전문 용어로 "죽종 형성 물질"이라고 한다. 우리 핏속을 돌아다니는 LDL도 종류가 다양하다. 어떤 것은 크고 밀도가 낮은 반면, 어떤 것은 작고 밀도가 높다. 그 중간에도 밀도가 다른 무수한 LDL이 존재한다. 정말 피해야 할 죽종 형성 물질, 즉 동맥벽을 파고들어가 플라크를 만드는 과정을 시작하는 물질은 작고 밀도가 높은 LDL 입자인 것 같다. 크고 밀도가 낮은 LDL 입자는 무해한 것으로 보인다.

이 사실이 왜 중요할까? 탄수화물이 풍부한 식단은 HDL 콜레스테롤을 낮추고 중성지방 수치를 높일 뿐 아니라, LDL 입자를 작고 밀도가 높게 만들기 때문이다. 세 가지 효과 모두 심장병 위험을 높인다. 탄수화물을 피하고 고지방 식단을 섭취하면 반대 현상이 일어난다. HDL 수치는 올라가고, 중성지방 수치는 떨어지며, 혈액 속의 LDL은 크기가 커지면서 밀도가 낮아진다. 이런 변화는 모두 심장 발작 위험을 감소시킨다. 따라서 1970년대의 과학으로는 나쁜 것처럼 보였던 현상(포화지방이 LDL 콜레스테롤에 미치는 영향)이 2010년의 과학으로는 좋은 일(포화지방이 LDL 입자 자체에 미치는 영향)이 된다.

보건 당국은 이런 과학적 사실을 드러내놓고 말하려고 하지 않는다. 지난 수십 년간 끊임없이 사람들에게 들려준 이야기와 다르기 때문이다. 하지만 A TO Z 연구 결과를 발표했던 크리스토퍼 가드너와 스탠퍼드 대학교 연구팀처럼 때때로 학자들이 이런 사실을 공개한다. 물론 이들이 발표하는 논문은 전문적이지만 그렇다고 이해할 수 없을 정도는 아니다.

> 저탄수화물 식단과 저지방 식단을 비교한 최근 연구에서 일관성 있게 밝혀진 소견 두 가지는 저탄수화물 식단에서 [LDL 콜레스테롤] 농도가 더 높고 중성지방 농도는 더 낮다는 점이다. [LDL 콜레스테롤] 농도가 더 높다는 것은 좋지 않은 효과처럼 보이지만 이 연구들을 수행한 조건에서는 그렇지 않을 수도 있다. 저탄수화물 식단의 중성지방 하강 효과에 의해 LDL 입자 크기가 커지는데, 이런 현상은 죽종 형성 경향을 감소시킨다고 알려져 있다. 본 연구에서는 2개월 시점에 앳킨스 집단의 평균 [LDL 콜레스테롤] 농도가 2퍼센트 증가하면서 평균 중성지방 농도는 30퍼센트 감소했다. 본 연구에서는 LDL 입자 크기를 평가하지 않았지만 이런 소견은 LDL 입자 크기의 유익한 확대와 일치한다.

이런 소견은 어떤 사람들에게 실로 삼키기에는 너무나 쓴 알약일지 모르지만, 살을 빼기 위해 섭취해야 하는 저탄수화물 식단이 심장병을 예방하는 데도 가장 좋다는 사실을 확인해준다.

대사증후군

지방, 특히 포화지방에 대한 공포는 1960년대와 1970년대의 과학에 근거를 둔 것이며, 오늘날의 과학과 최근 연구라는 맥락에서 보면 더 이상 유효하지 않다. 여기서 또 한 가지 매우 중요한 점을 짚고 넘어가야 할 것 같다.

앞에서 인슐린 저항성이 생기면, 특히 근육과 간 세포가 인슐린의 작용에 저항성을 띠게 되면 어떤 일이 벌어지는지 살펴보았다. 몸속에서 더 많은 인슐린이 분비되어 특히 허리 둘레(지방 세포가 인슐린에 가장 민감한 부위다)에 살이 찔 뿐 아니라, 혈압과 중성지방 수치가 올라가고 HDL 콜레스테롤이 낮아지는 등 다양한 대사 이상이 나타난다. 앞에서 언급하지 않은 것이 있는데 바로 LDL 입자가 작아지면서 밀도가 높아진다는 것이다. 포도당 불내성도 생긴다. 혈당을 조절하는 능력에 문제가 생긴다는 뜻이다. 그러다 췌장이 인슐린 저항성을 극복할 수 있을 정도로 많은 인슐린을 분비하지 못하게 되면 마침내 제2형 당뇨병이 생긴다.

이렇게 다양한 심장병 위험인자를 한데 묶어 '대사증후군'이라고 한다. 대사증후군은 심장병으로 가는 중간 단계다. 공식 추정치에 따르면 현재 미국 성인의 4분의 1 이상이 대사증후군을 겪는다. 이렇게 많은 이유는 대사증후군의 증상에 전례 없이 유행 중인 당뇨병과 비만이 포함되기 때문이다. 살이 찔수록, 허리가 굵어질수록 혈당 조절이 어려워지고 고혈압, 동맥경화, 심장병, 뇌졸중이 생길 가능성 또한 점점 높아진다. 이 모든 질병은 소위 "지질 이상"이라는 일련의 문제, 즉 HDL 콜레스테롤 하강, 중성지방 상승, 작고 밀도가 높은 LDL과 밀접한 관련이 있다. 또한 이 모든 질병은 인슐린 저항성과 그 결과 나타난 인슐린 분비 증가에 의해 유발되며, 이런 인슐린 이상은 식단 속에 포함된 탄수화물, 특히 설탕(자당과 액상과당)에 의해 유발된다.

대사증후군의 과학은 1950년대 후반, 연구자들이 처음으로 탄수화물 섭취와 중성지방 상승을 연결시키고 이어 중성지방 상승과 심장병이 밀접한 관련이 있다는 사실을 주목하게 된 이후에 발전했다. 그전까지 이 사실이 알려지지 않았던 이유는 심장병 전문가와 영양학자들이 거의 강박적일 정도로 포화지방과 콜레스테롤에만 관심이 있었기 때문이다. 그들은 왜 우리가 심장발작을 겪는지에 대해 다르게 설명할 필요를 느끼지 못했다. 이런 분위기 속에서 대사증후군의 과학을 이끈 인물이 스탠퍼드 대학교의 제럴드 리븐이다. 그는 일찍부터 과도한 인슐린 분비와 인슐린 저항성이야말로 모든 대사 이상의 근본 원인임을 간파했다.

1980년대 중반, 전문가들은 리븐의 연구에 주목하기 시작했지만 쉽사리 받아들이지 못했다. 그의 연구는 지방이 아니라 탄수화물이 심장병과 당뇨병의 식이성 원인임을 시사했기 때문이다. 1986년 미 국립보건원에서 열린 당뇨병 학회에서 리븐은 이렇게 설명했다. "탄수화물을 많이 섭취하는 사람은 항상 더 많은 인슐린을 분비하므로 그 부담을 해결해야 합니다." 이어서 그는 인슐린과 심장병이 연관되어 있다는 증거를 제시했다. 학회의 좌장을 맡은 하버드 대학교의 조지 케이힐은 리븐의 결과를 "자명하다"고 평했다. 바로 그것이 문제였다. 국립보건원 행정관 중 한 명은 리븐의 연구에 대해 이렇게 말했다. "때때로 우리는 어떤 것이 그냥 없어져버리면 좋겠다고 생각합니다. 아무도 그것을 어떻게 해결해야 할지 모를 때 흔히 그렇죠."

심장병의 원인과 고혈압, 비만, 당뇨병의 밀접한 연관성을 이해하는 데 지난 50년 동안 이루어낸 진보 중 가장 중요한 업적을 한 가지만 꼽는다면 바로 대사증후군에 대한 과학이다. 이것을 통해 어떻게 해서 세 가지 질병이 모두 심장병 위험을 급격히 증가시키는지는 물론, 왜 한 가지 질병을 앓는 사람이 다른 병에도 걸리기 쉬운지 설명할 수 있다.

대사증후군의 과학은 심장병과 당뇨병이 별개의 위험인자, 예를 들어 HDL 콜레스테롤 하강이나 중성지방 상승, 작고 밀도가 높은 LDL 입자 때문이 아니라 인슐린 저항성 때문이며 인슐린과 혈당 상승이 몸속의 모든 세포를 엉망으로 만든다는 사실을 일깨워준다.

인슐린은 지방 세포에 작용하여 더 많은 지방을 축적시킨다. 점점 커진 지방 세포는 소위 "염증성 분자"(전문 용어로 '사이토카인')를 분비하여 전신적으로 유해한 영향을 미친다. 또한 인슐린은 간에 작용하여 탄수화물을 지방으로 전환시킨다. 이 지방(중성지방)은 혈류로 들어가 결국 크기가 작고 밀도가 높은 LDL 입자를 만들어낸다. 인슐린은 콩팥에도 작용한다. 나트륨을 재흡수시켜 혈압을 높이고(엄청난 양의 소금을 먹는 것과 비슷하다), 요산 배설에 장애를 일으켜 결국 혈액 속의 요산이 병적인 수준으로 치솟는다. 요산 수치가 올라가면 통풍이 생기는데 이 역시 비만 및 당뇨병과 밀접한 관련이 있다. 서구 사회에서는 현재 통풍 발병률이 계속 증가하고 있다. 또한 인슐린은 혈관 벽에 작용하여 동맥의 유연성을 떨어뜨리고, 우후죽순처럼 생겨나는 동맥경화반 속에 중성지방과 콜레스테롤을 축적시킨다.

이런 일이 벌어지는 동안 인슐린 저항성 때문에 만성적으로 상승 상태인 혈당 수치에 의한 문제들이 겹치기 시작한다. 몸 구석구석에 산화 스트레스가 일어나는 것이다.(어디를 가든 항산화물질이 풍부한 식품을 섭취해야 한다는 소리를 듣는 것도 산화 스트레스를 이겨내거나 방지해야 한다는 뜻이다.) 또한 고혈당은 최종당화산물을 생성한다. 당뇨병 환자에서 동맥이 유연성을 잃고 피부를 비롯한 모든 장기가 조기에 노화되는 것도 모두 이 물질 때문이라고 알려져 있다.

대사증후군을 진단할 때 의사들은 가장 먼저 허리둘레를 본다. 비만과 밀접한 관련이 있기 때문이다. 또한 대사증후군과 인슐린 저항성이 거의 같은 뜻이기 때문에, 전문가들은 두 가지 문제가 모두 앉아서 생활하는 습관과 과식 때문에 생긴다고 주장한다. 왜 그럴까? 앉아서 생활하는 습관과 과식의 결과 살이 찐다고 믿기 때문이다. 이어서 저지방 식단(대사증후군으로 심장병 위험이 증가할 것을 걱정해서)과 소식, 운동 등 익히 들어온 조언을 늘어놓을 것이다. 이렇게 해야 살이 빠진다고 믿기 때문이다.

여기서 약간의 상식을 동원해보자. 리븐이 30년 전에 말했듯이 인슐린 수치를 올리는 것은 다름 아닌 탄수화물이다. 또한 이제 우리는 살찌게 만드는 주범이 탄수화물이라는 사실을 알고 있다. 그리고 수많은 임상 시험을 통해 저탄수화물 고지방 식단이 HDL 콜레스테롤 하강, 중성지방 상승, 작고 밀도가 높은 LDL, 혈압 상승, 인슐린 저항성 및 만성 인슐린 상승 상태 등, 대사증후군에 동반되는 모든 대사 및 호르몬 문제를 개선시킨다는 사실이 입증되었다. 그렇다면 결론은 자명하다. 우리를 살찌게 만드는 탄수화물이 대사증후군을 일으키는 것이다. 비만이나 과체중과 더불어 대사증후군을 치료하는 가장 좋은, 어쩌면 유일한 방법은 탄수화물이 풍부한 식품, 특히 쉽게 소화되는 식품과 설탕을 피하는 것이다.

다시 대사증후군

탄수화물과 대사증후군의 관계를 이해하는 것이 중요한 이유를 몇 가지만 더 살펴보자. 알츠하이머병과 대부분의 암(유방암과 대장암 포함)은 대사증후군, 비만, 당뇨병과 관련이 있다. 즉, 살이 찔수록 암에 걸리기 쉽고, 나이가 들어 치매에 걸릴 가능성도 더 높다.✦ 현재 인슐린과 고혈당이 뇌 기능을 악화시켜 알츠하이머병의 증상을 일으키는 기전(알츠하이머병을 "제3형 당뇨병"이라고 부르는 연구자도 있다)과 고혈당, 인슐린 그리고 인슐린 유사 성장 인자가 암의 성장을 촉진하고 전이를 일으키는 기전에 대한 연구가 진행 중이다.

암과 대사증후군의 관련성은 널리 인정된다. 이미 연구 결과를 근거로 공중보건 권고안까지 나왔다. 2007년 세계암연구기금과 미국암연구소는 공동으로 〈식품, 영양, 신체 활동과 암의 예방Food, Nutrition, Physical Activity and the Prevention of Cancer〉이라는 500쪽에 이르는 보고서를 발표했다. 이 보고서에는 20명이 넘는 전문가가 공동 저자로 참여하여 식단과 암이 관련되어 있다는 증거를 논의하고, 식단에서 출발하여 "높은 신체 비만"을 거쳐 "대장직장암, 식도암(선암종), 췌장암, 신장암, 유방암(폐경 후)" 그리고 아마도 담낭암에 이르는 경로가 확실한 증거로 연결된다고 결론지었다.

그 후 보고서는 암을 예방하기 위한 권고안을 제시했다. 첫 번째는 "성인이 된 후 체중과 허리둘레가 느는 것을 피하고 최대한 날씬한 몸매를 유지할 것"이다. 두 번째는 "일상 생활에서 활발한 신체 활동을 할 것"이다. 이 보고서를 쓴 전문가들은 "신체 활동을 통해 체중 증가, 과체중, 비만을 피할 수 있고" 이에 따라 암을 예방할 수 있다고 믿었다.

✦ 샌디에이고 소크생물학연구소Salk Institute for Biological Studies의 신경생물학자인 데이비드 슈버트David Schubert와 파멜라 메이어Pamela Maher는 최근 알츠하이머병과의 관계를 이렇게 설명했다. "제2형 당뇨병과 혈관 질환 사이에는 서로 밀접하게 연관된 위험인자들이 있다. 고혈당, 비만, 고혈압, 혈중 [중성지방] 상승, 인슐린 저항성 같은 것들이다. 따로 나타나든 함께 나타나든 모든 인자가 알츠하이머병의 위험을 증가시킨다."

세 번째는 "에너지 함량이 높은 식품의 섭취를 제한하고 [동시에] 설탕이 함유된 음료를 피할 것"이다. 역시 이렇게 하면 "체중 증가, 과체중, 비만을 예방하고 조절할 수 있다"고 생각했다.

첫 번째 권고는 더 이상 설명할 필요가 없을 것이다. 날씬한 사람은 비만인 사람보다 암에 걸릴 가능성이 낮다.(보고서에서도 지적했듯 체지방이 암을 일으킨다는 뜻은 아니다.) 두 번째와 세 번째 권고는 소모한 것보다 더 많은 칼로리를 섭취하면 살이 찐다는 믿음을 근거로 한다. 저자들이 이 책의 2부에서 설명한 지방의 과학에 더 많은 관심을 기울였다면(500쪽에 이르는 보고서의 어디에서도 이런 기본적인 사실을 찾아볼 수 없다) 다음과 같은 명백한 결론을 내놓았을 것이다. '우리를 살찌게 만드는 바로 그 탄수화물이 결국 이 암들을 일으킨다.'

비만, 심장병, 제2형 당뇨병, 대사증후군, 암, 알츠하이머병(통풍, 천식, 지방간 등 비만 및 당뇨병과 연관된 다른 질병은 말할 것도 없고) 사이의 이 모든 복잡한 관련성을 한마디로 정리하면 우리를 살찌게 만드는 것, 즉 섭취하는 탄수화물의 질과 양이 우리를 병에 걸리게 한다는 것이다.

19 끝까지 해낼 것

이 책은 식단에 관해 논의하는 다이어트 책이 아니다. 일단 살찌는 이유가 과식이나 앉아서 생활하는 습관이 아니라 탄수화물 때문이라는 사실을 받아들이면, 살을 빼기 위해 "다이어트를 계속한다"거나 보건 전문가들이 권장하는 "비만 대처 식이요법" 같은 말이 더 이상 별다른 의미를 갖지 못한다. 유일하게 생각해볼 가치가 있는 주제는 그토록 많은 문제를 일으키는 탄수화물(정제된 곡식, 전분, 설탕)을 피하는 방법이 무엇이며, 건강 이익을 극대화하기 위해 어떤 일을 할 수 있는지일 것이다.

1950년대 이후 매우 사려 깊게 쓰여진 몇 권의 다이어트 책이 체중을 조절하려면 탄수화물을 제한해야 한다고 주장했다. 최근 들어 이런 책이 더욱 많이 눈에 띈다. 처음에 이런 책의 저자들은 대개 의사, 그것도 스스로 체중 문제를 겪던 의사였다. 당연히 개인적인 경험도 비슷했다. 적게 먹고 열심히 운동을 해도 계속 실패를 거듭하다 어디선가 탄수화물을 제한해야 한다는 말을 듣는다. 직접 시도해본다. 효과가 있다는 사실을 깨닫고 환자에게도 처방하기 시작한다. 이 개념을 널리 전파시키고, 이 분야에서 개인적 공헌에 합당한 이익을 얻기 위해 책을 쓴다. 새로운 다이어트 방법이 나오면 귀가 솔깃해져 시도해보는 사람이 있게 마련이지만, 궁극적으로 이런 책이 잘 팔리는 이유는 실제로 효과가 있기 때문이다.

《지방을 먹고 날씬해지자Eat Fat and Grow Slim》(1958년), 《칼로리는 중요하지 않다》(1960), 《앳킨스 박사의 식단 혁명》(1972년), 《탄수화물 중독자의 다이어트법The Carbohydrate Addict's Diet》(1993년), 《단백질 파워Protein Power》(1996년), 《슈거 버스터즈Sugar Busters!》(1998년) 등의 베스트셀러는 모두 같은 주제를 조금씩 바꾼 것이다. "정제 탄수화물, 전분이 풍부한 채소, 설탕을 먹으면 살이 찐다. 이것들은 먹지도 말고 마시지도 말아야 한다"는 것이다.✦ 이 책들은 좋은 길잡이로서 읽어볼 만하다. 하지만 구체적인 식단이 어떻든, 저자가 기본적인 과학을 어떻게 이해하든, 이런 식단이 효과를 발휘하는 것은 탄수화물을 제한하기 때문이다.

이 책의 280쪽에 수록해둔 식단 지침은 서점이나 웹사이트에서 소위 "저탄수화물" 다이어트 책으로 분류되는 책들의 축약본이라고 할 수 있다. 내가 제안하는 이 식단은 듀크 대학교 대학병원 생활습관의학 클리닉에서 빌려온 것이다(이들은 다시 앳킨스 보완의학센터Atkins Center for Complementary Medicine의 지침을 참고했다). 1998년 당시 클리닉의 책임자는 에릭 웨스트먼이라는 의사로 두 달 만에 9킬로그램을 감량한 환자가

✦ 《사우스 비치 다이어트The South Beach Diet》(2003년)도 같은 주제로 쓰인 베스트셀러이지만 지방을 제거한 살코기와 식물성 지방(올리브기름, 카놀라기름, 아보카도, 견과류 등)을 강조한다. 이 식단을 조사한 임상 시험에서는 예상대로 앳킨스 식단과 비슷한 체중 감량이 나타났으나, 심장병과 당뇨병 위험인자에 대해서는 이로운 결과가 나타나지 않았다.

다량의 스테이크 외에 다른 것은 거의 먹지 않았다고 주장한 뒤로 식단에 관심을 갖기 시작했다. 웨스트먼은 앳킨스 식단에 관한 문헌들을 읽은 후 직접 뉴욕으로 가서 저자인 로버트 앳킨스를 만났다. 그는 앳킨스에게 이런 식단이 효과가 있고 안전한지 알아보기 위한 소규모 예비 연구에 연구비를 대달라고 부탁했다. 50명의 환자를 대상으로 6개월간 수행된 연구에서 고기와 녹색 잎채소 외에는 사실상 아무것도 먹지 않은 환자들이 콜레스테롤 관련 검사 수치가 개선되고 체중이 줄어든 사실을 확인할 수 있었다.

웨스트먼은 캔자스주 로렌스의 메리 버넌, 뉴욕주 머매러넥의 리처드 번스타인, 사우스캐롤라이나주 힐튼헤드의 조셉 히키, 콜로라도주 볼더의 론 로즈데일 등 이미 앳킨스 식단을 처방하고 있던 의사들을 찾아가 환자 차트를 보면서 앳킨스의 이론이 실제로 효과가 있는지 검증했다. 마침내 2001년 웨스트먼은 과체중과 비만 환자를 식이요법으로 치료하기 시작했고, 지금까지 계속 그렇게 하고 있다. 임상 연구도 계속하여 앳킨스 식단이 당뇨 환자는 물론 당뇨병이 없는 사람에게도 건강상 이익이 된다는 결과를 내놓고 있다. 2010년에는 캘리포니아 대학교 데이비스 캠퍼스의 스티븐 피니, 코네티컷 대학교의 제프 볼렉과 함께 앳킨스 다이어트 책을 개정하여 《새로운 당신을 위한 새로운 앳킨스 식단The New Atkins for a New You》이란 책을 내기도 했다.

웨스트먼이 환자들에게 주는 권고는 훨씬 자세하지만 1940년대 후반과 1950년대에 여러 병원에서 과체중 및 비만 환자에게 제공했던 안내문과 본질적으로 동일하다. 고기, 생선, 가금류, 달걀, 녹색 잎채소는 원하는 만큼 먹고, 전분, 곡식, 설탕과 이것들이 들어 있는 식품(빵, 사탕, 주스, 청량음료)은 피하라는 것이다. 과일과 전분이 많이 함유되지 않은 채소(콩, 아티초크, 오이)는 섭취하면서 몸의 반응을 관찰하는 것이 좋다. 이런 개념이 익숙하고 세세한 지침까지는 필요 없다면 이 책의 196쪽에 인용한 레이먼드 그린의《임상 내분비학》1951년 판에서 권장하는 식단을 냉장고에 붙여두고 필요할 때마다 참고한다. 어떤 음식은 괜찮고 어떤 음식은 피해야 하는지 자세한 지침이 필요하다면 이 책의 부록을 참고하기 바란다.

먹어야 할 음식, 피해야 할 음식, 절제해야 할 음식을 적은 목록대로 생활한 결과 건강이 좋아진다면 너무나 멋진 일이다. 살찌기 쉬운 탄수화물을 이미 빼버렸다면 추가적으로 식단을 어떻게 바꾸는 것이 건강에 더 좋은지는 장기적인 임상 시험이 수행된 바 없다. 임상 시험을 통해 우리가 알게 된 것은 탄수화물을 제한하고 다른 식품을 원하는 대로 먹는 식단이 실제로 효과가 있으며, 대사증후군에도 이로운 효과를 나타내어 결국 심장병 위험을 낮추리라는 것뿐이다. 여기까지가 현재 신뢰성 있게 이야기할 수 있는 지식이다.

이것을 넘어서는 부분에 대해 지침으로 삼을 수 있는 것은 우선 과학 그 자체(이 책의 2부를 참고하라)가 있다. 또한 통념에 과감하게 반기를 들고 직접 관찰한 것과 자신이 이해한 바에 따라 과체중, 비만, 당뇨병 환자에게 탄수화물을 차츰 끊도록 했던 웨스트먼 같은 의사들의 임상 경험도 있다. 이런 의사들(메리 버넌, 스티븐 피니, 브리티시컬럼비아 대학교의 제이 워트먼,《단백질 파워》의 공동 저자인 마이클과 메리 댄 이디스)의 경험을 통해, 보다 건강하고 날씬한 삶을 위해 살찌는 탄수화물을 끊을 생각을 할 때 흔히 묻는 질문에 답해보자.

절제해야 할까, 아예 먹지 말아야 할까? 1

탄수화물을 적게 먹을수록 날씬해진다. 이것은 명백한 사실이다. 하지만 자신이 원하는 수준까지 날씬해질 수 있으리라는 보장은 없다. 이것은 직면해야 할 현실이다. 앞에서 설명했듯이 식단과 별개로 사람의 체형은 유전적으로 저마다 다르다. 우리 몸에 체지방이 축적되는 데는 수많은 호르몬과 효소가 관여한다. 인슐린은 식단을 통해 의식적으로 조절할 수 있는 한 가지 호르몬일 뿐이다. 탄수화물 섭취를 최소화하고 설탕을 아예 먹지 않는다면 안전하게 인슐린 수치를 낮출 수 있지만, 그렇다고 해서 다른 호르몬의 효과까지 모두 피할 수는 없으며(예를 들어 폐경기를 거치면서 점차 없어지는 에스트로겐의 억제 효과, 남성이 나이가 들면서 점차 없어지는 테스토스테론의 억제 효과) 평생 탄수화물과 설탕이 잔뜩 들어간 음식들을 먹으며 생긴 피해를 완전히 되돌리지 못할 수도 있다.

결국 살이 빠지고 날씬한 몸매를 유지하려면 어느 정도의 탄수화물을 섭취해야 하는가에 대해 모든 사람에게 일률적으로 적용되는 법칙은 없다. 어떤 사람은 그저 설탕을 피하고 쉽게 살찌는 종류의 탄수화물을 절제하기만 하면, 예를 들어 이틀에 한 번꼴로 먹던 파스타를 일주일에 한 번만 먹는 것으로도 날씬한 몸매를 유지할 수 있을지 모른다. 하지만 어떤 사람은 절제해서 먹는 정도로는 부족하고 훨씬 엄격한 식이요법이 필요할지도 모른다. 어떤 사람은 탄수화물을 사실상 완전히 피해야 살이 빠지고, 어쩌면 그렇게 해도 체지방을 크게 줄일 수 없을지 모른다.

하지만 어디에 속하든 적극적으로 살을 빼고 싶지만 마음먹은 대로 되지 않는다면 (수술을 받거나 언젠가 제약업계에서 안전하고 효과적인 항비만제를 개발할 것이라는 막연한 기대 말고) 유일하게 합리적인 방법은 탄수화물을 더 줄이고, 인슐린 분비를 자극하는 다른 식품(다이어트 음료, 크림 등의 유제품, 커피, 견과류)을 찾아내서 피하고, 좀 더 인내심을 발휘하는 것뿐이다.(살이 잘 빠지다 정체기에 접어들었을 때 18~24시간 동안 간헐적 단식을 하면 효과가 있다는 보고도 많지만, 이 역시 적절하게 검증된 것은 아니다.)

10년 이상 탄수화물 제한 식단으로 환자들을 치료한 임상 경험을 발표한 의사들(1956년부터 처방했던 영국의 로버트 켐프나 이듬해 처방을 시작한 오스트리아의 볼프강 루츠)은 비만 환자 중 일부가 살찌기 쉬운 탄수화물을 전혀 섭취하지 않았음에도 체지방에 큰 변화가 없었다고 보고했다. 실패율은 여성이 남성보다 높았고, 나이 든 환자가 젊은 환자보다 높았다. 또한 비만할수록, 비만한 상태로 지낸 기간이 길수록 실패율이 높았다.✦ 하지만 루츠가 말했듯 이런 현상이 "탄수화물이 애초에 질병(비만)을 일으킨 원인이 아니라는 뜻은 아니다. 단순히 그리고 슬프게도 돌아올 수 없는 지점을 넘었다는 뜻일 뿐이다."

이들이 탄수화물을 더 제한했다면 성공했을지, 그저 좀 더 인내심을 발휘해야 했는지, 둘 다인지는 알 수 없다. 대개 다이어트를 시작하면 빠른 시일 내에 체중 감소 효과가 나타나기를 기대한다. 지방 조직을 재조절하려고 노력하기보다 그저 지방 세포가 속에 감추어둔 칼로리를 기꺼이 내놓으리라 기대하며 칼로리 섭취를 줄이는 것이다. 한두 달 안에 몸무게가 상당히 줄지 않으면 대부분 실패했다고 판단하고 다른 방

✦ 1963년에서 1972년 사이에 켐프는 그의 경험을 세 편의 연속된 논문으로 정리하여 영국의 의학 학술지 〈임상의사Practitioner〉에 발표했다. 이때쯤에는 거의 1500명의 비만 및 과체중 환자를 진료한 경험이 쌓여 있었다. 루츠는 1967년에 치료 경험을《빵이 없는 삶Leben ohne Brot》이라는 책으로 펴냈다. 이 책은 영어로 번역되었고, 2000년에 생화학자인 크리스천 앨런Christian Allan의 도움으로 개정되었다.

법을 시도하거나 포기해버린다. 하지만 사실은 지방 대사 조절 장애를 바로잡아야 하며, 그 과정은 수 년 또는 수십 년이 걸릴 수 있다. 에너지를 지방으로 저장하는 과정을 되돌리는 데만도 수 개월 또는 수 년이 필요할 수 있다.

탄수화물을 제한한다는 것은 종종 육식과 동물성 식품을 섭취한다는 말과 동의어이다. 이유는 간단하다. 식단의 대부분 또는 전부를 식물성 식품으로 채운다면 정의상 칼로리의 대부분을 탄수화물로 섭취하게 된다. 물론 설탕과 밀가루와 전분이 풍부한 채소를 포기하고, 녹색 잎채소와 통곡식과 콩만 먹고 살아도 살이 빠지고 날씬한 몸매를 유지할 수 있다. 하지만 그런 방법은 대부분의 사람이 실행하기에 적절치 않다. 녹색 잎채소와 콩류는 탄수화물이면서 빨리 소화되지 않는다는(영양학 용어로 혈당 지수가 낮다는) 장점이 있지만, 식단의 대부분을 이런 식품들로 채운다면 탄수화물 총섭취량(혈당 부하)은 여전히 높다. 따라서 이런 식단으로도 살이 찌거나 살이 빠지지 않을 수 있다. 조금씩 먹어서 탄수화물 섭취량을 줄이려고 한다면 허기를 느끼고 거기에 따른 문제들이 생길 것이다.

따라서 채식주의자나 비건⁺⁺도 이 책의 2부를 이해하면 도움이 된다. 탄수화물 총섭취량을 줄이지 않는다고 해도 섭취하는 탄수화물의 질을 높일 수 있는 것이다. 이런 변화만으로 살을 빼기에는 충분치 않을지 모르지만 분명 건강을 증진시키는 효과는 있다.

⁺⁺ vegan. 우유, 달걀, 생선도 먹지 않는 엄격한 채식주의자.(옮긴이)

절제해야 할까, 아예 먹지 말아야 할까? 2

오랜 세월 동안 탄수화물 제한 식이를 지지한 의사들은 그 효과와 지속 가능성(똑같이 중요하다)을 최대화하기 위해 보통 세 가지 전략 중 한 가지를 택했다.

첫 번째는 탄수화물의 이상적인 섭취량을 정하는 것이다. 예를 들어 볼프강 루츠는 하루 72그램, 대략 300칼로리 정도가 적당하다는 처방을 내렸다. 이런 전략은 주 에너지원을 탄수화물에서 지방으로 바꿀 때 혹시 일어날지도 모를 잠재적인 부작용을 최소화하려는 것이었다. 또한 살찌기 쉬운 탄수화물을 완전히 끊는 것보다 소량이라도 섭취하는 편이 더 쉬울 것이라고 가정했기 때문이기도 하다. 이런 논리로 루츠는 "소량의 설탕과 간헐적인 디저트, 빵가루를 묻힌 음식, 약간의 젖당(우유), 채소와 과일에 들어 있는 소량의 탄수화물"을 허용했다. 이런 식단은 일부에서 효과를 보일 수 있지만 모든 사람에게 효과가 있는 것은 아닐 수도 있다.

두 번째는 처음부터 탄수화물 섭취를 최소한으로 줄이는 것이다. 이 논리에 따르면 식단에 탄수화물은 아예 필요치 않고, 탄수화물이 거의 포함되지 않은 식단에 적응하는 동안 생길 수 있는 단기적인 부작용은 충분히 관리할 수 있다.

세 번째 방법은 40년 전 로버트 앳킨스가 내놓은 절충안이다. 기왕 안전하게 살을 빼는 것을 목표로 다이어트에 돌입했다면 목표를 달성할 때까지 방해가 되는 모든 미각적 욕망을 일시적으로 보류해야 한다는 것이다. 과도한 체지방이 빠져나가 일단 목표를 달성했다면 그간 피했던 일부 식품을 다시 먹을 필요가 있는지 스스로 생각해보라는 것이다.

이런 철학을 근거로 마련된 전략은 보통 앳킨스 박사가 "유도 단계"라 부르는 사실상 전혀 탄수화물이 들어 있지 않은 식단으로 시작한다(하루 20그램 미만). 초기에 체중 감량을 촉진하고 다이어트에 집중하도록 만드는 효과를 노린 것이다. 우선 소량의 녹색 잎채소를 제외하고 모든 탄수화물을 끊는다. 몸이 저장된 지방을 에너지원으로 능동적으로 사용하기 시작하여 만족스러운 속도로 체중이 줄어든다면, 아주 소량의 탄수화물을 먹기 시작한다. 더 이상 살이 빠지지 않는다면 그 정도의 탄수화물만 먹어도 몸에서 지방을 에너지원으로 사용하지 않는다는 뜻이므로 다시 탄수화물을 줄여야 한다.

이상적인 체중에 도달한 뒤에도 똑같은 방법을 쓴다. 정말로 먹고 싶은 탄수화물 식품이 있다면 다시 먹어보고 몸에서 어떻게 반응하는지 살펴봐야 한다. 예를 들어 하루에 사과를 한 개씩 먹기 시작했더니 다시 체중이 늘고, 체중이 늘기를 원치 않는다면, 사과를 먹지 않아야 한다. 체중이 늘지 않는다면 하루 사과 한 알 정도는 몸에서 견딜 수 있다는 뜻이므로 먹어도 좋다. 다른 탄수화물 식품도 똑같은 방식으로 실험을 계속해나간다. 하루에 오렌지 한 개, 일주일에 파스타 한 접시, 때때로 디저트를 먹었을 때 어떻게 되는지 스스로 관찰하고 판단하면 된다. 이렇게 하면 어느 정도까지 탄수화물을 먹어도 살이 찌지 않는지, 정말로 먹고 싶은 음식을 어디까지 먹어도 되는지 알 수 있다.

이런 방법은 합리적이다. 하지만 고려할 것이 있다. 어떤 사람에게는 약간의 탄수화물이라도 담배를 끊은 사람이 다시 몇 개피씩 담배를 피운다거나, 술을 끊은 알코올 중독자가 때때로 몇 잔씩 다시 술을 마시는 것과 비슷한 효과를 일으킬 수 있다는 점이다.[4] 별 문제없이 잘 지내는 사람도 있지만, 빙판이 된 내리막길에 들어선 것 같은 문제를 겪는 사람도 있다. 특별한 순간에 딱 한 번만 먹는다고 시작한 디저트가 매주

한 번씩 즐기는 작은 사치가 되었다가, 일주일에 두 번이 되고, 하루 한 번이 되고, 급기야 스스로 실패했다고 생각한 나머지 모든 것을 포기해 버리는 계기가 될 수도 있다.

전문가들이 탄수화물 제한 식단에 반대하는 가장 흔한 이유는, 모든 다이어트는 실패한다는 것이다. 사람들은 어차피 꾸준히 밀어붙이지 못한다. 왜 그런 성가신 일을 한단 말인가? 이 주장은 모든 다이어트 방법이 소모한 것보다 적은 칼로리를 섭취하는 동일한 방식으로 작용하기 때문에, 결국 동일한 방식으로 실패한다는 가정을 바탕에 깔고 있다.

사실이 아니다. 반쯤 굶어야 하는 다이어트는 실패한다. 첫째 몸이 더 적은 에너지를 소모하는 방식으로 칼로리 부족에 적응하며, 둘째 항상 배고픈 상태가 지속되고, 셋째 두 가지 상태가 겹쳐 우울하고 예민하며 만성적으로 피로한 상태가 되기 때문이다. 반쯤 굶주린 상태와 그 부작용을 계속 견딜 수는 없기 때문에 원래 먹던 대로 돌아가거나, 심하면 폭식하는 버릇이 생긴다.

하지만 살찌기 쉬운 탄수화물만 제한한다면 의식적으로 먹는 양을 줄일 필요가 없다. 사실 먹는 양을 줄여서는 안 된다. 단백질과 지방을 먹고 싶은 만큼 마음껏 먹어 허기를 느끼지 않아야 하고, 몸에서 에너지를 덜 쓰도록 하지 않아야 한다. 심지어 섭취한 것보다 더 많은 에너지를 쓰게 될 수도 있다. 가장 어려운 부분은 탄수화물을 먹고 싶어진다는

✦ 《탄수화물 중독자의 다이어트법The Carbohydrate Addict's Diet》에서 레이철Rachel과 리처드 헬러Richard Heller는 정반대의 주장을 펼친다. 탄수화물이 들어 있지만 균형이 잘 잡힌 "보상 식사"를 하루 한 번씩 허용하는 것이 줄어든 체중을 유지하는 가장 좋은 방법이라는 것이다. 이런 개념은 사실일 수도 있고 한 번쯤 시도해볼 만하지만, 아직까지 적절히 검증된 적은 없다.

것이다. 칼로리 섭취를 줄였을 때 동반되는 허기가 피할 수 없는 생리학적 현상이라면, 탄수화물을 간절히 먹고 싶은 욕망은 중독에 가깝다. 그것은 적어도 부분적으로 인슐린 저항성과 동반된 만성 인슐린 상승 상태의 결과이므로 애초에 탄수화물에 의해 생긴 것이다.

설탕은 좀 특별하다. 설탕은 뇌에서 코카인, 니코틴, 헤로인과 똑같은 방식으로 중독성을 나타내는 것 같다. 설탕을 강렬하게 원하는 성향, 즉 설탕 탐닉이 존재하는 이유는 설탕을 먹었을 때 뇌 속에서 도파민 분비가 집중적으로 일어난다는 사실로 설명할 수 있을지도 모른다.

중독이 뇌의 문제든, 몸의 문제든, 혹은 양쪽 모두의 문제든 설탕과 기타 쉽게 소화되는 탄수화물이 중독성을 띤다는 말은 노력을 기울이고 충분한 인내심을 발휘하면 중독을 극복할 수도 있다는 뜻이다. 하지만 허기는 그렇지 않다. 탄수화물을 피하면 인슐린 수치가 낮아진다. 이런 상태로 시간이 지나면 탄수화물에 대한 갈망이 줄어들거나 아예 없어진다. 하지만 이렇게 될 때까지는 생각보다 훨씬 긴 시간이 필요할 수도 있다. 1975년 듀크 대학교의 소아과 전문의 제임스 시드베리 주니어(같은 해에 미 국립보건원의 '국립 어린이 건강 및 인력개발원' 원장이 된다)는 탄수화물 함량이 15퍼센트에 불과한 식단으로 비만한 어린이들의 체중을 줄이는 데 엄청난 성공을 거두었다고 보고했다. "1년 내지 18개월이 지나자 단것을 탐닉하는 현상이 없어졌다." 갈망이 없어진 시기를 "구체적으로 1~2주 이내"로 정확히 특정할 수 있었다.

하지만 살찌기 쉬운 탄수화물 중 일부를 계속 먹거나 어느 정도 설탕을 허용한다면(심지어 인공 감미료도 마찬가지일지 모른다) 탄수화물에 대한 갈망은 언제까지나 사라지지 않을 수도 있다. 스티븐 피니가 "음식에 대한 침투적 사고"라고 일컬은 생각에 계속 시달릴 수 있다는 뜻이다. 경험적인 근거에 따르면 그렇게 되는 경우가 흔하므로, 계속 탄수화물을 제한하는 것이 좋다.

적어도 어떤 사람들은 전혀 타협하지 않아야 장기적으로 성공을 거둘 가능성이 높다는 뜻이다. 애연가가 몇 번이고 담배를 끊는 노력 끝에 결국 금연에 성공하듯, 어느 틈엔가 살찌기 쉬운 탄수화물들을 다시 먹게 되고 체중이 다시 증가한다면 별다른 도리가 없다. 다시 끊으려고 노력하거나 최소한 아주 낮은 수준으로 줄이려고 노력해야 한다.

먹고 싶은 만큼 먹으라는 말은 무슨 뜻인가?

한 가지 신념 체계(과학사회학 용어로 한 가지 패러다임) 속에서 자란 사람은 신념 체계를 완전히 버리고 열린 마음으로 다른 신념을 받아들이기 어렵다. 우리는 살을 빼기 위해 원하는 것보다 적게 먹어야 하고, 줄어든 체중을 유지하기 위해 먹을 것을 절제해야 한다는 말을 너무나 오랫동안 들었고 너무나 오랫동안 믿어왔다. 그래서 탄수화물을 제한할 때도 똑같은 규칙이 적용된다고 생각하기 쉽다. 뭐든지 적게 먹어야 한다는 말은 탄수화물뿐 아니라 단백질이나 지방도 의식적으로 제한해야 한다는 말이다. 하지만 단백질과 지방은 먹어도 살이 찌지 않는다. 오직 탄수화물을 먹을 때만 살이 찐다. 단백질과 지방까지 적게 먹을 이유는 없다.

탄수화물 제한 식단을 시작한 사람들이 종종 적게 먹는 경향이 있는 것은 사실이다. 살찌기 쉬운 탄수화물을 포기한 뒤로 허기를 덜 느껴 오전에 먹던 간식을 더 이상 먹지 않는다는 식으로 말하는 경우가 많다. 음식에 대한 침투적 사고와 식욕을 충족시키려는 충동도 없어진다고 한다. 몸속의 지방을 에너지원으로 사용하게 되었기 때문이다. 지방 세포들이 섭취한 칼로리를 언제까지고 가두어놓는 대신 비로소 단기적인 에너지 완충 작용이라는 본연의 임무를 수행하는 것이다. 몸에서 내부 에너지원을 이용하여 하루 종일 활동할 수 있는 에너지를 공급하므로 식욕도 거기에 맞춰 조정된다. 연료가 많이 남아 있는데 계속 주유소에 들러 연료를 넣을 필요가 없는 것과 마찬가지다. 일주일에 약 1킬로그램씩 체중이 줄어든다면 매주 약 8000칼로리에 해당하는 체지방을 에너지원으로 써서 없애는 셈이다. 하루에 약 1000칼로리 정도가 체지방에서 공급되므로 1000칼로리에 해당하는 음식을 먹지 않아도 된다.

탄수화물 제한 식단의 또 다른 효과는 에너지 소모량이 늘어나는 것이다. 에너지가 있어도 제대로 쓰지 못하고 지방 조직 속에 저장하는 일이 없어져 문자 그대로 에너지가 남아돈다. 살찌기 쉬운 탄수화물을 피하면 칼로리가 지방 세포 속에 축적되지 않는다. 이제 몸이 스스로 알아서 섭취한 에너지(식욕과 허기)와 소비한 에너지(신체 활동과 대사율)의 균형을 찾는다. 이 과정은 시간이 걸릴 수도 있지만 의식적으로 노력하지 않아도 저절로 일어난다.

의식적으로 식욕을 억제하려고 노력하다 보면 보상 반응이 생길 수 있다. 에너지원으로 사용할 칼로리가 부족해져 에너지 소모량이 좀처럼 늘지 않으며, 에너지원이 되어야 할 지방이 한사코 몸에 쌓여 있게 되는 것이다. 동시에 유지되어야 할 제지방 조직(근육)이 소모될 수 있다. 의식적인 자제력이 바닥 나는 순간 폭식 충동이 일어날 수도 있다. 탄수화물 제한 식단을 처방하는 의사들은 배가 고파지면 만족할 때까지 먹고, 심지어 배가 고프지 않아도 몇 시간에 한 번씩 간식을 먹으라고 상기시켜 줄 때 최선의 효과를 얻는다고 한다.

운동도 마찬가지다. 되도록 몸을 많이 움직이고 활동적으로 살아야 할 이유는 많다. 하지만 체중 조절을 위해서라면 반드시 그러지 않아도 된다. 운동을 하면 배가 고파지며 운동하지 않는 동안에는 에너지 소비량이 오히려 줄어든다. 목표는 이런 두 가지 반응을 모두 피하는 것이다. 에너지 소비량을 늘려 살을 빼려는 시도는 효과가 없을 뿐 아니라 오히려 역효과를 낸다. 과체중 또는 비만인 사람은 에너지원으로 사용해야 할 지방을 지방 조직 속에 가두어버리기 때문에 몸을 움직이지 않으려는 경향이 있다. 말 그대로 운동을 할 에너지도, 의욕도 부족하다. 탄수화물을 피해서 이런 문제가 해결되면 활발하게 움직이는 데 필요한 에너지와 의욕이 되살아난다.

목표는 비만의 근본 원인인 탄수화물을 피하고 우리 몸이 스스로 에너지 소비와 섭취의 자연스러운 균형 상태를 되찾도록 하는 것이다. 배고픔을 느낀다면 배가 부를 때까지 먹어야 한다. 탄수화물을 먹지 않으면 그렇게 해도 살이 찌지 않는다. 일단 체지방을 에너지원으로 사용하기 시작하면 활발하게 움직일 에너지가 저절로 생겨난다.

지방이냐, 단백질이냐?

지난 50년간의 그릇된 생각 중에 끈질기게 남아 있는 또 한 가지가 있다. 살을 찌게 만드는 주범이 탄수화물임을 인정한다고 해도 여전히 식이성 지방은 건강에 나쁘다는 믿음이다.

이 생각은 일종의 절충안으로 완벽하게 합리적인 것처럼 보인다. 1960년대 초반 탄수화물 제한 식단을 지지했던 사람들이 고지방 식단 대신 고단백 식단을 권장한 것도 이런 생각 때문이었다. 살찌는 탄수화물을 피하는 데서 그칠 것이 아니라 버터나 치즈도 피하고, 닭은 껍질을 벗겨내고 가슴살만 먹으며, 달걀은 노른자를 빼고, 지방이 적은 생선과 최대한 기름을 발라낸 고기를 먹어야 한다는 것이다.

하지만 앞에서 말했듯이 지방과 포화지방이 몸에 해롭다고 생각할 이유는 거의 없다. 반면에 단백질 함량이 비정상적으로 높은 식단이 몸에 좋은지에 대해서는 의심할 만한 이유가 충분하다. 육식을 위주로 하거나 육식만 하는 인구집단은 지방 섭취를 최대화하려고 노력한다. 그 이유 중 하나는 고단백 식단(지방과 탄수화물이 상당량 포함되지 않은)이 유해할 수 있기 때문일 것이다. 이 문제는 미국 국립의학연구원의 단백질 대사 전문가들이 최근 발표한 《영양 섭취 기준Dietary Reference Intakes》에 잘 설명되어 있다. "현존하거나 과거에 존재했던 수렵 채집인 집단의 식습관을 근거로 볼 때, 인간은 단백질이 지나치게 많이 함유된 식단을 피하는 것 같다." 이어서 단백질 대사 전문가들은 고단백질, 저지방, 저탄수화물 식단을 섭취했을 때 단기적으로 근력 약화, 메스꺼림, 설사 등의 증상이 나타난다고 지적했다. 이런 증상은 단백질 함량을 총칼로리의 20~25퍼센트까지 낮추고 대신 지방 함량을 높이면 사라진다.

1960년대 들어 지방 섭취에 반대하는 움직임이 시작되기 전에 탄수화물 제한 식단을 시험했던 의사와 영양학자는 보통 칼로리의 75~80퍼센트가 지방, 20~25퍼센트가 단백질인 식단을 처방했다. 이런 비율은 아무런 부작용을 일으키지 않았으며 꾸준히 먹기에도 어려움이 없었다. 이누이트족처럼 거의 전적으로 동물성 식품만 섭취하는 집단의 식단과 가장 비슷하기도 했다.

75퍼센트가 지방이고 25퍼센트가 단백질인 식단이 65퍼센트가 지방이고 35퍼센트가 단백질인 식단보다 건강에 더 좋은지는 분명하지 않다. 못지않게 중요한 것은 장기적으로 유지하기 쉬우며 만족감을 주는 것이다. 껍질을 벗긴 닭 가슴살과 지방을 제거한 생선 및 육류, 흰자로 만든 오믈렛이 만족스럽다면 그렇게 해도 좋다. 하지만 기름진 고기와 계란 노른자, 버터와 라드를 이용하여 조리한 음식이 꾸준히 먹기에는 물론 건강에도 더 좋을 수 있다.

부작용과 의사들

식단 속의 탄수화물을 지방으로 바꾸면 세포 입장에서는 에너지원이 근본적으로 달라지는 엄청난 변화를 겪게 된다. 주로 탄수화물(포도당)을 에너지원으로 사용하던 세포가 지방(몸속에 있는 지방과 음식을 통해 섭취하는 지방)을 이용하게 되는 것이다. 이런 변화는 근력 약화, 피로감, 메슥거림, 탈수, 설사, 변비 같은 부작용을 동반할 수 있다. 기존에 통풍이 있던 사람은 증상이 악화되기도 한다. 체위성 저혈압 또는 기립성 저혈압이라고 해서 너무 빨리 일어서면 혈압이 급격히 떨어지면서 심하게 어지럽거나 심지어 기절하는 사람도 있다. 1970년대에 전문가들은 이런 "잠재적 부작용"이야말로 탄수화물 제한 식단이 "전체적으로 안전하지" 않다는 강력한 증거라고 주장했다. 절대로 이 식단을 허용하지 않겠다는 의도였다.

하지만 이런 생각은 탄수화물을 끊었을 때 생기는 단기적 효과와 이를 극복하면 더 날씬한 몸으로 더 건강하게 더 오래 살 수 있다는 장기적 이익을 혼동한 것에 불과하다. 탄수화물을 끊었을 때 나타나는 증상을 전문 용어로 '케토 적응'이라고 한다. 하루 60그램 미만의 탄수화물을 섭취할 때 생기는 케톤증 상태에 몸이 적응한다는 뜻이다. 사실 이런 반응 때문에 탄수화물 제한 식단을 시도했다가 바로 포기하는 사람도 있다.[5] 웨스트먼은 이렇게 말한다. "케토 적응을 종종 '탄수화물이 필요하다'는 신호로 잘못 생각하곤 합니다. 하지만 그것은 담배를 끊으려는 사람이 금단 증상이 나타났을 때 '담배가 필요하다'는 신호로 받아들이고, 문제를 해결하기 위해 다시 담배를 피워야 한다고 말하는 것과 같습니다."

케토 적응의 원인은 이제 확실히 밝혀진 것 같다. 탄수화물 제한 식단을 처방하는 의사들도 이런 증상을 치료하고 예방할 수 있다고 한다. 케토 적응은 식단의 지방 함량이 높은 것과는 아무 관계가 없다. 오히려 단백질 함량이 너무 높고 지방 함량이 너무 낮거나, 바뀐 식단에 충분히 적응할 시간을 두지 않고 격렬한 운동을 시도하거나, 탄수화물을 제한하여 인슐린 수치가 급격히 떨어진 상태에 몸이 완전히 적응하지 못해서 생기는 것으로 여겨진다.

앞에서 잠깐 언급했듯이 인슐린은 콩팥에 작용하여 나트륨을 재흡수하는데, 이에 따라 체내에 수분이 축적되며 혈압이 올라간다. 탄수화물을 제한하여 인슐린 수치가 떨어지면 콩팥은 나트륨을 재흡수하지 않고 배설하며 이때 물도 함께 빠져나간다. 체중이 100킬로그램이라고 가정했을 때 수분 소실이 3킬로그램을 넘을 수도 있다. 탄수화물 제한 식단을 시작한 후 초기에 체중이 줄어드는 것은 대부분 수분 소실 때문이다. 혈압이 낮아지는 것도 바로 이런 이유에서다. 사실 이런 현상은 대부분 사람에게 이롭다. 하지만 때때로 몸에서 수분 소실을 보상하려는 경우가 있다. 복잡한 보상 반응으로 인해 몸에서 수분이 빠져나가지

✦ 체지방이 줄어들 때 간혹 나타나는 콜레스테롤 상승도 마찬가지다. 이런 '일시적 고콜레스테롤 혈증'은 그간 지방 세포 속에 지방과 함께 저장되어 있던 콜레스테롤 때문이다. 지방산이 지방 세포 밖으로 빠져나올 때 콜레스테롤도 함께 방출되어 일시적으로 수치가 급격히 높아질 수 있다. 현재까지 밝혀진 바로 콜레스테롤 수치는 과도한 체지방이 빠지고 나면 포화지방을 얼마나 섭취하든 정상으로 돌아오거나 전보다 훨씬 낮은 수치로 떨어진다.

못하도록 하며, 콩팥에서는 나트륨 대신 칼륨을 배설하여 전해질 불균형이 초래된다. 앞에서 말한 여러 가지 부작용이 나타나는 것이다. 피니는 이런 반응이 식단의 소금 함량을 조금만 높여주면 없어진다고 조언한다. 웨스트먼과 버넌을 비롯한 많은 의사가 하루에 1~2그램의 나트륨(소금 0.5~1티스푼)을 더 섭취하거나 아침저녁으로 국에 간을 조금 더 하는 방법을 추천한다.

이런 부작용 때문에 탄수화물 제한 식단을 시도할 때는 지식과 경험이 풍부한 의사의 안내가 중요하다. 특히 당뇨병이나 고혈압이 있다면 반드시 의사의 도움을 받아야 한다. 탄수화물 섭취를 제한하면 혈당과 혈압이 모두 떨어지는데, 이미 당뇨약이나 혈압약을 복용하고 있다면 매우 위험할 수 있다. 혈당이 너무 떨어지면(저혈당) 경련을 일으키거나, 의식을 잃거나, 심지어 사망할 수 있다. 혈압이 너무 낮아지면(저혈압) 어지럽거나, 기절하거나, 경련을 일으킬 수 있다.

왜 우리가 살이 찌는지, 어떻게 해야 하는지를 제대로 이해하는 의사는 찾기 어렵다. 그렇지 않다면 이런 책을 쓸 필요도 없을 것이다. 정말로 유감스러운 사실은 체중 조절에 관한 진실을 이해하는 의사들도 탄수화물 제한 식단 처방을 주저한다는 것이다. 자신의 체중 조절을 위해 탄수화물을 제한하는 의사조차 그렇다. 비만인 환자에게 적게 먹고 운동을 하라고 말하는 의사, 보건 당국에서 권고하는 저지방 고탄수화물 식단을 권하는 의사는 그 환자가 2주 또는 심지어 2달 후에 심장 발작을 일으켰다고 해서 의료 과실로 소송을 당하는 일은 없다. 하지만 의학적 통념에 반기를 들고 탄수화물 제한 식단을 처방하는 의사는 이런 안전 장치가 없다.[6]

이제 탄수화물 제한 식단을 옹호하는 다이어트 책을 쉽게 볼 수 있다. 실제로 어떻게 해야 하는지 소개하는 요리 책이나 웹사이트도 많고, 심지어 스마트폰 앱도 드물지 않다. 하지만 무엇보다 중요한 것은 의사들이 이런 지식을 이해하는 것이다. 마음의 문을 열고 너무 자주 무시당하는 과학적 증거들을 받아들여야 한다. 공중보건 전문가나 비만 연구자도 마찬가지다. 권위자들이 들어온 칼로리와 나간 칼로리라는 논리에 사로잡혀 탄수화물 제한 식단을 한때의 유행으로 치부하는 한, 결코 비만 문제를 해결할 수 없다. 우리는 그들의 도움이 필요하다. 나는 대중을 위해서뿐만이 아니라 의사들을 위해서 이 책을 썼다. 의사들이 우리가 살찌는 이유를 진정으로 이해할 때까지, 보건 전문가들이 그 이유를 진정으로 이해할 때까지, 체중을 조절하고 건강을 유지하는 일은 너무나 어려운 과제가 될 것이다.

✦ 1962년 블레이크 도널드슨이 회고록에서 말했듯이 의사가 처방한 육식 위주의 식단을 섭취하면서 아무리 잘 지냈던 사람도 "조그만 일이라도 잘못되면, 심지어 자기 집 마당에서 두더지가 기어나와도 식단 탓을 하곤 한다".

후기

왜 우리는 이토록 살이 찌는가?

자주 묻는 질문과 답변

1. 체중을 조절할 때 칼로리를 따지는 것이 중요한가요? 이 책은 칼로리가 전혀 중요하지 않다고 주장하는 것인가요?

칼로리란 단순히 우리가 먹는 음식의 에너지 함량을 측정한 것입니다. 한 끼 식사에 포함된 에너지 함량이란 탄수화물, 지방, 단백질 등 영양소 함량을 계산할 때는 중요할 수 있습니다. 그러나 체중 조절에 관해 정말로 중요한 것은, 이런 영양소들이 지방 조직을 조절하는 호르몬에 어떤 영향을 미치는지입니다. 이것은 에너지 함량과 완전히 다른 문제입니다. 특히 탄수화물이 인슐린 분비에 미치는 영향에 주목할 필요가 있습니다. 이 문제에 관해서는 섭취한 탄수화물의 칼로리와 형태가 중요합니다. 탄수화물을 제한하면 지방 조직에서 지방이 방출되어 에너지원으로 사용되므로, 식욕이 감소하고 보다 많은 에너지를 이용할 수 있습니다.

2. 이 책의 주장과 1970년대에 유행했다가 최근 다시 주목받는 앳킨스 식단의 차이는 무엇인가요?

우선 공통점부터 살펴봅시다. 앳킨스 식단은 그로부터 40년 후에 내가 읽은 것과 동일한 의학 문헌을 근거로 한 것입니다. 이 연구는 지방 축적의 조절 인자로서 인슐린과 탄수화물을 지목했습니다. 이에 따라 앳킨스 박사는 탄수화물을 제한하고 칼로리 소비량을 높게 유지할 수 있는 식단을 고안했습니다. 바로 고지방 저탄수화물 식단입니다. 한편 이 책《왜 우리는 살찌는가》와 전작인《굿 칼로리, 배드 칼로리》를 통해 내가 주장하는 것은 정제 탄수화물, 전분이 풍부하게 함유된 채소류, 설탕이 우리를 살찌게 하는 주범이며, 따라서 비만과 관련된 만성 질환의 원인일 가능성이 매우 높다는 것입니다. 결국 앳킨스 박사와 똑같은 주장을 하는 셈이지만 문제를 해결하기 위해 구체적인 식단을 제안하는 것보다, 식단에 포함된 탄수화물의 양과 질에 의해 비만과 질병이 생긴다는 사실을 이해시키는 데 초점을 맞추었습니다. 엄격한 채식에서 육식 위주의 식단에 이르기까지 어떤 식단이든 당 지수가 높은 탄수화물과 설탕을 아예 빼거나 대폭 줄이면 건강한 식단, 최소한 이전보다 더 건강한 식단이 될 것입니다.

3. 탄수화물을 제한하면 체지방이 줄어드는 것은 단순히 식단을 이렇게 바꾸었을 때 사람들이 음식을 덜 먹게 되기 때문이 아닐까요?

원인과 결과를 혼동한 것입니다. 탄수화물을 제한하면 지방 조직을 둘러싼 호르몬 환경이 바뀌어 지방이 덜 축적되고, 더 많은 지방이 에너지원으로 사용됩니다. 보통 일주일에 1킬로그램씩 체지방이 감소하는데, 이는 그전에 비해 일주일에 약 8000칼로리의 지방을 에너지원으로 사용한다는 뜻입니다. 유용한 에너지원으로 쓰이지 못하고 지방 조직 속에 갇혀 있던 지방이, 대략 하루에 약 1000칼로리 정도 에너지원으로 사용되는 것입니다. 자연스럽게 음식을 적게 먹게 됩니다. 하지만 몸속의 지방을 에너지원으로 사용하게 되었기 때문에 적게 먹는 것이지, 적게 먹었기 때문에 지방을 에너지원으로 사용하게 된 것이 아닙니다.

4. 이 책에서 주장하는 식단과 소위 구석기 식단의 차이는 무엇인가요?

구석기 식단은 인간에게 이상적인 식단이 존재할 것이라고 가정하고, 이를 우리 조상이 수렵 채집인으로 살았던 200만 년 동안 섭취한 영양소와 음식에서 찾으려는 것입니다. 간단히 말해 진화 과정에서 먹었던 것들이야말로 가장 건강한 식단이라는 개념입니다. 예를 들어 우리 조상이 고구마 같은 덩이줄기를 일상적으로 섭취했다면 고구마가 포함되지 않은 식단보다 포함된 식단이 더 건강하다고 생각합니다. 반면 구석기 시대의 조상들은 달걀을 매일 아침 먹지는 않았을 것입니다. 어쩌다 한 번 먹었을 것이므로, 우리도 어쩌다 한 번씩 먹어야 한다고 주장합니다. 오메가-3 지방산과 오메가-6 지방산의 이상적인 비율 역시 조상들이 사냥해서 먹었을 야생 동물에서 찾습니다. 모든 생각이 옳을 수도 있지만, 실험을 통해 제대로 입증된 적은 없고 그저 가설로 남아 있을 뿐입니다.

저의 주장은 어찌 보면 반대라고 할 수 있습니다. 비만, 당뇨병, 심장병, 암 등 우리를 괴롭히는 만성 질환들은 인간의 식단에 새로 추가된 것들, 우리 조상이 수렵 채집인으로 살았던 수백만 년 동안 먹지 않았고 진화 과정에서 적응할 기회가 없었던 식품들 때문이라는 것입니다. 특히 정제된 곡식과 설탕에 주목합니다. 이것들이 현대인의 식단에서 큰 부분을 차지한다는 사실은 누구도 부정할 수 없습니다. 지난 150년간 관찰된 증거와 지난 50년간 수행된 임상 시험을 근거로 저는 이런 식품들이 나쁘다고, 우리를 살찌게 만들고 결국 병에 걸리게 만든다고 확실히 말할 수 있습니다. 이런 식품들이 나쁜 이유는 최근에야 식단에 포함되어 우리가 적응할 시간이 없었기 때문입니다.

5. 식이섬유와 녹색 채소를 크게 줄이는데 어떻게 탄수화물 제한 식단이 건강에 좋을 수 있습니까?

우선 탄수화물 제한 식단은 설탕, 정제 밀가루, 전분성 채소를 줄이는 것이지 녹색 잎채소를 줄이는 것이 아닙니다. 따라서 반드시 필요하지는 않지만 상당히 많은 식이섬유가 함유되어 있습니다. 사실 탄수화물 제한 식단을 선택한다면 더 많은 녹색 채소를 섭취하게 될 가능성이 높습니다. 전분성 채소, 파스타, 빵 대신 녹색 잎채소와 샐러드를 먹기 때문입니다. 식당에 간다면 고기, 생선, 가금류에 감자, 밥, 빵 대신 녹색 채소나 샐러드를 곁들여 먹는다는 뜻입니다.

중요한 점은 식이섬유와 채소가 건강한 식단에 반드시 포함되어야 하느냐는 것입니다. 《굿 칼로리, 배드 칼로리》를 쓰기 위해 인터뷰를 했을 때 옥스퍼드 대학교의 리처드 돌 경이 확인해준 것처럼, 식이섬유의 유일하게 입증된 가치는 변비에 도움이 된다는 것뿐입니다. 하지만 탄수화물 제한 식단이 변비를 일으킨다는 것은 잘못된 생각입니다. 변비는 탄수화물 함량이 높은 식단에서 낮은 식단으로 옮겨가는 과정에서 부작용 중 하나로 생길 수 있지만, 식단에 나트륨(소금!)을 약간 첨가하거나 국에 약간의 간을 해서 쉽게 해결됩니다.

녹색 채소가 건강한 식단에 중요하다는 주장의 근거 또한 놀랄 정도로 빈약합니다. 19세기에 전 세계에서 가장 건강하고 가장 활동적이었던 인구 집단은 이누이트족, 대평원 지대의 북미 원주민, 아프리카 동부에서 소를 키우며 살았던 마사이족, 순록을 키우며 살았던 시베리아 원주민 등 사실상 채소를 전혀 먹지 않는, 따라서 식이섬유를 전혀 섭취하지 않는 집단이었습니다. 이들 중 일부에서 '허기'를 뜻하는 말은 번역하면 "어쩔 수 없이 식물을 먹어야만 할 때"라는 뜻입니다. 1928년에 이런 사실, 특히 이누이트족의 경험에 착안한 유명 영양학자들과 인류학자들은 두 명의 베테랑 극지 탐험가에게 고기로만 구성된 식단을 1년간 섭취하도록 한 후 당시 생각할 수 있는 모든 지표를 검사하는 공동 연구를 수행했습니다. 당시 영양 및 대사 분야에서 가장 존경받는 학자였던 유진 듀보이스는 이 연구에 관해 발표한 아홉 편의 논문 중 한 편에 이렇게 썼습니다. "관찰을 마쳤을 때 두 사람 모두 신체적으로 건강한 상태였다. 신체적으로든 정신적으로든 조금이라도 활력이 떨어진다는 객관적 및 주관적 증거는 전혀 없었다." 듀보이스와 연구자들이 관찰한 사소한 건강 문제 중 하나로 탐험가 한 명이 실험 시작 당시 가벼운 치은염(잇몸의 염증)이 있었으나, 그조차 "육식으로만 구성된 식단을 섭취한 후 완전히 없어졌"습니다.

6. 설탕과 단순 탄수화물이 건강에 나쁘다고 하셨는데 동시에 포화지방도 건강에 나쁠 수 있지 않을까요?

맞습니다. 무엇이든 단정할 수는 없습니다. 그러나 최근 오클랜드 어린이병원 연구소와 하버드 대학교 공중보건 대학원 공동 연구팀 그리고 세계보건기구에서 포화지방에 관한 근거들을 체계적으로 검토한 결과, 양쪽 연구에서 모두 포화지방이 건강에 나쁘다고 주장할 근거가 충분치 않다는 결론이 내려졌습니다. 앳킨스 식단과 유사한 고지방 고포화지방 식단을 미국심장협회에서 권고하는 지방 제한 칼로리 제한 식단과 비교한 임상 시험에서는, 고지방 식단이 심장병과 당뇨병 위험인자 개선 효과가 더 뛰어나다는 사실이 명백히 입증되었습니다.

7. '날씬하다'는 것이 반드시 최적의 '건강'을 보장합니까?

그렇지 않습니다. 대사증후군은 심장병, 당뇨병, 암, 아마도 알츠하이머병으로 진행할 수 있다고 여겨집니다. 하지만 날씬한 사람 중에도 대사증후군을 지닌 사람이 많다는 사실이 널리 인정됩니다. 이들은 날씬하지만 소위 내장 지방(내부 장기 주변, 특히 간 주변에 축적된 지방)이 축적된 상태로, 이 내장 지방이 대사증후군을 일으키거나 악화시킬 가능성이 높습니다. 제 주장의 요점은 이런 내장 지방 역시 식단에 함유된 탄수화물의 질과 양에 의해 결정된다는 것입니다.

8. 구석기 식단의 데이터를 현재 사람의 식습관까지 연장해 무언가를 추정하는 것이 합리적일까요? 예를 들어 오늘날 가축이 수만 년 전 인

류가 사냥했던 동물과 전혀 다른 것을 먹는다면 이 동물들의 외양이 비슷하다고 해서 우리가 그때와 같은 고기를 먹는다고 할 수 있을까요?

오늘날 보편적으로 사용되는 방법은 가축에게 옥수수를 먹여 살찌우는 것입니다. 이렇게 키운 가축은 야생 상태로 들판에서 자유로이 풀을 뜯는 오늘날의 초식 동물이나 먼 옛날의 동물보다 체지방이 훨씬 많고 지방의 조성도 다릅니다. 문제는 이런 사실이 인간의 건강과 얼마나 관련이 있느냐는 것입니다. 미국에서는 적어도 19세기부터 가축에 옥수수를 먹였지만, 당뇨병과 비만이 폭발적으로 증가한 것은 20세기의 마지막 수십 년 동안에 벌어진 일입니다. 방목한 동물의 고기가 곡식이나 옥수수를 먹여 키운 가축의 고기보다 건강에 좋다는 가설을 검증하는 것은 비교적 단순한 일이겠지만, 현재까지는 그런 연구가 수행된 바 없습니다.

9. 두 사람이 기본적으로 똑같은 음식을 먹는데 한 사람은 살이 찌고 한 사람은 날씬한 경우가 있습니다. 어떻게 이런 일이 가능할까요?

비만에 대한 연구가 시작된 이래 의사들은 비만이란 현상이 가족성으로 나타나며, 따라서 유전적인 요소가 크게 작용한다는 사실을 알고 있었습니다. 어떤 집안은 마른 사람이 많은 반면 어떤 집안에는 살찐 사람이 많습니다. 그렇다고 비만에 관련된 유전자가 얼마나 많이 먹고 얼마나 많이 운동할 것인지까지 결정하지는 않습니다. 유전자는 섭취한 에너지원을 어떻게 구획화할지, 얼마나 많은 부분을 에너지원으로 사용하고 얼마나 많은 부분을 지방으로 저장하거나 근육을 늘리는 데 쓸 것인지를 결정할 뿐입니다. 또 비만에 관련된 유전자나 살찌기 쉬운 체질은 식단에 함유된 탄수화물에 대한 반응도 결정하는 것 같습니다. 얼마나 많은 인슐린을 분비할 것인지, 지방 조직과 기타 조직이 인슐린과 다른 변수에 얼마나 민감하게 반응할 것인지 등을 결정한다는 뜻입니다. 따라서 어떤 사람은 탄수화물이 풍부한 음식을 먹어도 그 안에 들어 있는 칼로리를 쉽게 에너지원으로 사용하여 소비합니다. 따라서 별다른 노력을 기울이지 않아도 날씬한 몸매를 유지합니다. 신체 활동에 사용할 에너지도 항상 넘칩니다. 반면 탄수화물이 풍부한 음식을 먹고 상당한 칼로리를 지방 조직에 저장하는 사람도 있습니다. 이들은 쉽게 살이 찌고 신체 활동에 사용할 에너지가 항상 부족합니다. 또한 인슐린 수치가 높기 때문에 몸속에 저장된 지방을 방출시켜 에너지원으로 사용하기 전에 또 먹고 싶은 충동을 느낍니다.

10. 과일처럼 거의 가공되지 않은 식품이 완벽하게 건강에 좋은 것은 아니라고 하셨는데, 그 이유는 무엇입니까?

구석기 시대 조상들은 다량의 과일을 먹었을지도 모르지만, 과일을 먹는 것은 어쩌다 한 번이었을 가능성이 높습니다. 그때도 오늘날 슈퍼마켓에서 파는 것처럼 즙이 많고 단맛이 강한 과일은 분명 아니었을 것입니다. 자연 상태의 과일은 특정한 계절에만 나며, 그나마 상당히 손에 넣기 힘듭니다. 매일같이 많은 양을 섭취할 수 있는 식품은 분명 아닙니다. 이 책에서 말한 것처럼 인간이 유실수를 재배한 것은 수천 년밖에 안 되고, 오늘날 우리가 먹는 과일은 야생종에 비해 훨씬 당도가 높고 즙이 많으므로 훨씬 살찌기 쉽습니다.

11. '건강'의 가장 중요한 척도는 무엇일까요? 예를 들어 LDL 콜레스테롤 패턴A, 아포B100, 중성지방 등 혈청 콜레스테롤 표지자가 낮은 것일까요? 체지방 백분율이나 체중일까요? 아니면 무언가 다른 것일까요?

끝없이 격론이 벌어지는 주제이지만, 많은 학자가 대사증후군의 위험인자들이라는 데 동의합니다. 가장 중요하고 가장 쉽게 측정할 수 있는 것은 역시 허리둘레입니다. 하지만 다른 요소, 즉 작고 밀도가 높은 LDL(또는 높은 아포B 또는 LDL 입자 수), 높은 중성지방, 낮은 HDL 콜레스테롤, 고혈압, 높은 공복 혈당도 중요합니다. 중성지방이 높고 HDL이 낮다면 대사증후군을 알려주는 강력한 신호라고 볼 수 있습니다. 탄수화물, 특히 설탕을 제한하여 바로잡아야 합니다.

12. 중요한 건강 척도들은 서로 상관관계가 있습니다. 예를 들어 심장병 위험이 감소한다면 암에 걸릴 위험도 감소할까요?

그렇습니다. 인구집단을 보든 개인을 보든 만성 질환은 함께 발생합니다. 비만은 당뇨병, 심장병, 암, 알츠하이머병의 위험과 관련이 있습니다. 당뇨병도 마찬가지입니다. 현재 확보된 증거에 따르면 이 질병들은 모두 인슐린 저항성과 인슐린 수치 상승(고인슐린혈증), 혈당 상승 때문에 생깁니다. 식단에서 탄수화물을 제한하면, 특히 쉽게 소화되는 정제 탄수화물과 설탕을 피한다면 결국 이 모든 질병의 위험이 낮아질 것입니다.

13. 일부 인구집단, 특히 동남아시아 사람들은 탄수화물 함량이 높은 식단을 섭취하면서도 살이 찌지 않고 만성 질환 발병률도 낮습니다. 그래도 탄수화물이 비만, 심장병, 당뇨병 그리고 흔한 암의 원인이라고 할 수 있습니까?

탄수화물 함량이 높은 식단을 섭취하면서도 살이 찌지 않고 당뇨병 발생이 낮은 인구집단은 예외 없이 설탕(자당과 액상과당) 및 고도로 정제된 밀가루를 비교적 적게 섭취합니다. 예를 들어 일본인의 설탕 섭취량은 미국인의 약 4분의 1에 불과합니다. 프랑스인은 미국인의 약 절반에 불과한데 이것만으로도 '프렌치 패러독스'라는 현상을 설명할 수 있습니다. 가장 가능성 높은 시나리오는 설탕이 인슐린 저항성의 가장 중요한 원인이며, 일단 인슐린 저항성이 생기면 탄수화물 함량이 높은 모든 식품, 적어도 쉽게 소화되는 정제 탄수화물이 문제를 일으켜 대사증후군, 지방 축적, 당뇨병, 심장병과 암 등 만성 질환을 악화시킬 수 있다는 것입니다.

14. 탄수화물 제한 식단이란 '모 아니면 도'라는 의미입니까? 단순히 탄수화물 섭취량을 조금 줄이고 그만큼 지방과 포화지방을 섭취한다면, 포화지방과 탄수화물 사이에 부정적인 시너지 효과가 생길까요? 다시 말해서 그렇게 하지 않았을 때보다 더 나쁜가요?

그렇지 않습니다. 정부 기관이나 건강 관련 단체의 연구가 아니라 편향이 개입되지 않은 근거들을 검토해보면, 결론은 쉽게 소화되는 정제 탄수화물과 설탕이 건강에 나쁘고 지방과 포화지방은 그렇지 않다는 것뿐입니다. 따라서 이런 탄수화물을 얼마나 줄이든, 줄인 만큼 건강에 도움이 됩니다. 예를 들어 설탕 섭취량을 하루 600칼로리에서 500칼로리로 줄이고 큼직한 버터 한 조각(800칼로리)을 첨가한다면 어떻게 될까요? 정확히 모르지만 그리 나쁘지 않을 가능성이 높습니다.

15. 체중 조절과 전반적인 건강에 있어 운동과 수면은 얼마나 중요한가요?

신체 활동과 충분한 숙면을 취하는 것은 모두 건강한 생활 습관의 필수적인 요소입니다. 하지만 신체 활동을 늘리거나 수면 시간을 늘리는 것만으로 체중, 특히 체지방을 줄일 수 있다거나 줄어든 상태로 유지할 수 있다는 뜻은 아닙니다. 가능성 높은 시나리오는 식단의 탄수화물 함량을 줄이고 건강에 좋은 탄수화물로 바꾼다면 인슐린 수치를 낮출 수 있고, 이에 따라 체지방량이 줄어들 뿐 아니라 신체 활동에 사용할 에너지가 늘기 때문에 더욱 활동적이 되고 수면 패턴 역시 개선된다는 것입니다. 프랑스의 생리학자 자크 르 마녱은 실험용 래트에서 이를 입증했습니다. 래트에게 인슐린을 주사하자 수면 시간이 줄고 깨어 있는 시간과 먹이를 먹는 시간이 늘었습니다.

16. 탄수화물 제한 식단을 섭취한다면 그간 탄수화물 함량이 높은 식단을 섭취한 데 따른 나쁜 영향이 얼마나 좋아질까요?

아주 소수의 사람은 탄수화물을 극도로 제한해도 체지방이 의미 있게 줄지 않을 수도 있습니다. 수십 년간 탄수화물과 설탕이 듬뿍 든 음식을 섭취한 결과 지방 조직에 대한 호르몬 조절 기능이 크게 손상되어 과도한 체지방을 줄일 수 없게 된 것입니다. 하지만 이런 경우라도 심장병, 당뇨병, 암에 대한 위험인자는 크게 개선될 것입니다. 대사증후군이라고 부르는 일련의 대사 및 호르몬 이상은 정상으로 돌아온다는 뜻입니다. 제 친구이자 보스턴 일대에서 여러 개의 피트니스 클럽을 운영하는 밥 카플란은 이 점과 관련하여 좋은 생각을 들려준 바 있습니다. 밥의 생각을 요약하면 이렇습니다.

> 탄수화물을 제한하는 것이 마법은 아니다. 탄수화물 제한 식단은 인류가 오랜 세월 동안 섭취한 결과 유전적으로 가장 잘 적응되어 있는 식단에 가깝다고 해야 할 것이다. 체중과 수분량이 줄고, 혈청 지질 수치에 긍정적인 효과가 나타나는 것도 건강이 좋아졌다기보다 그저 교정되었다고 하는 것이 옳다.

이익과 교정의 차이

- 탄수화물 제한 식단 덕분에 살이 빠진 것이 아니라 체중이 교정된 것이다.
- 탄수화물 제한 식단 덕분에 체수분량이 줄어든 것이 아니라 체수분량이 교정된 것이다.
- 탄수화물 제한 식단 덕분에 혈청 지질이 개선된 것이 아니라 혈청 지질이 교정된 것이다.
- 탄수화물 제한 식단 덕분에 건강이 개선된 것이 아니라 건강하지 않은 상태가 교정된 것이다.

부록

'무설탕, 무전분' 식단✦

시작하기

이 식단은 영양학적으로 가치가 없는 탄수화물을 빼고 신체에 필요한 영양을 제공하는 데 초점을 맞추었다. 가장 효과적으로 체중을 감량하려면 탄수화물 섭취량을 하루 20그램 미만으로 유지해야 한다. 이를 위해 식단을 여기 적힌 음식과 음료로만 구성해야 한다. 포장 식품은 영양성분표를 보고 탄수화물 함량이 고기와 유제품은 1~2그램 이하, 채소류는 5그램 이하인지 확인한다. 모든 식품은 전자레인지를 이용하거나, 오븐이나 그릴에 굽거나, 삶거나, 볶거나, 지지거나, 튀기거나(단 밀가루, 빵가루, 튀김가루를 써서는 안 된다), 불에 직접 굽는 방식으로 조리할 수 있다.

✦ 출처. 듀크 대학교 대학병원 생활습관의학 클리닉Duke University Medical Center, Lifestyle Medicine Clinic.

허기가 느껴질 때 골라 먹는 식품

구분	식품
육류	소고기(햄버거와 스테이크 포함), 돼지고기, 햄(글레이즈를 바르지 않은 것), 베이컨, 양고기 및 기타 육류. 가공육(소시지, 페퍼로니, 핫도그)은 영양성분표를 보고 1회분의 탄수화물 함량이 1그램 이하인 것을 고른다.
가금류	닭고기, 오리고기, 기타 가금류.
생선 및 해산물	모든 생선 및 새우, 게, 가재와 조개류.
달걀	흰자와 노른자를 아무런 제한 없이 허용한다.

주의. 위 식품을 통해 섭취하는 지방은 피할 필요 없다. 의도적으로 양을 제한할 필요는 없지만, 포만감이 느껴지면 그만 먹어야 한다.

매일 반드시 먹어야 하는 식품

구분	식품	양
샐러드용 야채	배추, 양배추, 근대, 부추, 상추, 파, 케일, 청경채, 시금치, 파슬리, 무, 순무, 기타 잎채소.	하루 2컵.
채소류	오이, 가지, 버섯, 양파, 고추, 호박, 브로콜리, 컬리플라워, 토마토, 샐러리, 아스파라거스, 각종 콩과 팥.	하루 1컵(조리하지 않은 상태 기준).
국	고혈압이나 심부전 때문에 저염식을 하는 경우가 아니라면 맑은 국을 추천한다.	하루 2컵(나트륨 보충 목적).

제한적으로 허용하는 식품

구분	식품	양
치즈	체다, 스위스, 모차렐라, 브리, 카망베르, 크림치즈, 블루치즈 등 모든 치즈를 허용하지만 가공된 것은 피한다. 영양성분표를 보고 1회분의 탄수화물 함량이 1그램 이하인 것을 고른다.	하루 100그램 내외.

크림	라이트 크림이나 사워 크림도 허용하지만 하프앤드하프 크림은 피한다.	하루 4순갈.
마요네즈	영양성분표를 보고 탄수화물 함량이 낮은 것을 고른다.	하루 4순갈.
올리브	블랙 또는 그린 올리브.	하루 최대 6알.
아보카도		하루 최대 1/2개.
레몬즙, 라임즙		하루 최대 4티스푼.
간장	영양성분표를 보고 탄수화물 함량이 낮은 것을 고른다.	하루 최대 4순갈.
피클	무설탕 제품이라야 한다.	하루 최대 2회분.
간식	돼지 껍질, 페퍼로니, 햄, 육포, 달걀.	

피해야 할 식품(탄수화물)

이 식단에서는 당분(단순 탄수화물)과 전분(복합 탄수화물)을 섭취하지 않는다. 유일하게 권장하는 탄수화물은 영양 밀도가 높으며 섬유소가 풍부한 채소들이다.

당분이란 단순 탄수화물을 가리킨다. 다음과 같은 식품을 피한다. 백설탕, 흑설탕, 꿀, 메이플 시럽, 당밀, 옥수수 시럽, 맥주(맥아당), 우유(젖당), 향을 가미한 요구르트, 과일 주스와 과일.

전분이란 복합 탄수화물을 가리킨다. 다음과 같은 식품을 피한다. 곡식(통곡식도 피한다), 밥, 시리얼, 밀가루, 옥수수 전분, 빵, 파스타, 머핀, 베이글, 크래커, 천천히 조리한 콩류(핀토pinto, 리마콩lima, 검은콩), 당근, 옥수수, 완두콩, 감자 등 '전분이 풍부한' 야채들, 감자튀김, 감자칩 등 감자 가공 식품.

지방과 기름

버터를 포함하여 모든 지방과 기름을 허용한다. 올리브기름과 땅콩기름은 특히 건강에 좋으므로 조리에 적극 활용한다. 마가린과 트랜스 지방을 함유한 경화유는 피한다.

샐러드 드레싱은 기름과 식초를 섞은 후 레몬즙과 적절한 향신료를 가미하여 만들어 쓰는 것이 좋다. 시판되는 블루치즈 드레싱, 시저 샐러드 드레싱, 이탈리안 드레싱도 1회분의 탄수화물 함량이 1~2그램 정도라면 사용할 수 있다. "라이트"라고 적혀 있는 드레싱은 보통 탄수화물 함량이 높으므로 피해야 한다. 으깬 달걀, 베이컨, 잘게 간 치즈 등은 샐러드에 넣어도 좋다.

지방은 일반적으로 맛이 좋고 쉽게 포만감을 주므로 매우 중요하다. 겉에 빵가루를 묻혀 조리한 것만 아니라면 육류나 가금류를 섭취할 때 비계나 껍질을 항상 같이 먹는다. 저지방 식단을 따라서는 안 된다!

감미료와 디저트

달콤한 것을 먹거나 마셔야 한다면 가장 합리적인 대체 감미료를 선택한다. 스플렌다Splenda(수크랄로스), 뉴트라스위트Nutrasweet(아스파탐), 트루비아Truvia(스테비아와 에리스리톨 혼합물), 스위트 엔 로우Sweet 'N Low(사카린) 등이 있다. 현재로서는 당알코올(소르비톨이나 말티톨)이 들어 있는 음식은 피하는 것이 좋다. 앞으로는 어느 정도 허용될 가능성이 있지만, 당장은 때때로 배탈 증상을 일으킬 수 있다.

음료

허용된 음료라면 마시고 싶은 만큼 마셔도 좋지만 억지로 많이 마시려고 해서는 안 된다. 가장 좋은 음료는 물이다. 에센스로 향을 낸 탄산수(탄수화물 함량 0)와 병에 담긴 생수도 좋다.

카페인 함유 음료: 어떤 사람은 카페인 섭취가 체중 감량과 혈당 조절에 상당히 큰 걸림돌이 되기도 한다. 이 점을 명심하여 커피(블랙 또는 인공감미료나 크림 추가), 차(설탕을 넣지 않거나 인공감미료를 넣은 것), 카페인 함유 다이어트 음료를 하루 3잔까지 허용한다.

알코올

처음에는 피한다. 체중이 줄고 식사 패턴이 확립되면 탄수화물 함량이 낮은 술을 적당량 마셔도 좋다.

섭취량

배고프면 먹고, 포만감을 느끼면 중단한다. 이 식단은 "필요한 만큼 먹는 것"이 가장 중요하다. 즉, 배고프면 언제라도 먹되 만족감을 느끼는 것 이상으로 먹지 않도록 노력해야 한다. 자신의 몸에 귀를 기울이는 것이 중요하다. 저탄수화물 식단은 자연적으로 식욕이 줄어드는 효과가 있어서 점점 먹는 양이 줄어도 편안하게 느껴질 것이다. 일단 그릇에 담았다는 이유로 다 먹을 필요는 없다. 반대로 절대로 허기를 느껴서는 안 된다! 애써 칼로리를 따질 필요는 없다. 허기를 느끼거나 무언가를 몹시 탐식하지 않고 편안한 상태로 체중이 줄어드는 것을 즐기면 된다.

하루의 시작을 영양이 풍부한 저탄수화물식으로 시작해볼 것을 권한다. 많은 약과 영양보충제는 매끼 음식과 함께, 또는 하루 3회 복용한다는 사실도 기억하자.

중요한 요령과 잊지 말아야 할 것

다음과 같은 식품은 절대로 먹지 않아야 한다. 설탕, 빵, 시리얼, 밀가루 음식, 과일, 주스, 꿀, 전유 또는 무지방 우유, 요구르트, 캔에 든 수프, 우유 대용품, 케첩, 달콤한 양념과 소스.

흔한 실수들. "무지방" 또는 "라이트"라고 쓰인 다이어트 식품 및 설탕과 전분이 '숨겨진' 식품에 유의한다(코울슬로, 무설탕 쿠키 및 케이크 등). 물약, 시럽이나 드롭스로 된 기침약, 기타 처방 없이 구입할 수 있는 약에 설탕이 들어 있는 경우가 많으므로 반드시 성분표를 확인한다. "저탄수화물 다이어트에 좋습니다!"라는 문구가 붙어 있는 식품은 피한다.

저탄수화물 메뉴

저탄수화물 메뉴는 실제로 어떤 것일까? 아래 메뉴를 견본 삼아 자신만의 식단을 꾸며보자.

아침식사

구분	식품
육류 또는 기타 단백질 공급원	일반적으로 계란.
지방 공급원	이미 단백질 공급원 속에 포함되어 있는 경우가 많다. 예를 들어 베이컨과 달걀에는 이미 지방이 들어 있다. 하지만 '제지방' 단백질원을 섭취한다면 버터나 커피크림, 치즈 등 지방 공급원을 첨가한다.
저탄수화물 채소 (원하는 경우)	오믈렛 등에 넣거나 따로 먹을 수 있다.

점심식사

구분	식품
육류 또는 기타 단백질 공급원	자유롭게 고른다.
지방 공급원	'제지방' 단백질원을 섭취한다면 버터나 커피크림, 치즈, 샐러드 드레싱, 아보카도 등 지방 공급원을 첨가한다.
저탄수화물 채소	1~1과 1/2컵의 야채 샐러드나 조리한 야채. 1/2~1컵의 기타 채소.

간식

구분	식품
단백질이나 지방을 함유한 저탄수화물 간식	자유롭게 고른다.

저녁식사

구분	식품
육류 또는 기타 단백질 공급원	자유롭게 고른다.
지방 공급원	'제지방' 단백질원을 섭취한다면 버터나 커피크림, 치즈, 샐러드 드레싱, 아보카도 등 지방 공급원을 첨가한다.
저탄수화물 채소	1~1과 1/2컵의 야채 샐러드나 조리한 야채. 1/2~1컵의 기타 채소.

이런 원칙으로 하루의 메뉴를 꾸며보면 다음과 같다.

구분	식품
아침식사	베이컨 또는 소시지, 달걀.

점심식사	그릴에 구운 닭고기와 베이컨, 잘게 자른 계란을 넣고 샐러드 드레싱을 뿌린 야채 샐러드, 기타 채소.
간식	페퍼로니와 치즈 스틱.
저녁식사	버거 패티나 스테이크, 샐러드 드레싱을 뿌린 야채 샐러드와 기타 채소, 버터를 곁들인 완두콩.

저탄수화물 라벨 읽는 법

우선 영양학적 성분을 다음과 같은 요령으로 체크한다.

- 1회분의 분량과 총 탄수화물 함유량, 섬유소 함유량을 찾아본다.
- 총 탄수화물 함량에만 주목해야 한다.
- 총 탄수화물 함량에서 섬유소 함량을 빼면 '유효 또는 순 탄수화물 함량'을 구할 수 있다. 예를 들어 탄수화물 함량이 7그램이고 섬유소 함량이 3그램이라면 그 차이인 4그램이 유효 탄수화물 함량이다. 즉, 한 번 먹을 때마다 4그램의 유효 탄수화물을 섭취한다는 뜻이다.
- 이 단계에서는 칼로리나 지방에 신경을 쓸 필요가 없다.
- 채소의 유효 탄수화물 함량은 5그램 이하여야 한다.
- 육류나 향신료의 유효 탄수화물 함량은 1그램 이하여야 한다.
- 성분 목록을 꼼꼼하게 체크한다. 제품 성분표의 맨 위에 적힌 5가지 성분 중에 어떤 형태든 당이나 전분이 포함된 식품은 피해야 한다.

설탕은 여러 가지 이름으로 표기된다. 어떻게 표기하든 모두 설탕이란 점을 명심한다! 다음과 같은 성분은 모두 설탕의 다른 이름이다. 자당, 덱스트로스, 과당, 엿당, 젖당, 포도당, 꿀, 아가베 시럽, 액상과당(고과당 옥수수 시럽), 메이플 시럽, 현미 시럽, 당밀, 건조 사탕수수액, 사탕수수액, 과즙 농축액, 옥수수 감미료.

감사의 말

이 책과 같은 저널리즘 기획은 너무나 많은 취재원, 편집자, 연구자, 친구의 도움, 믿음, 재능, 인내심을 필요로 하기 때문에, 모든 사람을 일일이 열거하기란 불가능하다. 하지만 모든 사람에게 무한한 감사를 표한다.

시간을 내서 이 책의 초안을 읽고 사려 깊은 비판과 개선 방향에 대한 생각을 나누어준 데이브 딕슨Dave Dixon, 페트로 도브로밀스키Petro Dobromylskyj("고지방hyperlipid"), 마이크 이디스Mike Eades, 스테판 기예네Stephan Guyenet, 케빈 홀Kevin Hall, 래리 이스트레일Larry Istrail, 로버트 카플란Robert Kaplan, 애덤 코슬로프Adam Kosloff, 릭 린드퀴스트Rick Lindquist, 엘런 로저스Ellen Rogers, 게리 사이즈Gary Sides, 프랭크 스펜스Frank Spence, 나심 탈레브Nassim Taleb, 클리퍼드 타우브스Clifford Taubes, 소냐 트레요Sonya Treyo, 메리 버넌, 에릭 웨스트먼에게 감사한다. 엘런 로저스는 이 책에 실린 그림까지 직접 그려주며 내가 지방 대사를 명확하게 이해하도록 도와주었다. 밥 카플란은 귀중한 시간과 탁월한 연구 기법으로 나를 도왔다. 탄수화물 제한 식단으로 환자들을 치료하면서 알게 된 것을 기꺼이 나누어준 메리 댄과 마이크 이디스, 스티븐 피니, 메리 버넌, 에릭 웨스트먼, 제이 워트먼에게 감사한다.

홈페이지를 꾸미는 데 기꺼이 도움을 준 두에인 스토리Duane Storey와 독일에서 자료를 조사해준 울리케 곤더Ulrike Gonder에게 감사한다.

지미 무어Jimmy Moore에게는 뭐랄까, 지미 무어가 되어주었다는 데 감사한다.

휴고 린드그렌Hugo Lindgren과 애덤 모스Adam Moss 그리고 잡지 〈뉴욕New York〉에 실린 나의 기사 〈과학자와 헬스 기구The Scientist and the Stairmaster〉를 편집해준 애덤 피셔Adam Fisher, 사실관계를 확인해준 리베카 밀조프Rebecca Milzoff에게 다시 한번 감사한다.

노프Knopf사의 비할 데 없이 훌륭한 편집자 존 시걸Jon Segal은 이 책을 시작하도록 해주었을 뿐 아니라 실현하는 데 지원을 아끼지 않았다. 카일 맥카시Kyle McCarthy와 조이 맥가비Joey McGarvey는 전문성을 지니고 언제나 쾌활한 태도로 지원을 아끼지 않았다. 내 에이전시인 ICM의 크리스 달Kris Dahl에게 변함없는 우정과 지원에 항상 감사드린다.

나의 아내 슬론 태넌Sloane Tanen이 없었다면 이 책을 마칠 수 없었을 것이다. 나의 아들 해리와 닉은 이 모든 노력을 가치 있게 해주었다.

옮긴이의 말

미국의 언론인 게리 타우브스는 2007년부터 2016년까지 10년에 걸쳐 영양과 대사에 관한 3부작을 발표했다. 2010년 출간된 이 책《왜 우리는 살찌는가Why We Get Fat》는 2007년의《굿 칼로리, 배드 칼로리Good Calories Bad Calories》와 2016년의《설탕을 고발한다The Case Against Sugar》사이에 발표된 두 번째 저작이다. 저자가 지적하듯 소위 "저탄고지(저탄수화물 고지방) 식단"은 역사적으로 여러 차례 유행한 적 있다. 그중 미국에서 최근에 폭발적으로 불어닥친 열풍의 도화선이 된 것이 바로 이 책이다. 출간과 함께 격렬한 논쟁을 촉발했고, 마침내 전 세계에서 저탄고지 유행을 불러일으켰다. 엄청난 베스트셀러가 된 것은 물론이다.

개인적인 입장을 밝히자면 역자는 저탄고지 식단에 찬성하지 않는다. 그럼에도 이 책의 번역 출간을 먼저 제안한 데는 이유가 있다. 비만과 건강에 대해 생각할 때 반드시 짚고 넘어가야 하지만 대부분 얼버무리고 마는 주제들을 한 가지도 외면하지 않고 정면으로 맞서기 때문이다. 저탄고지 식단을 시도해보고 싶지만, 그전에 먼저 이론적으로 알아보고 마음을 정하고 싶다면 어떻게 해야 할까? 이 책을 읽어야 한다. 반대로 저탄고지 식단의 논리를 이해하고 과학적으로 반박하고 싶다면 어떻게 해야 할까? 이 책을 읽어야 한다. 저자가 얼마나 성실하게 중요한 주제들을 탐구하고 추적했는지는 차례만 읽어봐도 금방 알 수 있다. "적게 먹으면 살이 빠질까?" "운동을 하면 살이 빠질까?" "왜 어떤 사람은 살이 찌고 어떤 사람은 그렇지 않을까?" "다이어트에 성공하거나 실패하는 이유" "고기냐 채소냐" 등 누구나 궁금해하지만 한 가지 대답밖에 들을 수 없었던 문제에 대해 과학적인 설명을 시도한다. 동시에 최상급 언론인답게 실생활과 역사에서 풍부한 예를 들면서 교양서를 읽는 재미와 깊이 생각할 거리를 제공하는 것은 물론이다.

"누구나 궁금해하지만 단 한 가지 대답밖에 들을 수 없다"고 했는데, 그 한 가지 대답은 무엇일까? 체중은 들어온 칼로리와 나간 칼로리의 차이에 의해 결정되므로, 살이 찌는 이유는 많이 먹고 적게 움직이기 때문이라는 것이다. 그럼 살을 빼려면 어떻게 해야 할까? 거꾸로 하면 된다. 적게 먹고 운동을 많이 하는 것이다. 너무나 명쾌하다. 그런데 이런 방법으로 체중을 조절하기가 왜 그리 힘든가? 왜 성공하는 사람이 드물까? 설사 많이 먹고 적게 움직이기 때문에 살이 찌는 것이 사실이라고 해도, 지금처럼 비만이 점점 더 유행하는 추세를 막을 수 없다면 뭔가 다른 방향에서 접근해봐야 하는 것 아닐까?

그게 무슨 소리인가? 체중은 들어온 칼로리와 나간 칼로리의 차이에 의해 결정되는 것이 아니란 말인가? 저자가 지적하듯, 의료계와 과학계에서 들어온 칼로리와 나간 칼로리 이론의 위력은 막강하다. 이 이론에 의문을 제기할라치면 황당하다는 반응이 돌아오거나 사이비로 매도당하기 십상이다. 타우브스는 여기에 과감히 반기를 들고 나선다. 원인과 결과를 거꾸로 생각해야 한다는 것이다. 즉, 과식이 비만의 원인이라기보다 비만이라는 상태가 이미 시작되었기 때문에 과식을 하게 된다는 것이다. "키든 몸무게든, 근육이든 지방이든, 사람을 성장하게 만드는 모든 것은 과식을 유발한다"는 전복적인 생각의 연원은, 결국 비만이 생물학적 현상이며, 생물은 호르몬이라는 신호전달물질을 통해 내부 환경을 적극적으로 조절하는 존재라는 데 있다.

이쯤 되면 슬슬 헷갈리기 시작한다. 유사과학의 궤변에 말려드는 것 아닌가 걱정이 되기도 한다. 하지만 그는 아찔할 정도로 많은 예를 들어 시각을 조금 바꾸어볼 것을 제안한다. 우선 많이 먹고 몸을 움직이지 않아 비만이 된다는 논리가 비교적 최근에 등장했다는 점을 지적한다. 그러면서 역사적으로 비만은 항상 빈곤, 즉 칼로리 부족과 과도한 육체 노동에 시달린 계층에 만연했다는 증거를 풍부하게 제시한다(많기도 하다). 그 뒤로 적게 먹는 것과 운동량을 늘리는 것이 체중 조절에 큰 효과가 없음을 보여주는 생생한 예와 연구가 줄줄이 이어진다. 그리고 동물이든 인간이든 생물은 섭취한 칼로리를 수동적으로 소모하거나 저장하는 것이 아니라 그때그때의 필요에 따라 소모와 저장을 능동적으로 결정하며, 저장하는 경우에도 특정 부위에 "구획화"한다는 점을 지적한다. 이 과정을 지배하는 것은 두말할 것도 없이 유전자와 호르몬이다. 체중은 단순히 들어온 칼로리와 나간 칼로리의 차이에 의해 결정된다는 이론이 만고불변의 물리 법칙 즉 열역학법칙이라고 믿는 도그마에 일침을 가하는 부분은, 통쾌한 동시에 철학적이기도 해서 주의 깊게 읽어볼 만하다.

"물만 먹어도 살이 찐다"거나 "열심히 운동을 하는데 체중을 조절할 수 없다"고 호소하는 사람에게 그저 "모르는 새 칼로리를 섭취했겠지" "더 움직여야 해"라고 이야기하는 것이 과학적일까? 과학적이라고 한들 효과가 있을까? 혹시 별다른 의심 없이 받아들인 이론을 꼭 끌어안고 검증을 거부하는 지적 게으름은 아닐까? 저자는 과식과 운동으로 비만을 설명하려는 태도가 서구의 기독교적 전통에 뿌리를 둔 사고방식, 즉 식탐과 나태라는 죄악에서 유래한 것은 아닌가 하는 의심을 내비친다. 과학 이론이 도덕적 판단이나 신념 체계와 무관하게, 그야말로 과학적 객관성과 엄정함 속에서만 성립된 경우는 유감스럽게도 놀랄 만큼 드물다.

저자의 의심은 과거에 의사들이 비만을 "신체적 질병"으로 규정했던 것에서 "도착된 식욕", 즉 행동의 문제로 방향을 바꾸고, 엉뚱하게도 심리학자나 정신과 의사들이 문제를 해결하겠다고 나섰던 추세와 궤를 같이 한다. 한때는(지금도 이런 식으로 생각하곤 하지만) "살이 찐 사람들은 노력할 생각이 조금도 없으며, 의지가 부족하거나 그저 뭘 해야 하는지 모른다"고 생각했다. 그래서 의사들이 "방종과 무지 등 다양한 인간적 약점들"을 치료하기 위해 행동 교정에 나섰다. "오랜 세월 동안 변한 것이 있다면 오직 하나뿐이다. 이제는 전문가들이 같은 말이라도 비하하는 뜻이 금방 드러나는 방식으로 표현하지 않는다. (…) 비만을 이제는 '섭식 장애'라고 표현하지만, 그렇다고 비만인들이 의지력이 부족해서 날씬한 사람처럼 먹는 것을 절제하지 못한다고 말하는 사람은 아무도 없다. (…) 어떻게 하면 비만인 사람을 무지하고 방종하다고 인간적으로 비난하지 않으면서 비만을 과식 탓으로 돌릴 수 있을까? 예컨대 비만의 유행이 '번영' 또는 '독성 식품이라는 환경' 때문이라고 주장하면, 인간적 품성을 탓하지 않으면서도 과식 때문에 살이 쪘다고 설명할 수 있다."

이렇듯 비만에 관한 연구와 해결책이 편견과 오해에서 비롯되었으며 오래도록 엉뚱한 곳을 헤맨 것이 사실이라면, 진정한 해결책은 어디에 있는가? 저자의 주장대로 생물체에서 일어나는 현상이 유전과 호르몬의 절대적인 영향에 있다면, 비만의 문제에서 가장 중심적인 호르몬은 바로 인슐린이다. 그리고 인슐린은 탄수화물 섭취와 절대적인 관련이 있기 때문에 결국 탄수화물을 조절해야 체중을 조절할 수 있다. 책의 2부는 인슐린과 지방세포의 조절에 관한 과학적 사실을 설명하고 탄수화물 섭취를 줄이는 것이 체중 문제의 근본적인 해결책이 될 수 있음을 역시 풍부한 예를 들어 설명한다. 비만과 건강의 문제를 진지하게 고민하는 의료인과 일반 독자라면 책장을 넘길 때마다 생각할 거리를 만날 수 있을 것이다.

결국 저자는 "저탄고지" 식단이 비만의 궁극적인 해결책이 될 수 있다고 주장한다. 그런데 왜 역자는 이 책의 많은 부분에 동의하면서도 저탄고지 식단에 찬성하지 않을까? 우선 현실적으로 어렵다는 점을 지적하고 싶다. 저탄고지에서 중요한 것은 "저탄低炭", 즉 탄수화물을 줄이는 것이다. "고지高脂"는 탄수화물을 줄인 식단의 자연스러운 귀결이다. 탄수화물을 줄이면 뭔가를 먹어야 하는데, 결국 단백질과 지방이 남는다. 하지만 고단백 식단을 계속한다는 것은 대사적으로 만만치 않은 대가를 치러야 하기 때문에 지방을 먹을 수밖에 없다. 그렇다면 실제로 어떤 식단을 섭취하게 될까? 탄수화물인 밥, 빵, 국수, 과일을 피하고 기름진 고기를 끼니마다 먹어야 한다. 하루이틀이라면 가능할지 몰라도 장기간 유지할 수 있을까? 고도 비만으로 건강이 위험에 처한 정도라면 치료식으로 가능할지 모르지만, 약간 살이 찐 정도라서 체중을 건강한 상태로 조절하고 싶은 보통 사람이 택할 수 있는 전략인가?

보다 시야를 넓혀본다면 이렇게 물을 수도 있다. 우리는 살을 빼기 위해 사는 것인가? 역자는 어디선가 어린이의 비만에 관해 이렇게 쓴 일이 있다. "마지막으로 음식을 먹는 행위는 영양 섭취란 측면에서만 볼 것이 아닙니다. 어린이에게는 음식의 맛과 색깔을 보고, 질감을 느끼고, 조리 과정에서 변하는 모습을 보고, 음식을 생산한 분들과 장만한 부모님의 노고를 느끼고, 식탁 예절을 지키고, 적당한 선에서 그만 먹는 절제를 배우는 과정이 모두 삶의 공부입니다. 뭐든 다양해야 하고, 지나치지 않아야 합니다. 그래야 삶을 배웁니다." 다양성과 절제란 덕목은 비단 어린이에게만 해당되는 말이 아니며, 비단 먹는 일에만 국한된 말도 아니다. 우리는 삶을 살아가는 것이지, 살을 빼기 위해서 살지 않는다.

마지막으로 진지한 과학의 차원에서 비만과 건강의 문제를 탐구해 보려는 저자의 의도와 달리 현재 저탄고지 식단이 온갖 사이비에게 남용되고 있다는 점을 지적하지 않을 수 없다. 인터넷의 발달로 정보가 일반화되면서 인류의 지성이 성숙해질 전기를 맞았다는 희망도 잠시, 가짜 뉴스 가짜 정보가 홍수를 이루는 시대가 되어버렸다. 의학 분야의 가짜 정보는 몇 가지 전형적인 전략을 구사하는데, 가장 흔한 것이 기존 의학계와 제약산업의 상업성과 부도덕함을 공격하고 그 한계를 지적하면서 대척점에 서 있는 자신들의 말이 옳다고 우기는 것이다. 대표적인 것이 백신반대론인데, 이로 인해 사람들이 백신 접종을 기피하면서 급기야 2018년에는 전 세계적으로 1천만 명이 홍역에 걸려 14만 명이 사망하는 참극이 빚어졌다. 희한하게도 이런 사이비들이 하나같이 신봉하는 것이 바로 저탄고지 식단이다. 결국 저탄고지라는 용어는 과학적으로 제대로 궁리해보기도 전에 오염되어버린 셈이다. 현재 의학계의 정설은 건강이 심각하게 위협받는 비만 환자에서 6개월 내지 1년 정도의 단기간에 걸쳐 저탄고지 식단을 시도해볼 수 있다는 것이며 장기적인 효과나 부작용은 검증된 바 없다는 것이다.

그렇다고 해도 이 책의 미덕은 조금도 줄어들지 않는다. 저자의 결론에 동의하든 그렇지 않든 이 책은 칼로리에 대한 우리의 통념을 근본적으로 재검토할 것을 촉구하며, 비만이 건강 차원을 넘어 사회적 낙인이 된 과정을 고찰하고, 생명체인 인간의 대사와 영양, 유전과 호르몬의 관계를 진지하게 탐구한다. 진실에 이르는 길은 맥락을 이해하고 사실을 철저히 검증하는 데 있다. 달리 말하면 역사를 알고 과학적 방법론을 응용해야 한다. 이때 가장 중요한 태도는 선입견에 얽매이지 않고 모든 것을 의심하는 것이다. 이 책의 태도가 바로 그렇다. 이 주제에 관심이 있는 모든 사람, 특히 열린 마음으로 기존의 모든 믿음을 처음부터 다시 생각해보려는 의료인들에게 권한다.

2019년 12월

옮긴이 강병철

참고문헌

아래 목록에는 참고문헌 출처와 함께 관련이 있는 과학적 사실에 대해 합리적이고 균형 잡힌 분석을 제공하는 논평과 책을 포함시켰다. 머리말에 언급했듯 이 책에서 내가 내린 결론과 영양학적 관련 주제의 역사, 논리, 근거, 보다 자세한 주석을 낱낱이 분석하고 싶거나 반박하고 싶은 분들은《굿 칼로리, 배드 칼로리》를 참고하기 바란다.

서론 원죄

Bruch, H. 1957. *The Importance of Overweight*. New York: W. W. Norton.

Gladwell, M. 1998. "The Pima Paradox." *The New Yorker*. Feb 2.

Pollan, M. 2008. *In Defense of Food*. New York: Penguin Press.

Renold, A. E., and G. F. Cahill, Jr., eds. 1965. *Handbook of Physiology, Section 5, Adipose Tissue*.Washington, D.C.: American Physiological Society.

1 왜 그들은 살이 쪘을까?

Arteaga, A. 1974. "The Nutritional Status of Latin American Adults." In *Nutrition and Agricultural Development*, ed. N. S. Scrimshaw and B. Moises, pp. 67–76. New York: Plenum Press.

Brownell, K. D., and G. B. Horgen. 2004. *Food Fight: The Inside Story of the Food Industry, America's Obesity Crisis, and What We Can Do About It*. New York: McGraw-Hill.

Caballero, B. 2005. "A Nutrition Paradox—Underweight and Obesity in Developing Countries." *New England Journal of Medicine*. Apr 14;352(15): 1514–16.

Dobyns, H. F. 1989. *The Pima-Maricopa*. New York: Chelsea House.

Goldblatt, P. B., M. E. Moore, and A. J. Stunkard. 1965. "Social Factors in Obesity." *Journal of the American Medical Association*. Jun 21;192:1039–44.

Grant, F. W., and D. Groom. 1959. "A Dietary Study Among a Group of Southern Negroes." *Journal of the American Dietetics Association*. Sep;35:910–18.

Haddock, D. R. 1969. "Obesity in Medical Out-Patients in Accra." *Ghana Medical Journal*. Dec:251–54.

Helstosky, C. F. 2004. *Garlic and Oil: Food and Politics in Italy*. Oxford, U.K.: Berg Publishers.

Hrdlička, A. 1908. *Physiological and Medical Observations Among the Indians of Southwestern United States and Northern Mexico*. Washington, D.C.: U.S.Government Printing Office.

———. 1906. "Notes on the Pima of Arizona." *American Anthropologist*. Jan–Mar;8(1):39–46.

Interdepartmental Commission on Nutrition for National Defense. 1962. *Nutrition Survey in the West Indies*. Washington, D.C.: U.S. Government Printing Office.

Johnson, T. O. 1970. "Prevalence of Overweight and Obesity Among Adult Subjects of an Urban African Population Sample." *British Journal of Preventive & Social Medicine*. 24;105–9.

Keys, A. 1983. "From Naples to Seven Countries—A Sentimental Journey." *Progress in Biochemical Pharmacology*. 19:1–30.

Kraus, B. R. 1954. *Indian Health in Arizona: A Study of Health Conditions Among Central and Southern Arizona Indians*. Tucson: University of Arizona Press.

Lewis, N. 1978. *Naples '44*. New York: Pantheon.

McCarthy C. 1966. "Dietary and Activity Patterns of Obese Women in Trinidad." *Journal of the American Dietetics Association*. Jan;48:33–37.

Nestle, M. 2003. "The Ironic Politics of Obesity." *Science*. Feb 7;269(5608):781.

Osancova, K. 1975. "Trends of Dietary Intake and Prevalence of Obesity in Czechoslovakia." In *Recent Advances in Obesity Research: I*, ed. A. N. Howard, pp. 42–50. Westport, Conn.: Technomic Publishing.

Prior, I. A. 1971. "The Price of Civilization." *Nutrition Today*. Jul–Aug:2–11.

Reichley, K. B., W. H. Mueller, C. L. Hanis, et al. 1987. "Centralized Obesity and Cardiovascular Disease Risk in Mexican Americans." *American Journal of*

Epidemiology. Mar;125(3):373–86.

Richards, R., and M. deCasseres. 1974. "The Problem of Obesity in Developing Countries: Its Prevalence and Morbidity." In *Obesity*, ed. W. L. Burland, P. D. Samuel, and J. Yudkin, pp. 74–84. New York: Churchill Livingstone.

Russell, F. 1975. *The Pima Indians*. Tuscon: University of Arizona Press. [Originally published 1908.]

Seftel, H. C., K. J. Keeley, A. R. Walker, J. J. Theron, and D. Delange. 1965. "Coronary Heart Disease in Aged South African Bantu." *Geriatrics*. Mar;20:194–205.

Slome, C., B. Gampel, J. H. Abramson, and N. Scotch. 1960. "Weight, Height and Skinfold Thickness of Zulu Adults in Durban." *South African Medical Journal*. Jun 11;34:505–9.

Stein, J. H., K. M. West, J. M. Robey, D. F. Tirador, and G. W. McDonald. 1965. "The High Prevalence of Abnormal Glucose Tolerance in the Cherokee Indians of North Carolina." *Archives of Internal Medicine*. Dec;116(6):842–45.

Stene, J. A., and I. L. Roberts. 1928. "A Nutrition Study on an Indian Reservation." *Journal of the American Dietetics Association*. Mar;3(4):215–22.

Tulloch, J. A. 1962. *Diabetes Mellitus in the Tropics*. London: Livingstone.

Valente, S., A. Arteaga, and J. Santa Maria. 1964. "Obesity in a Developing Country." In *Proceedings of the Sixth International Congress of Nutrition*, ed. C. F. Mills and R. Passmore, p. 555. Edinburgh: Livingstone.

Walker, A. R. 1964. "Overweight and Hypertension in Emerging Populations." *American Heart Journal*. Nov;68(5):581–85.

West, K. M. 1981. "North American Indians." In *Western Diseases*, ed. H. C. Trowell and D. P. Burkitt, pp. 129–37. London: Edward Arnold.

2 적게 먹으면 살이 빠질까?

Dansinger, M. L., A. Tatsioni, W. B. Wong, M. Chung, and E. M. Balk. 2007. "Meta-Analysis: The Effect of Dietary Counseling for Weight Loss." *The Archives of Internal Medicine*. Jul 3;147(1):41–50.

Howard, B. V., J. E. Manson, M. L. Stefanick, et al. 2006. "Low-Fat Dietary Pattern and Weight Change over 7 Years: The Women's Health Initiative Dietary Modification Trial." *Journal of the American Medical Association*. Jan 4;295(1):39–49.

Maratos-Flier, E., and J. S. Flier. 2005. "Obesity." In *Joslin's Diabetes Mellitus*. 14th ed., ed. C. R. Kahn, G. C. Weir, G. L. King, A. C. Moses, R. J. Smith, and A. M. Jacobson, pp. 533–45. Media, Pa.: Lippincott, Williams & Wilkins.

Palgi, A., J. L. Read, I. Greenberg, M. A. Hoefer, R. R. Bistrian, and G. L. Blackburn. 1985. "Multidisciplinary Treatment of Obesity with a Protein-Sparing Modified Fast: Results in 668 Outpatients." *American Journal of Public Health*. Oct;75(10):1190–94.

Pollan, M. 2007. "Unhappy Meals." *New York Times*. Jan 28.

Sacks, G. A., G. A. Bray, V. J. Carey, et al. 2009. "Comparison of Weight-Loss Diets with Different Compositions of Fat, Protein, and Carbohydrates." *New England Journal of Medicine*. Feb 26;360(9):859–73.

Stunkard, A., and M. McClaren-Hume. 1959. "The Results of Treatment for Obesity: A Review of the Literature and a Report of a Series." *Archives of Internal Medicine*. Jan;103(1):79–85.

Van Gaal, L. F. 1998. "Dietary Treatment of Obesity." In *Handbook of Obesity,* ed. G. A. Bray, C. Bouchard, and W.P.T. James, pp. 875–90. New York: Marcel Dekker.

3 운동을 하면 살이 빠질까?

Bennett, W., and J. Gurin. 1982. *The Dieter's Dilemma: Eating Less and Weighing More*. New York: Basic Books.

Bray, G. A. 1979. *Obesity in America*. Public Health Service, National Institutes of Health, NIH Publication No. 79–359.

Cohn, V. 1980. "A Passion to Keep Fit: 100 Million Americans Exercising." *Washington Post*. Aug 31:A1.

Elia, M. 1992. "Organ and Tissue Contribution to Metabolic Rate." In *Energy Metabolism,* ed. J. M. Kinney and H. N. Tucker, pp. 61–79. New York:Raven Press.

Fogelholm, M., and K. Kukkonen-Harjula. 2000. "Does Physical Activity Prevent Weight Gain—a Systematic Review." *Obesity Reviews*. Oct;1(2):95–111.

Gilmore, C. P. 1977. "Taking Exercise to Heart." *New York Times*. Mar 27:211.

Haskell, W. L., I. M. Lee, R. R. Pate, et al. 2007. "Physical Activity and Public Health: Updated Recommendation for Adults from the American College of Sports Medicine and the American Heart Association." *Circulation*. Aug 28;116(9):1081–93.

Janssen, G. M., C. J. Graef, and W. H. Saris. 1989. "Food Intake and Body Composition in Novice Athletes During a Training Period to Run a Marathon." *International Journal of Sports Medicine*. May;10(Suppl 1):S17–S21.

Kolata, G. 2004. *Ultimate Fitness*. New York: Picador.

Mayer J. 1968. *Overweight: Causes, Cost, and Control*. Englewood Cliffs, N.J.:Prentice-Hall.

Mayer, J., and F. J. Stare. 1953. "Exercise and Weight Control." *Journal of the American Dietetic Association*. Apr;29(4):340–43.

Mayer, J., N. B. Marshall, J. J. Vitale, J. H. Christensen, M. B. Mashayekhi, and F. J. Stare. 1954. "Exercise, Food Intake and Body Weight in Normal Rats and Genetically Obese Adult Mice." *American Journal of Physiology*. Jun;177(3):544–48.

Mayer, J., P. Roy, and K. P. Mitra. 1956. "Relation Between Caloric Intake, Body Weight, and Physical Work: Studies in an Industrial Male Population in West Bengal." *American Journal of Clinical Nutrition*. Mar–Apr;4(2):169–75.

Newburgh, L. H. 1942. "Obesity." *Archives of Internal Medicine*. Dec;70:1033–96.

Rony, H. R. 1940. *Obesity and Leanness*. Philadelphia: Lea & Febiger.

Segal, K. R., and F. X. Pi-Sunyer. 1989. "Exercise and Obesity." *Medical Clinics of North America*. Jan;73(1):217–36.

Stern, J. S., and P. Lowney. 1986. "Obesity: The Role of Physical Activity." In *Handbook of Eating Disorders,* ed. K.DBrownell and J. P. Foreyt, pp. 145–58. New York: Basic Books.

Wilder, R. M. 1933. "The Treatment of Obesity." *International Clinics*. 4:1–21.

Williams, P. T., and P. D. Wood. 2006. "The Effects of Changing Exercise Levels on Weight and Age-Related Weight Gain." *International Journal of Obesity*. Mar;30(3):543–51.

4 하루 20칼로리의 중요성

Du Bois, E. F. 1936. *Basal Metabolism in Health and Disease*. 2nd ed. Philadelphia: Lea & Febiger.

5 왜 하필 내가? 왜 하필 그때 그곳에서?

Bauer, J. 1941. "Obesity: Its Pathogenesis, Etiology and Treatment." *Archives of*

Internal Medicine. May;67(5):968–94.

———. 1940. "Observations on Obese Children." *Archives of Pediatrics*. 57:631–40.

Bergmann, G. von, and F. Stroebe. 1927. "Die Fettsucht." In *Handbuch der Biochemie des Menschen und der Tiere,* ed. C. Oppenheimer, pp. 562–98. Jena, Germany: Verlag von Gustav Fischer.

Grafe, E. 1933. *Metabolic Diseases and Their Treatment*. Trans. M. G. Boise. Philadelphia: Lea & Febiger.

Jones, E. 1956. "Progressive Lipodystrophy." *British Medical Journal*. Feb 11;4962(1):313–19.

Moreno, S., C. Miralles, E. Negredo, et al. 2009. "Disorders of Body Fat Distribution in HIV-1-Infected Patients." *AIDS Review*. Jul–Sep;11(3):126–34.

Silver, S., and J. Bauer. 1931. "Obesity, Constitutional or Endocrine?" *American Journal of Medical Science*. 181:769–77.

6 왕초보를 위한 열역학 1

Mayer, J. 1954. "Multiple Causative Factors in Obesity." In *Fat Metabolism,* ed. V. A. Najjar, pp. 22–43. Baltimore: Johns Hopkins University Press.

National Institutes of Health. 1998. *Clinical Guidelines on the Identification, Evaluation, and Treatment of Overweight and Obesity in Adults: The Evidence Report*. NIH Publication No. 98–4083.

Noorden, C. von. 1907. "Obesity." Trans. D. Spence. In *The Pathology of Metabolism,* vol. 3 of *Metabolism and Practical Medicine,* ed. C. von Noorden and I. W. Hall, pp. 693–715. Chicago: W. Keener.

7 왕초보를 위한 열역학 2

Flier, J. S., and E. Maratos-Flier. 2007. "What Fuels Fat." *Scientific American*. Sep;297(3):72–81.

8 정신적 문제

Astwood, E. B. 1962. "The Heritage of Corpulence." *Endocrinology*. Aug;71:337–41.

Bauer, J. 1947. *Constitution and Disease: Applied Constitutional Pathology*. New York: Grune & Stratton.

Lustig, R. 2006. "Childhood Obesity: Behavioral Aberration or Biochemical Drive? Reinterpreting the First Law of Thermodynamics." *Nature Clinical Practice*.

Endocrinology & Metabolism. Aug;2(8):447–58.

Newburgh, L. H. 1931. "The Cause of Obesity." *Journal of the American Medical Association*. Dec 5;97(23):1659–63.

Rony, H. R. 1940. *Obesity and Leanness*. Philadelphia: Lea & Febiger.

Sontag, S. 1990. *Illness as Metaphor and AIDS and Its Metaphors*. New York: Picador.

9 비만의 법칙

Bergmann, G. von, and F. Stroebe. 1927. "Die Fettsucht." In *Handbuch der Biochemie des Menschen und der Tiere,* ed. C. Oppenheimer, pp. 562–98. Jena, Germany: Verlag von Gustav Fischer.

Bjorntorp, P. 1997. "Hormonal Control of Regional Fat Distribution." *Human Reproduction*. Oct;12 (Suppl 1):21–25.

Brooks, C. M. 1946. "The Relative Importance of Changes in Activity in the Development of Experimentally Produced Obesity in the Rat." *American Journal of Physiology*. Dec;147:708–16.

Greenwood, M. R., M. Cleary, L. Steingrimsdottir, and J. R. Vaselli. 1981. "Adipose Tissue Metabolism and Genetic Obesity." In *Recent Advances in Obesity Research: III,* ed. P. Bjorntorp, M. Cairella, and A. N. Howard, pp.75–79. London: John Libbey.

Hetherington, A. W., and S. W. Ranson. 1942. "The Spontaneous Activity and Food Intake of Rats with Hypothalamic Lesions." *American Journal of Physiology*. Jun;136(4):609–17.

Kronenberg, H. M., S. Melmed, K. S. Polonsky, and P. R. Larsen. 2008. *Williams Textbook of Endocrinology*. Philadelphia: Saunders.

Mayer, J. 1968. *Overweight: Causes, Cost, and Control*. Englewood Cliffs, N.J.:Prentice-Hall.

Mrosovsky, N. 1976. "Lipid Programmes and Life Strategies in Hibernators." *American Zoologist*. 16:685–97.

Rebuffe-Scrive, M. 1987. "Regional Adipose Tissue Metabolism in Women During and After Reproductive Life and in Men." In *Recent Advances in Obesity Research: V,* ed. E. M. Berry, S. H. Blondheim, H. E. Eliahou, and E. Shafrir, pp. 82–91. London: John Libbey.

Wade, G. N., and J. E. Schneider. 1992. "Metabolic Fuels and Reproduction in Female Mammals." *Neuroscience and Behavioral Reviews*. Summer;16(2):235–72.

10 '지방친화성' 이야기

Astwood, E. B. 1962. "The Heritage of Corpulence." *Endocrinology*. Aug;71:337–41.

Bergmann, G. von, and F. Stroebe. 1927. "Die Fettsucht." In *Handbuch der Biochemie des Menschen und der Tiere,* ed. C. Oppenheimer, pp. 562–98. Jena, Germany: Verlag von Gustav Fischer.

Bruch, H. 1973. *Eating Disorders: Obesity, Anorexia Nervosa, and the Person Within*. New York: Basic Books.

Mayer, J. 1968. *Overweight: Causes, Cost, and Control*. Englewood Cliffs, N.J.:Prentice-Hall.

Rony, H. R. 1940. *Obesity and Leanness*. Philadelphia: Lea & Febiger.

Silver, S., and J. Bauer. 1931. "Obesity, Constitutional or Endocrine?" *American Journal of Medical Science*. 181:769–77.

Wilder, R. M., and W. L. Wilbur. 1938. "Diseases of Metabolism and Nutrition." *Archives of Internal Medicine*. Feb;61:297–65.

11 지방을 조절하는 인자들

Action to Control Cardiovascular Risk in Diabetes Study Group. 2008. "Effects of Intensive Glucose Lowering in Type 2 Diabetes." *New England Journal of Medicine*. June 12;358(24):2545–59.

Berson, S. A., and R. S. Yalow. 1970. "Insulin 'Antagonists' and Insulin Resistance." In *Diabetes Mellitus: Theory and Practice,* ed. M. Ellenberg and H. Rifkin, pp. 388–423. New York: McGraw-Hill.

———. 1965. "Some Current Controversies in Diabetes Research." *Diabetes*. Sep;14:549–72.

Fielding, B. A., and K. N. Frayn. 1998. "Lipoprotein Lipase and the Disposition of Dietary Fatty Acids." *British Journal of Nutrition*. Dec;80(6):495–502.

Frayn, K. N., F. Karpe, B. A. Fielding, I. A. Macdonald, and S. W. Coppack. 2003. "Integrative Physiology of Human Adipose Tissue." *International Journal of Obesity*. Aug;27(8):875–88.

Friedman, M. I., and E. M. Stricker. 1976. "The Physiological Psychology of Hunger: A Physiological Perspective." *Psychological Review*. Nov;83(6):409–31.

Le Magnen, J. 1984. "Is Regulation of Body Weight Elucidated?" *Neuroscience & Biobehavioral Review*. Winter;8(4):515–22.

Newsholme, E. A., and C. Start. 1973. *Regulation in Metabolism*. New York:John Wiley.

Nussey, S. S., and S. A. Whitehead. 2001. *Endocrinology: An Integrated Approach*. London: Taylor & Francis.

Renold, A. E., O. B. Crofford, W. Stauffacher, and B. Jeanreaud. 1965. "Hormonal Control of Adipose Tissue Metabolism: With Special Reference to the Effects of Insulin." *Diabetologia*. Aug;1(1):4–12.

Rosenzweig, J. L. 1994. "Principles of Insulin Therapy." In *Joslin's Diabetes Mellitus*, 13th ed., ed. C. R. Kahn and G. C. Weir, pp. 460–88. Media, Pa.: Lippincott, Williams & Wilkins.

Wertheimer, E., and R. Shapiro. 1948. "The Physiology of Adipose Tissue." *Physiological Reviews*. Oct;28:451–64.

Wood, P. A. 2006. *How Fat Works*. Cambridge, Mass.: Harvard University Press.

12 왜 어떤 사람은 살이 찌고 어떤 사람은 그렇지 않을까?

Bluher, M., B. B. Kahn, and C. R. Kahn. 2003. "Extended Longevity in Mice Lacking the Insulin Receptor in Adipose Tissue." *Science*. Jan 24;299(5606):572–74.

Dabalea, D. 2007. "The Predisposition to Obesity and Diabetes in Offspring of Diabetic Mothers." *Diabetes Care*. July;30(Suppl 2):S169–S174.

Dabelea, D., W. C. Knowler, and D. J. Pettitt. 2000. "Effect of Diabetes in Pregnancy on Offspring: Follow-Up Research in the Pima Indians." *Journal of Maternal-Fetal Medicine*. Jan–Feb;9(1):83–88.

DeFronzo, R. A. 1997. "Insulin Resistance: A Multifaceted Syndrome Responsible for NIDDM, Obesity, Hypertension, Dyslipidaemia and Atherosclerosis." *Netherlands Journal of Medicine*. May;50(5):191–97.

Kim, J., K. E. Peterson, K. S. Scanlon, et al. 2006. "Trends in Overweight from 1980 through 2001 Among Preschool-Aged Children Enrolled in a Health Maintenance Organization." *Obesity*. July;14(7):1107–12.

McGarry, D. J. 1992. "What If Minkowski Had Been Ageusic? An Alternative Angle on Diabetes." *Science*. Oct 30;258(5083):766–770.

McGowan, C. A., and F. M. McAuliffe. 2010. "The Influence of Maternal Glycaemia and Dietary Glycaemic Index on Pregnancy Outcome in Healthy Mothers."

British Journal of Nutrition. Mar 23:1–7.

Metzger, B. E. 2007. "Long-Term Outcomes in Mothers Diagnosed with Gestational Diabetes Mellitus and Their Offspring." *Clinical Obstetrics and Gynecology*. Dec;50(4):972–79.

Neel, J. V. 1982. "The Thrifty Genotype Revisited." In *The Genetics of Diabetes Mellitus*. ed. J. Kobberling and R. Tattersall, pp. 283–93. New York: Academic Press.

13 우리는 무엇을 할 수 있는가?

Jenkins, D. J., C. W. Kendall, L. S. Augustin, et al. 2002. "Glycemic Index: Overview of Implications in Health and Disease." *American Journal of Clinical Nutrition*. Jul;76(1):266S–73S.

Johnson, R. K., L. J. Appel, M. Brands, et al. 2009. "Dietary Sugars Intake and Cardiovascular Health: A Scientific Statement from the American Heart Association." *Circulation*. Sep 15;120(11):1011–20.

Mayes, P. A. 1993. "Intermediary Metabolism of Fructose." *American Journal of Clinical Nutrition*. Nov;58(Suppl 5):754S–65S.

Stanhope, K. L., and P. J. Havel. 2008. "Endocrine and Metabolic Effects of Consuming Beverages Sweetened with Fructose, Glucose, Sucrose, or High-Fructose Corn Syrup." *American Journal of Clinical Nutrition*. Dec;88(6):1733S–37S.

Stanhope, K. L., J. M. Schwarz, N. L. Keim, et al. 2009. "Consuming Fructose-Sweetened, Not Glucose-Sweetened, Beverages Increases Visceral Adiposity and Lipids and Decreases Insulin Sensitivity in Overweight/Obese Humans." *Journal of Clinical Investigation*. May 1;119(5):1322–34.

14 비만의 불평등성

Avena, N. M., P. Rava, and B. G. Hoebel. 2008. "Evidence for Sugar Addiction: Behavioral and Neurochemical Effects of Intermittent, Excessive Sugar Intake." *Neuroscience & Biobehavioral Reviews*. 32(1):20–39.

Le Magnen, J. 1985. *Hunger*. Cambridge: Cambridge University Press.

15 다이어트에 성공하거나 실패하는 이유

Gardner, C. D., A. Kiazand, S. Alhassan, et al. 2007. "Comparison of the Atkins,

Zone, Ornish, and LEARN Diets for Change in Weight and Related Risk Factors Among Overweight Premenopausal Women: The A TO Z Weight Loss Study, a Randomized Trial." *Journal of the American Medical Association*. Mar 7;297(9):969–77.

Ornish, D. 1996. "Very Low-Fat Diets for Coronary Heart Disease: Perhaps, but Which One?—Reply." *Jounal of the American Medical Association*. May 8;275(18):1403.

Shai, I., D. Schwarzfuchs, Y. Henkin, et al. 2008. "Weight Loss with a Low-Carbohydrate, Mediterranean, or Low-Fat Diet." *New England Journal of Medicine*. Jul 17;359(3):229–41.

16 살찌는 탄수화물 이야기

Anon. 1973. "A Critique of Low-Carbohydrate Ketogenic Weight Reduction Regimens: A Review of 'Dr. Atkins' Diet Revolution.' " *Journal of the American Medical Association*. Jun ;224(10):1415–19.

Anon. 1995. *An Eating Plan for Healthy Americans: The American Heart Association Diet*. Dallas: American Heart Association.

Apfelbaum, M., ed. 1973. *Regulation de l'equilibre energetique chez l'homme*. [*Energy Balance in Man*.] Paris: Masson et Cie.

Banting, W. 2005. *Letter on Corpulence, Addressed to the Public*. 4th ed. London:Harrison. Republished New York: Cosimo Publishing. [Originally published in 1864.]

Borders, W. 1965. "New Diet Decried by Nutritionists; Dangers Are Seen in Low Carbohydrate Intake." *New York Times*. July 7:16.

Bray, G. A., ed. 1976. *Obesity in Perspective*. DHEW Pub No. (NIH) 76–852. Washington, D.C.: U.S. Government Printing Office.

Brillat-Savarin, J. A. 1986. *The Physiology of Taste*. Trans. M. F. K. Fisher. San Francisco: North Point Press. [Originally published in 1825.]

Bruch, H. 1957. *The Importance of Overweight*. New York: W. W. Norton.

Burland, W. L., P. D. Samuel, and J. Yudkin, eds. 1974. *Obesity*. New York:Churchill Livingstone.

Cutting, W. C. 1943. "The Treatment of Obesity." *Journal of Clinical Endocrinology*. Feb;3(2):85–88.

Dancel, J. F. 1864. *Obesity, or Excessive Corpulence: The Various Causes and the*

Rational Means of Cure. Trans. M. Barrett. Toronto: W. C. Chewett.

Davidson, S., and R. Passmore. 1963. *Human Nutrition and Dietetics*. 2nd ed. Edinburgh: E.&S. Livingstone.

French, J. M. 1907. *A Text-Book of the Practice of Medicine, for Students and Practitioners*. 3rd, rev. ed. New York: William Wood.

Gardiner-Hill, H. 1925. "The Treatment of Obesity." *Lancet*. Nov 14;206(5333):1034–35.

Gordon, E. S., M. Goldberg, and G. J. Chosy. 1963. "A New Concept in the Treatment of Obesity." *Journal of the American Medical Association*. Oct 5;186:50–60.

Greene, R., ed. 1951. *The Practice of Endocrinology*. Philadelphia: J. B. Lippincott.

Hanssen, P. 1936. "Treatment of Obesity by a Diet Relatively Poor in Carbohydrates." *Acta Medica Scandinavica*. 88:97–106.

Harvey, W. 1872. *On Corpulence in Relation to Disease: With Some Remarks on Diet*. London: Henry Renshaw.

Hastings, M. 2008. *Retribution: The Battle for Japan, 1944–45*. New York: Alfred A. Knopf.

Krehl, W. A., A. Lopez, E. I. Good, and R. E. Hodges. 1967. "Some Metabolic Changes Induced by Low Carbohydrate Diets." *American Journal of Clinical Nutrition*. Feb;20(2):139–48.

LaRosa, J. C., A. Gordon, R. Muesing, and D. R. Rosing. 1980. "Effects of High-Protein, Low-Carbohydrate Dieting on Plasma Lipoproteins and Body Weight." *Journal of the American Dietetics Association*. Sep;77(3):264–70.

Leith, W. 1961. "Experiences with the Pennington Diet in the Management of Obesity." *Canadian Medical Association Journal*. Jun 24;84:1411–14.

McLean Baird, I., and A. N. Howard, eds. 1969. *Obesity: Medical and Scientific Aspects*. London: Livingstone.

Milch, L. J., W. J. Walker, and N. Weiner. 1957. "Differential Effect of Dietary Fat and Weight Reduction on Serum Levels of Beta-Lipoproteins." *Circulation*. Jan;15(1):31–34.

Ohlson, M. A., W. D. Brewer, D. Kereluk, A. Wagoner, and D. C. Cederquist. 1955. "Weight Control Through Nutritionally Adequate Diets." In *Weight Control: A Collection of Papers Presented at the Weight Control Colloquium*, ed. E. S. Eppright, P. Swanson, and C. A. Iverson, pp. 170–87. Ames: Iowa State

College Press.

Osler, W. 1901. *The Principles and Practice of Medicine*. New York: D. Appleton.

Palmgren, B., and B. Sjovall. 1957. "Studier Rorande Fetma: IV, Forsook Med Pennington-Diet." *Nordisk Medicin*. 28(iii):457–58.

Passmore, R., and Y. E. Swindells. 1963. "Observations on the Respiratory Quotients and Weight Gain of Man After Eating Large Quantities of Carbohydrate." *British Journal of Nutrition*. 17:331–39.

Pena, L., M. Pena, J. Gonzalez, and A. Claro. 1979. "A Comparative Study of Two Diets in the Treatment of Primary Exogenous Obesity in Children." *Acta Paediatrica Academiae Scientiarum Hungaricae*. 20(1):99–103.

Pennington, A. W. 1954. "Treatment of Obesity: Developments of the Past 150 Years." *American Journal of Digestive Diseases*. Mar;21(3):65–69.

———. 1953. "A Reorientation on Obesity." *New England Journal of Medicine*. Jun 4;248(23):959–64.

———. 1951. "Caloric Requirements of the Obese." *Industrial Medicine & Surgery*. Jun;20(6):267–71.

———. 1951. "The Use of Fat in a Weight Reducing Diet." *Delaware State Medical Journal*. Apr;23(4):79–86.

———. 1949. "Obesity in Industry—The Problem and Its Solution." *Industrial Medicine*. June: 259–60.

Reader, G., R. Melchionna, L. E. Hinkle, et al. 1952. "Treatment of Obesity." *American Journal of Medicine*. 13(4):478–86.

Rilliet, B. 1954. "Treatment of Obesity by a Low-calorie Diet: Hanssen-Boller-Pennington Diet." *Praxis*. Sep 9;43(36):761–63.

Silverstone, J. T., and F. Lockhead. 1963. "The Value of a 'Low Carbohydrate' Diet in Obese Diabetics." *Metabolism*. Aug;12(8):710–13.

Spock, B. 1985. *Baby and Child Care*. 5th ed. New York: Pocket Books.

———. 1976. *Baby and Child Care*. 4th ed. New York: Hawthorne Books.

———. 1968. *Baby and Child Care*. 3rd ed. New York: Meredith Press.

———. 1957. *The Common Sense Book of Baby and Child Care*. 2nd ed. New York: Duell, Sloan and Pearce.

———. 1946. *The Common Sense Book of Baby and Child Care*. New York: Duell, Sloan and Pearce.

Spock, B., and M. B. Rothenberg. 1992. *Dr. Spock's Baby and Child Care*. 6th ed.

New York: E. P. Dutton.

Steiner, M. M. 1950. "The Management of Obesity in Childhood." *Medical Clinics of North America*. Jan;34(1):223–34.

Tanner, T. H. 1869. *The Practice of Medicine*. 6th ed. London: Henry Renshaw.

Williams, R. H., W. H. Daughaday, W. F. Rogers, S. P. Asper, and B. T. Towery. 1948. "Obesity and Its Treatment, with Particular Reference to the Use of Anorexigenic Compounds." *Annals of Internal Medicine*. 29(3):510–32.

Wilson, N. L., ed. 1969. *Obesity.* Philadelphia: F. A. Davis.

Young, C. M. 1976. "Dietary Treatment of Obesity." In *Obesity in Perspective,* ed. G. A. Bray, pp. 361–66. DHEW Pub No. (NIH) 76–852.

17 고기냐 채소냐

Anon. 1899. "The Month." *Practitioner.* 62:369. Cited in R. N. Proctor, *Cancer Wars.* New York: Basic Books: 1995.

Burkitt, D. P., and H. C. Trowell, eds. 1975. *Refined Carbohydrate Foods and Disease: Some Implications of Dietary Fibre.* New York: Academic Press.

Cleave, T. L., and G. D. Campbell. 1966. *Diabetes, Coronary Thrombosis and the Saccharine Disease.* Bristol, U.K.: John Wright & Sons.

Cordain, L., J. B. Miller, S. B. Eaton, N. Mann, S. H. Holt, and J. D. Speth. 2000. "Plant-Animal Subsistence Ratios and Macronutrient Energy Estimations in Worldwide Hunter-Gatherer Diets." *American Journal of Clinical Nutrition.* Mar;71(3):682–92.

Doll, R., and R. Peto. 1981. "The Causes of Cancer: Quantitative Estimates of Avoidable Risks of Cancer in the United States Today." *Journal of the National Cancer Institute.* Jun;66(6):1191–1308.

Donaldson, B. F. 1962. *Strong Medicine.* Garden City, N.Y.: Doubleday.

Higginson, J. 1997. "From Geographical Pathology to Environmental Carcinogenesis: A Historical Reminiscence." *Cancer Letters.* 117:133–42.

Levin, I. 1910. "Cancer Among the North American Indians and Its Bearing Upon the Ethnological Distribution of Disease." *Zeitschrift fur Krebfoschung.* Oct;9(3):422–35.

Pollan, M. 2008. *In Defense of Food.* New York: Penguin Press.

Rose, G. 1985. "Sick Individuals and Sick Populations." *International Journal of Epidemiology.* Mar;14(1);32–38.

———. 1981. "Strategy of Prevention: Lessons from Cardiovascular Disease." *British Medical Journal*. Jun 6;282(6279):1847–51.

Trowell, H. C., and D. P. Burkitt, eds. 1981. *Western Diseases: Their Emergence and Prevention*. London: Edward Arnold.

18 건강한 식단의 본질

Basu, T. K., and C. J. Schlorah. 1982. *Vitamin C in Health and Disease*. Westport, Conn.: Avi Publishing.

Bode, A. M. 1997. "Metabolism of Vitamin C in Health and Disease." *Advanced Pharmacology*. 38:21–47.

Bravata, D. M., L. Sanders, J. Huang, et al. 2003. "Efficacy and Safety of Low-Carbohydrate Diets: A Systematic Review." *Journal of the American Medical Association*. Apr 9;289(14):1837–50.

Brehm, B. J., R. J. Seeley, S. R. Daniels, and D. A. D'Alessio. 2003. "A Randomized Trial Comparing a Very Low Carbohydrate Diet and a Calorie-Restricted Low Fat Diet on Body Weight and Cardiovascular Risk Factors in Healthy Women." *Journal of Clinical Endocrinology and Metabolism*. Apr;88(4):1617–23.

Calle, E. E., and R. Kaaks. 2004. "Overweight, Obesity and Cancer: Epidemiological Evidence and Proposed Mechanisms." *Nature Reviews Cancer*. Aug;4(8):579–91.

Cholesterol Education Program (NCEP) Expert Panel on Detection, Evaluation, and Treatment of High Blood Cholesterol in Adults. 2002. "(Adult Treatment Panel III) Final report." *Circulation*. Dec 17;106(25):3143–3421.

Cox, B. D., M. J. Whichelow, W. J. Butterfield, and P. Nicholas. 1974. "Peripheral Vitamin C Metabolism in Diabetics and Non-Diabetics: Effect of Intra-Arterial Insulin." *Clinical Sciences & Molecular Medicine*. Jul;47(1):63–72.

Cunningham, J. J. 1998. "The Glucose/Insulin System and Vitamin C: Implications in Insulin-Dependent Diabetes Mellitus." *Journal of the American College of Nutrition*. Apr;17(20):105–8.

———. 1988. "Altered Vitamin C Transport in Diabetes Mellitus." *Medical Hypotheses*. Aug;26(4):263–65.

Ernst, N. D., and R. I. Levy. 1984. "Diet and Cardiovascular Disease." In *Present Knowledge in Nutrition,* 5th ed., ed. R. E. Olson, H. P. Broquist, C. O.

Chichester, et al., pp. 724–39. Washington, D.C.: Nutrition Foundation.

Ford, E. S., A. H. Mokdad, W. H. Giles, and D. W. Brown. 2003. "The Metabolic Syndrome and Antioxidant Concentrations: Findings from the Third National Health and Nutrition Examination Survey." *Diabetes*. Sep;52(9):2346–52.

Foster, G. D., H. R. Wyatt, J. O. Hill, et al. 2010. "Weight and Metabolic Outcomes After 2 Years on a Low-Carbohydrate Versus Low-Fat Diet. A Randomized Trial." *Annals of Internal Medicine*. Aug 3;153(3):147–57.

———. 2003. "A Randomized Trial of a Low-Carbohydrate Diet for Obesity." *New England Journal of Medicine*. May 22;348(21):2082–90.

Freeman, J. M., E. H. Kossoff, and A. L. Hartman. 2007. "The Ketogenic Diet: One Decade Later." *Pediatrics*. Mar;119(3):535–43.

Gardner, C. D., A. Kiazand, S. Alhassan, et al. 2007. "Comparison of the Atkins, Zone, Ornish, and LEARN Diets for Change in Weight and Related Risk Factors Among Overweight Premenopausal Women: The A TO Z Weight Loss Study, a Randomized Trial." *Journal of the American Medical Association*. Mar 7;297(9):969–77.

Godsland, I. F. 2009. "Insulin Resistance and Hyperinsulinaemia in the Development and Progression of Cancer." *Clinical Science*. Nov 23;118(5):315–32.

Harris, M. 1985. *Good to Eat: Riddles of Food and Culture*. New York: Simon and Schuster.

Hession, M., C. Rolland, U. Kulkarni, A. Wise, and J. Broom. 2009. "Systematic Review of Randomized Controlled Trials of Low-Carbohydrate vs. Low-Fat/Low-Calorie Diets in the Management of Obesity and Its Comorbidities." *Obesity Reviews*. Jan;10(1):36–50.

Hooper, L., C. D. Summerbell, J. P. Higgins, et al. 2001. "Reduced or Modified Dietary Fat for Preventing Cardiovascular Disease." *Cochrane Database of Systematic Reviews*. (3):CD002137.

Howard, B. V., L. Van Horn, J. Hsia, et al. 2006. "Low-Fat Dietary Pattern and Risk of Cardiovascular Disease: The Women's Health Initiative Randomized Controlled Dietary Modification Trial." *Journal of the American Medical Association*. Feb 8;295(6):655–66.

Katan, M. B. 2009. "Weight-Loss Diets for the Prevention and Treatment of Obesity." *New England Journal of Medicine*. Feb 26;360(9):923–25.

Kuklina, E. V., P. W. Yoon, and N. L. Keenan. 2009. "Trends in High Levels of

Low-Density Lipoprotein Cholesterol in the United States, 1999–2006." *Journal of the American Medical Association*. Nov 18;302(19):2104–10.

Luchsinger, J. A., and D. R. Gustafson. 2009. "Adiposity, Type 2 Diabetes, and Alzheimer's Disease." *Journal of Alzheimer's Disease*. Apr;16(4):693–704.

Maher, P. A., and D. R. Schubert. 2009. "Metabolic Links Between Diabetes and Alzheimer's Disease." *Expert Reviews of Neurotherapeutics*. Oct;111(2):332–43.

Mavropoulos, J. C., W. B. Isaacs, S. V. Pizzo, and S. J. Freedland. 2006. "Is There a Role for a Low-Carbohydrate Ketogenic Diet in the Management of Prostate Cancer?" *Urology*. Jul;68(1):15–18.

Neal, E. G., and J. H. Cross. 2010. "Efficacy of Dietary Treatments for Epilepsy." *Journal of Human Nutrition and Dietetics*. Apr;23(2):113–19.

Packard, C. J. 2006. "Small Dense Low-Density Lipoprotein and Its Role as an Independent Predictor of Cardiovascular Disease." *Current Opinions in Lipidology*. Aug;17(4):412–17.

Sacks, G. A., G. A. Bray, V. J. Carey, et al. 2009. "Comparison of Weight-Loss Diets with Different Compositions of Fat, Protein, and Carbohydrates." *New England Journal of Medicine*. Feb 26;360(9):859–73.

Samaha, F. F., N. Iqubal, P. Seshadri, et al. 2003. "A Low-Carbohydrate as Compared with a Low-Fat Diet in Severe Obesity." *New England Journal of Medicine*. May 22;348(21):2074–81.

Seyfried, B. T.,M. Klebish, J. Marsh, and P. Mukherjee. 2009. "Targeting Energy Metabolism in Brain Cancer Through Calorie Restriction and the Ketogenic Diet." *Journal of Cancer Research Therapy*. Sep;5(Suppl 1):S7–S15.

Shai, I., D. Schwarzfuchs, Y. Henkin, et al. 2008. "Weight Loss with a Low-Carbohydrate, Mediterranean, or Low-Fat Diet." *New England Journal of Medicine*. Jul 17;359(3):229–41.

Siri, P. M., and R. M. Krauss. 2005. "Influence of Dietary Carbohydrate and Fat on LDL and HDL Particle Distributions." *Current Atherosclerosis Reports*. Nov;7(6):455–59.

Skeaff, C. M., and J. Miller. 2009. "Dietary Fat and Coronary Heart Disease: Summary of Evidence from Prospective Cohort and Randomised Controlled Trials." *Annals of Nutrition & Metabolism*. 55(1–3):173–201.

Sondike, S. B., N. Copperman, and M. S. Jacobson. 2003. "Effects of a Low-Carbohydrate Diet on Weight Loss and Cardiovascular Risk Factor in Overweight

Adolescents." *Journal of Pediatrics*. Mar;142(3):253–58.

Will, J. C., and T. Byers. 1996. "Does Diabetes Mellitus Increase the Requirement for Vitamin C?" *Nutrition Reviews*. Jul;54(7):193–202.

Wilson, P. W., and J. B. Meigs. 2008. "Cardiometabolic Risk: a Framingham Perspective." *International Journal of Obesity*. May;32(Suppl 2):S17–S20.

World Cancer Research Fund and American Institute for Cancer Research. 2007. *Food, Nutrition, Physical Activity and the Prevention of Cancer: a Global Perspective*. Washington, D.C.: American Institute for Cancer Research.

Yancy, W. S., Jr., M. K. Olsen, J. R. Guyton, R. P. Bakst, and E. C. Westman. 2004. "A Low-Carbohydrate, Ketogenic Diet Versus a Low-Fat Diet to Treat Obesity and Hyperlipidemia: A Randomized, Controlled Trial." *Annals of Internal Medicine*. May 18;140(10):769–77.

19 끝까지 해낼 것

Allan, C. B., and W. Lutz. 2000. *Life Without Bread: How a Low-Carbohydrate Diet Can Save Your Life*. New York: McGraw-Hill.

Kemp, R. 1972. "The Over-All Picture of Obesity." *Practitioner*. Nov;209:654–60.

———. 1966. "Obesity as a Disease." *Practitioner*. Mar;196:404–9.

———. 1963. "Carbohydrate Addiction." *Practitioner*. Mar;190:358–364.

Lecheminant, J. D., C. A. Gibson, D. K. Sullivan, et al. 2007. "Comparison of a Low Carbohydrate and Low Fat Diet for Weight Maintenance in Overweight or Obese Adults Enrolled in a Clinical Weight Management Program." *Nutrition Journal*. Nov 1;6:36.

National Academy of Sciences, Institute of Medicine, Food and Nutrition Board. 2005. *Dietary Reference Intakes for Energy, Carbohydrate, Fiber, Fat, Fatty Acids, Cholesterol, Protein, and Amino Acids (Macronutrients)*. Washington, D.C.: National Academies Press.

Phinney, S. D. "Ketogenic Diets and Physical Performance." *Nutrition & Metabolism*. Aug 17;1(1):2.

Sidbury, J. B., Jr., and R. P. Schwartz. 1975. A Program for Weight Reduction in Children. In *Childhood Obesity*, ed. P. Collip, pp. 65–74: Acton, Mass.: Publishing Sciences Group.

Westman, E. C., W. S. Yancy, J. C. Mavropoulos, M. Marquart, J. R. McDuffie. 2008. "The Effect of a Low-Carbohydrate, Ketogenic Diet versus a Low-Glycemic

Index Diet on Glycemic Control in Type 2 Diabetes Mellitus." *Nutrition and Metabolism*. Dec 19;5:36.

Westman, E. C., W. S. Yancy, M. K. Olsen, T. Dudley, J. R. Guyton. 2006. "Effect of a Low-Carbohydrate, Ketogenic Diet Program Compared to a Low-Fat Diet on Fasting Lipoprotein Subclasses." *International Journal of Cardiology*. June 16;110(2):212–16.

Yancy, W. S., M. K. Olsen, J. R. Guyton, R. P. Bakst, E. C. Westman. 2004. "A Low-Carbohydrate, Ketogenic Diet versus a Low-Fat Diet to Treat Obesity and Hyperlipidemia: A Randomized, Controlled Trial. *Archives of Internal Medicine*. May 18;140(10):769–77.

Yancy, W. S., M. C. Vernon, and E. C. Westman. 2003. "A Pilot Trial of a Low-Carbohydrate, Ketogenic Diet in Patients with Type 2 Diabetes." *Metabolic Syndrome and Related Disorders*. Sep;1(3):239–43.

Yancy, W. S., E. C. Westman, J. R. McDuffie, et al. 2010. "A Randomized Trial of a Low-Carbohydrate Diet versus Orlistat Plus a Low-Fat Diet for Weight Loss." *Archives of Internal Medicine*. Jan 25;170(2):136–45.

도판 출처

37쪽. "Fat Louisa" photograph. Reprinted from The Pima Indians, Frank Russell, p.67. Copyright 1908.

87쪽. Steatopygia photograph. Reprinted from The Races of Man, J. Deniker, p.94. Copyright 1900.

89쪽. Lean and obese identical twins photographs. Reprinted from Obesity and Leanness, Hugo R. Rony, p.184 and p.185. Copyright 1940.

90쪽. Aberdeen Angus photograph. Courtesy of Agricultural Extension Records, Special Collections, Auburn University.

90쪽. Jersey cow photograph. By Maggie Murphy, courtesy of Agri-Graphics Ltd.

92쪽. Woman with progressive lipodystrophy photograph. Reprinted from Obesity and Leanness, Hugo R. Rony, p.171. Copyright 1940.

94쪽. HIV-related progressive lipodystrophy photographs. Mauss, S. "Lipodystrophy, Metabolic Disorders and Cardiovascular Risk-Complications of Antiretroviral Therapy." European Pharmacotherapy 2003, Touch Briefings. © Touch Briefings. Reprinted with permission.

118쪽. The effects of estrogen on LPL illustration. By Ellen Rogers.

127쪽. Author's son, August 2007 and August 2010 photographs. By Larry Lederman.

132쪽. Zucker rat photograph. Courtesy of Charles River Laboratories.

149쪽. Fatty acid/tryglyceride illustration. By Ellen Rogers.

155쪽. Effects of insulin on adipose tissue photograph. Courtesy of Informa Healthcare Communications. Reprinted from Endocrinology: An Integrated Approach, Stephen Nussey and Saffron Whitehead, page 31. Copyright 2001.

찾아보기

왜 우리는 살찌는가

1판 1쇄 찍음 2019년 12월 26일
1판 1쇄 펴냄 2020년 1월 6일

지은이 게리 타우브스
옮긴이 강병철
펴낸이 안지미
편집 권순범 김진형
디자인 안지미 이은주
제작처 공간

펴낸곳 (주)알마
출판등록 2006년 6월 22일 제2013-000266호
주소 03990 서울시 마포구 연남로 1길 8, 4~5층
전화 02.324.3800 판매 02.324.2845 편집
전송 02.324.1144

전자우편 alma@almabook.com
페이스북 /almabooks
트위터 @alma_books
인스타그램 @alma_books

ISBN 979-11-5992-284-8 03400

이 도서의 국립중앙도서관 출판예정도서목록CIP은 서지정보유통지원시스템 홈페이지 http://seoji.nl.go.kr와 국가자료공동목록시스템 http://www.nl.go.kr/kolisnet에서 이용하실 수 있습니다. CIP제어번호: CIP2019050936

알마는 아이쿱생협과 더불어 협동조합의 가치를 실천하는 출판사입니다.

종이 표지_스노우화이트 250g/㎡ 본문_그린라이트 80g/㎡